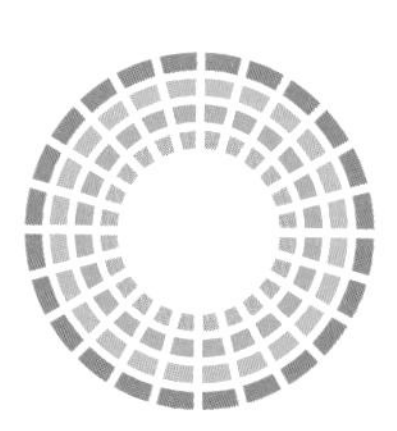

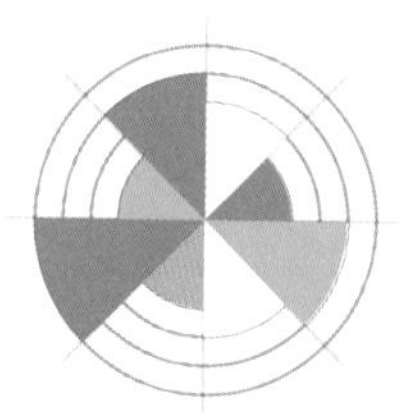

完 | 美 | 统 | 计 | 图

Word/PPT/Excel 数据可视化宝典

邓力 韩际平 潘璠◎编著

清华大学出版社
北京

内容简介

统计图是数据可视化的主角之一，本书讲述如何制作规范的统计图。

全书共分4篇，用鲜活的实例，分别讲述数据可视化的创意与制作。

常识篇，从规范的数据语言出发，“三位一体”解读数、表、图，用“四区法”（标题区、绘图区、来源区和美化区）画图，主要制作工具是Word、PPT和Excel。

常客篇，讲述9款常见统计图：柱形图、折线图、柱线图、条形图、直方图、饼图、散点图、气泡图、象形图。

玩家篇，通过实例讲解统计图制作细节，实例包括学生作品还有商务风格和政务风格的统计图。

玩味篇，讲述统计图的故事，创意产生的起点，还有为这些故事专门拍摄的视频，同时，展望统计图的未来。

本书由5位统计专业人士联手打造，书中视频，可以扫二维码观看。

本书读者包括所有需要制作统计图的朋友，以及相关社会培训、职业培训的师生。

图书在版编目（CIP）数据

完美统计图：Word/PPT/Excel数据可视化宝典 / 邓力，韩际平，潘璠编著. —北京：清华大学出版社，2021.7

ISBN 978-7-302-57238-1

Ⅰ.①完… Ⅱ.①邓… ②韩… ③潘… Ⅲ.①可视化软件②数据处理 Ⅳ.①TP31②TP274

中国版本图书馆CIP数据核字(2020)第260571号

责任编辑：栾大成
封面设计：杨玉兰
版式设计：方加青
责任校对：徐俊伟
责任印制：杨　艳

出版发行：清华大学出版社
网　址：http://www.tup.com.cn，http://www.wqbook.com
地　址：北京清华大学学研大厦A座　　邮　编：100084
社 总 机：010-62770175　　邮　购：010-83470235
投稿与读者服务：010-62776969，c-service@tup.tsinghua.edu.cn
质 量 反 馈：010-62772015，zhiliang@tup.tsinghua.edu.cn
印 装 者：涿州汇美亿浓印刷有限公司
经　销：全国新华书店
开　本：170mm×240mm　　印　张：20　　字　数：405千字
版　次：2021年8月第1版　　印　次：2021年8月第1次印刷
定　价：108.00元

产品编号：087890-01

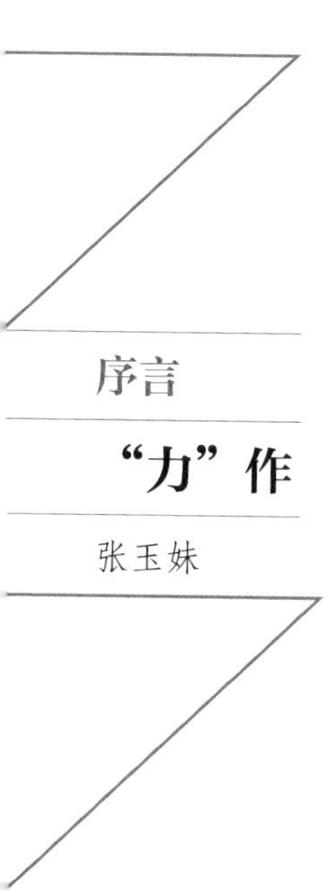

序言

“力”作

张玉姝

起了这么个标题，不仅是为了契合本书第一作者邓力名字的“力”字，更是觉得本书的确堪称力作。

邓力让我为这本书写序，着实忐忑，恐小马拉大车，名有所负。但细一思，邓力和她的合作者，能在2020年疫情最肆虐的一段时日里，气定神闲地培育了《完美统计图》这本书，我码几个字，也算是对朋友的支持。

只要心性相通，时间和空间从来不是阻碍友情的借口，我和邓力就是这样。认识她很多年，却见面不多，但是，我们似乎就是那种“想你时你在天边，想你时你在眼前”的关系，纯粹、随性、坚实，不需要你侬我侬，不需要碎碎念念，我们，在平淡中友谊长存！

有的时候，我会和邓力开玩笑说：我们都是对自己的职业有着很高“忠诚度”的人。认识近二十年，她在长沙大学的校园，我在北京丰台的角落，使我们彼此勾连起来的，是职业中出现的共同字眼——统计。所不同的是，邓力对这份职业，不仅有忠诚，还有爱！

邓力任教的长沙大学，在我的脑海里，总有这样一幅画面：一长发飘飘、衣袂袅袅的高挑女子，柔声细语地执教于三尺讲台，深入浅出地讲着统计学原理，讲着公式图表，讲着回归模型……听课人换了一茬又一茬，讲课人依旧优雅。同时，常有创作、常有美文现于报刊，这番存在于我想象中的画面，静谧而美好，刚刚好的是，这幅画面，其实真的就是邓力的现实。

她是勤奋的。作为一个师者，她坚持授业解惑自不必说，单从写作这一点来看，她问津诗歌、随笔、杂文，即便是我们之间沟通的一个普通的便签，她都写得充满女性的柔美和静好，从不见怨气和躁郁。对于她的专业——统计学，她也总能找到合适的视角，或科普、或散文、或学术，特点是，能够把枯燥写得有趣，把生硬写得灵动，把冗长写得精悍，这是需要功力的。邓力的这番功力，是她长期不慵懒、勤动笔、常思考使然。

她有情怀。邓力给我的印象是：她敬畏自己的职业，同时又不失对理想和精神层面的追求。她把职业当成爱好，努力工作的同时，也努力铸就精神世界的美好。有一次，她给我寄来一本歌德的诗集，说她自己很喜欢，让我分享。我惊诧于她能够在浮躁的社会环境里，依然能用这位浪漫主义诗人的情怀充实自己的精神世界，在我眼里“无聊”的统计学，邓力却能通过字里行间，让它在“无聊”中开出花来。其实，精神上的美好，真的可以反哺现实中的不足。

她文笔好。人生中很多事情的选择，就是那么阴差阳错。我有时想，邓力是不是入错了行？以她的文字能力，如果不去当统计学教授，很可能就成为一名文学创作者。她的文字，柔美、灵秀、俏皮、精致；她的表达，和善、平缓、婉约、细腻……这与她要写统计学的文章是多么的不搭！但是，她似乎找到了两者融合的方式，以柔克刚、以跳出统计的辞藻描述统计，妥妥地处理了专业的“八股”形式。她的文章屡屡见诸报刊，大多是她这种婉约派统计风与众不同使然。在这本《完美统计图》一书中，也得到了不错的体现。

话已至此，不得不提到她的这本书——《完美统计图》。统计图，是每个学统计、教统计、做统计工作人员的基本功。传统意义上的统计图，就是一张图，饼图横亘、柱图高耸……有的图色彩鲜艳点，有的图黑白呆若木鸡状……在长久的使用中，似乎没人关注它的美丑，或怎样把它“打扮”得美了的事儿。但是，统计图，是能够玩出个性、玩出千姿、玩出百态的，就看谁有这个“玩兴”。用朴素而有趣的语言，结合生动有趣的故事，并运用二维码和影像技术，声情并茂、五彩缤纷地表现出来，让原本“原地不动”的统计图，有了立体、跳跃和“声声入耳”感，此前，哪里去找这样一本专攻统计图之美的书？

要写这样一本书，并非易事。首先，要懂统计，要爱它没商量，才会去为它辛苦为它愁；其次，要对与统计图相关的故事、实例、事件很熟悉并用之贴切、靠谱；还有，就是需要很强的文字能力，让文字和图的结合自由、流畅、优美地交织，这不是很容易就能做到的，似乎也不是很容易想到的。

邓力给我这本书的目录时，真的眼前一亮。框架上便很有“邓力”范儿：数据可视化的常识、数据可视化的常客、数据可视化的玩家、数据可视化的玩味。看书先看皮，看文先看题，单从标题上，就可以看出邓力这本书的特色，一定是“严肃不足，活泼有余”，这一点驾驭起来并不容易。现在的统计书，恰恰是“活泼不足，严肃有余”，而时代和个人已经不喜欢后者了。

其实，我最欣赏的是这本书的一个亮点，就是它打破了传统出版物的构思模式，运用了时下互联网阅读的音频和视频叠加，碎片化、立体化的元素，别开生面地做成了集文字、图像、音频、视频为一体的现代化阅读形式。当文字让你头眼昏花时，来一杯黑糖奶茶，扫一下书中的二维码，就可以看到《摇篮里的统计图》《邮票——方寸之间的统计天地》《南丁格尔和她的统计图》《从统计图看拿破仑的博罗季诺之战》的视频片……书升影，影归书，书和影的变换中，读者不累，有趣有味。这种出版方式的尝试，不仅仅是创新，也将是未来的必然。新媒体时代，谁先胜出，谁能前行。

邓力的这本书列出了5位作者，有点特别。话说一个好汉三个帮，邓力这本书则有四个“帮衬”之人，且人人不俗。潘老师是文字高手，虽已赋闲在家，但作品常年不断于各种报刊，近来还做起了新媒体，在微视频里塑造了很多角色，收获了不少粉丝儿，令我等敬佩；韩际平老师亦是腹有诗书、文有莲花，他不仅文笔好，还是制作、配音、主持的高手，邓力书中的统计图故事的视频就出自他一人之手，为求完美，他做足了功课、下大了功夫，出手当然惊人！本书的另外两名作者，一位是湖南新媒体人，书中统计图制作的视频主播；另一位是网络平台制作的统计学青年才俊。同时，还有清华大学出版社的策划“大侠”助攻。

有此，“力作”，货真价实。

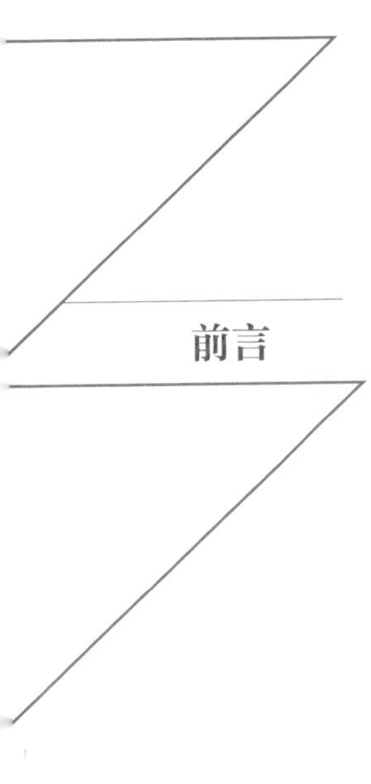

前言

这是一本专注统计图规范的书，由5位统计人联手打造。

完美统计图，追求统计图要素的完整和美观。

全书分为4篇，即数据可视化的常识、常客、玩家、玩味。

“常识篇”用鲜活的实例回答：对的统计图是什么样子？一图胜千言可以证明吗？有画统计图的旅游线路吗？办公软件三剑客在画图时“帅不帅”？

“常客篇”用文字和视频回答：9款常见的统计图怎么画？画图技巧主要有哪些？怎么避开画图的误区？在“看视频 读美文”栏目中，看一看精选的视频，画一画视频中的统计图，再读一读与视频内容相配套的、由潘璠老师执笔的美文——惬意！

“玩家篇”呈现了大中小学生、商家和政界人士把玩统计图的盛景。各路玩家展示各自的画作，在此起彼伏的画卷中，碰撞出一波点评的声浪。

“玩味篇”有意思。本篇除了讲述统计图的过去，还有对统计图未来的期待。由韩际平老师一手打造的视频精品，4个统计图的故事——好看！

本书特点：专业、新颖、实在、有趣，即好、美、妙。

以不变应万变的好，等你游览。画图的基本原理不变，画图的工具在变。本书用经典版Excel 2010画图，其他可触类旁通。本书首推“四区画图法”，“四区”即标题区、绘图区、来源区和美观区。

看视频三重礼的美，等你观赏。扫一扫二维码，9款统计图的画法出来了，9个自带统计图的视频现身了，4个经典统计图的故事出现了。

看了就会画了的妙，等你填空。你画的统计图往哪里贴？你画图的心得写在哪儿？书中已准备了贴图空间，还有画图小记的地盘。

本书专业担当，共享统计语言“数据”的完美。

本书实例担当，杜绝“某”字打头的例子出镜。

本书快乐担当，乐学画图，看图说话……

本书不敢妄称“颜值担当”，不敢……还要请朋友们一起为统计图的完美效力。
本书的五位作者，艺名“五重奏”，也是书中原创统计图的署名。
我们“五重奏”，一支“小乐队”，愿为读者朋友倾情演绎一曲统计图之歌。

本书部分案例数据源下载

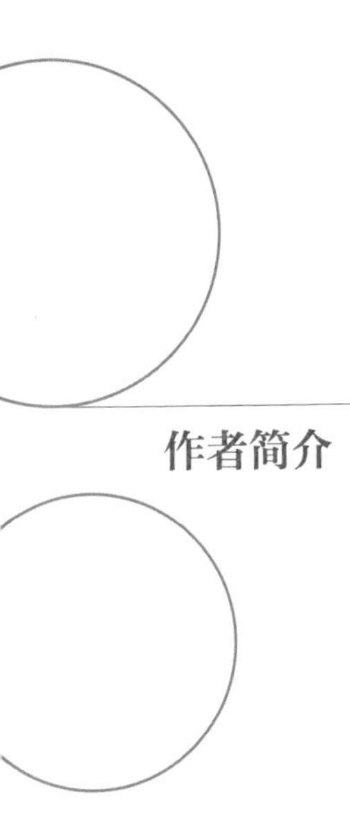

作者简介

邓力，教授，毕业于湖南财经学院统计专业，留校任教，现执教于长沙大学。爱好诗歌、旅游、发呆……著有《统计学：实例与拾趣》和《统计学原理》；发表文章上百篇，有关统计图的数篇。

韩际平，高级统计师，中国国家统计局统计教育中心电视撰稿和编导，多年致力于统计文化、宣传和教育工作。著有《数海临风》《统计风景线》《统计如何表达统计》和《生命在万千数据中闪光》等，主编《影像中的中国统计》和《在时间的脚步声中》等；摄制《统计与生活》《统计名家系列访谈录》和《新的崛起——中国第三产业巡礼》等多部电视片，创作《爱在数海》《情系普查》和《统计连着我和你》等多首统计歌曲。

潘璠，高级统计师，1977年恢复高考后第一届大学生，经济学博士，原中国国家统计局统计研究所所长、中国统计学会副会长、中国国家统计局北京调查总队总队长，在《中国信息报》设立“潘璠视点”专栏，在各类报刊发表论文、调研报告、诗歌、游记、影评、随笔、评论、杂文、散文等，累计2000多篇、300多万字。言为心声，字为言表。写，并快乐着。

郭红卫，教授、博士，现就职于长沙大学。湖南省青年骨干教师，省级精品在线课程“应用统计学”负责人，主持教育部等课题十余项，发表论文20多篇，出版专著一部，获第十二届湖南省教学成果二等奖一项。

周品莹，中级会计师。从事过空乘、统计、财务、经营管理、投资管理等工作，现就职于湖南日报报业集团，主管投资与风险控制。擅长办公软件操作，喜爱旅游、绘画、写作、阅读和心理学。

目录

第1篇 数据可视化的常识

第2篇

数据可视化的常客

第1篇

数据可视化的常识

第1章 一图胜千言

中国人过年，喜欢在家门口贴春联。贴春联寓意吉祥，表达美好心愿：新年开张了，妖魔鬼怪快走开，福气喜气盈门来。

讲到画统计图，本章是全书的开端，我们也想图个吉利，为统计图贴上一幅春联。上联是“文不如表”，下联是“表不如图”，横批就是“一图胜千言”。

从文不如表到表不如图，再到一图胜千言，说的就是：有时候，一段含有数据的文章，不如用统计表来表达，而用统计表来表达，不如用统计图来表达，因为一张统计图，直观生动，胜过了千言万语。

显然，呈现数据的常见方法有三种：可以用一段话，也可以用统计表，还可以用统计图。如果只能三者选其一，统计图因为形貌讨喜，应该最受欢迎。但这三者的关系亲密无间，层层递进。因为没有数据，就没有统计表，而没有统计表，就画不出统计图。

用数据画统计表，用统计表中的数据画统计图，这是画统计图的必经之路。

数据是画统计表和统计图的源头活水。要画出规范的统计表，要画出规范的统计图，必须要掌握好规范的数据语言。

什么样的数据语言是规范的呢？本章的第1节有话说。

什么样的统计表和统计图才算规范？本章的第2节和第3节有范本。

为什么俗话说“一图胜千言”？本章的第4节用实例证明。

1.1 数据语言的8个要素

图1-1所示是格桑花，寓意“幸福吉祥”。由于格桑花有8个花瓣，而数据语言恰好有8个要素，所以，格桑花又被称为“统计之花”。

图1-1 统计之花：格桑花

任何语言都讲究规范，数据语言也不例外。

生活中，如果有人大喊一声“来了！”听的人就要问：“谁来了？”如果有人说：“他！”，听的人就要问：“他怎么了？”

在中文里，一句话中，起码要有主语和谓语，如果缺省了其中一个，就会让人感到莫名其妙。只有“来了”，就是缺了主语；而只有“他”，就是缺了谓语。“他来了！”就是完整的一句话。当然，好奇的人还会继续追问，“他是谁呀？”“他干吗来了？”

在数据世界，主打的是数据语言。一句规范的数据语言，必须包含8个要素，如同8瓣格桑花一样，缺一不可。如果缺省一个要素，这个数据就“废了”，用这样的数据画出来的统计表和统计图，同样也是“废物”。

下面，用一问一答的形式，来玩一个扩充数的小游戏。

目标：将“833.6”扩充为一句完整的数据语言。

以下是面对833.6的一个对话。

问：833.6是什么？是833.6元，还是833.6万元？

答：哈哈，是快递量，不是钱，是大包小包的快递，不多不少，833.6亿件。

问：原来是快递量，还真不少，哪里的？

答：中国的。

问：哪一年的呢？

答：2020年啊。

问：一年有这么多快递量，我也有贡献。对了，我不是不相信你，这个数据哪来的？

答：中国国家统计局。

问：哎呀，你可不可以把833.6的来历，一口气说清楚呀，害得我一头雾水，有好处吗？

答：当然有好处，好处就是让我们长记性。

问：长记性？

答：是啊，我们要牢牢记住数据语言的8个要素。

下面，我们就来摆一摆谱。

把833.6这个数扩充为数据，也就是扩充为一句规范的数据语言，结果是这样的：中国国家统计局发布的统计公报显示：2020年，中国快递业务量达到833.6亿件。

问：这么短的一句话，就是数据语言，还包含了8个要素，在哪里，我怎么没看到？

答：让我们一起来看一看，数据语言的8个要素。

一个数据必备的8个要素，用一句规范的数据语言来表达，是这样的：根据中国国家统计局（⑧来源）发布的《2020年中国国民经济与社会发展统计公报》显示，2020年（①时间），中国（②空间）消费者（③主体）快递业务量（④数据的名称）达到833.6（⑤数据的取值，⑥计算方法）亿件（⑦计量单位）。

一个数据必备的8个要素，用一张统计表来呈现，结果详见表1-1。

表1-1 数据语言的8个要素

2020年 ↓	中国 ↓	消费者 ↓	快递业务量 ↓	833.6 ↓	亿件 ↓	中国国家统计局 ↓
①时间	②空间	③主体	④数据的名称	⑤数据的取值 ⑥计算方法	⑦计量单位	⑧数据的来源

问：一句数据语言，真的有8个要素呢。让我好好瞧一瞧，真的一个也不能少。只是，要记住这8个要素，有什么好的记忆方法吗？

答：记住数据语言的8个要素，就像记住一朵花那么简单。

问：是吗？

答：格桑花，吉祥的花，鲜活水灵。格桑花有8个花瓣，数据语言有8个要素。“8”与“发”同音，统计学是一门发达的学问。

问：8瓣格桑花，8个统计要素组成一句完整的数据语言，好有意思。还有什么好记的方法吗？

答：好记的方法很多。比如“4W”方法，也就是“when—where—who—what”的方法。这种方法，用“when”表示①时间，用“where”表示②空间和⑧来源，用“who”表示③主体，用“what”表示④数据的名称、⑤数据的取值、

⑥计算方法和⑦计量单位。

问：平常，一看到数据，就要想到8瓣格桑花？

答：是的，一看到数据，就要问“⑧来源”，数据是不是可信；还要知道“①时间”和“②空间”，数据的出生日和诞生地；同时还要知道“③主体”，数据所讲的主角；当然还需要知道说明主体的④数据的名称、⑤数据的取值、⑥计算方法和⑦计量单位。

问：噢，记住数据语言的8个要素，想一想，也不难。一个是记住上面这样一个简单的实例，再一个就是用“8瓣格桑花”“发达”和“4W”来加强记忆。我想，我记住了，对吗？

答：不错，数据语言的8个要素，你肯定能记住。那些记不住的朋友，请想一想吧，因为自己的没记全，美丽的8瓣格桑花凋谢了，发达的统计学哭泣了，4个W也无所适从了。

问：如果不知道数据语言的8个要素，没记全数据语言的8个要素，那可就惨了！我们再来重温一下数据语言的8个要素，好吗？

答：好啊。

合：数据语言的8个要素：①时间；②空间；③主体；④数据的名称；⑤数据的取值；⑥计算方法；⑦计量单位；⑧来源。

问：对了，数学和统计学，都与数打交道，它们两个有什么区别吗？

答：问得好。它们最大的区别，就是数学上的数，可以是纯粹的数字，而统计学上的数，是数据，必须同时具备8个要素。瞧，833.6，这是数学上的数字，它在统计学的世界是根本不存在的。只有当“833.6”具备了8个统计要素，才被准许进入统计学的世界。换句话来讲，每一个数据都是有生命的，这个生命有自己的出生日和出生地，有自己的归宿，有自己的算法和结果，有自己的计量单位。

问：数据语言的8个要素，是进入统计学世界的通行证，是吗？

答：是的。用数据来编制统计表，用数据来画统计图，这8个基本要素千万不能丢。

问：如果一不留神丢了呢？

答：那就像丢了魂一样。这时，就要使出劲，喊一嗓子：“归来吧，魂兮归来！”

问：开玩笑的，8瓣格桑花是进入统计学大门的入场券，谁会随便丢掉呢？

合：数据语言的8个要素：①时间；②空间；③主体；④数据的名称；⑤数据的取值；⑥计算方法；⑦计量单位；⑧来源。

一句数据语言，8个要素，一个也不能少，除了要表达完整，还要表达规范。

【例1-1】数据语言的表达要规范。

问："据统计局报道，19年，我国快递业务达到了635.2亿。" 这样的表达是否规范？

答：上面这句数据语言，有5个地方不规范。

（1）来源没有写全，应将"统计局"写为"中国国家统计局"。

（2）年份没有写全，应将"19年"写为"2019年"。

（3）空间没有写具体，应将"我国"写为"中国"。

（4）数据的名称没有写准，应将"快递业务"写为"快递业务量"。

（5）计量单位没有写全，应将"亿"写为"亿件"。

统计表是呈现数据的常见形式，画统计图离不开统计表的数据，那么，数据语言的8个要素在统计表中是怎样分布的，下一节自有分解。

1.2 这张统计表画得怎么样

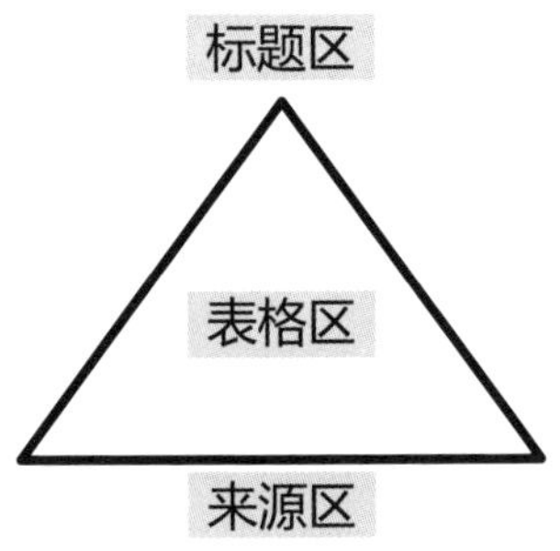

图1-2 统计表的基本框架

统计表是用统计表格呈现数据的形式。统计表的基本框架如图1-2所示。

由图1-2可以看到，统计表从上往下，由标题区、表格区和来源区构成，也就是由"三区"构成。

举例来看，表1-2就是一张统计表。

表1-2 2017—2019年中国快递业务量的巨变

年份	快递业务量（亿件）
2017	400.6
2018	507.1
2019	635.2

来源：中国国家统计局　　　　制表：五重奏

表1-2是一张规范的统计表。从外貌来看，统计表是开放式的表格，呈现左右开口、上下封口的形态，如同一个"王"字。统计表格的格线，除了最上面和最下面的线条要加粗，其余的线条为细格线。

从表格区中提取数据语言，一般可以从左到右读取。在表1-2中，可读取"2019年，快递业务量为635.2亿件"。

统计表"三区"和数据语言8个要素的分布见表1-3。

将表1-3数据的8个要素在统计表中的具体分布推广到一般情形，结果如图1-3所示。

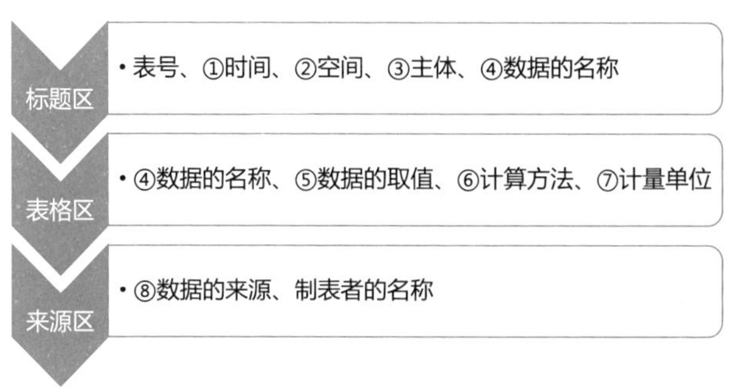

图1-3 数据的8个要素在统计表中的分布

由表1-3和图1-3可以看到，“三区”在统计表中的分布，以及8个数据要素在统计表“三区”中的分布。

一张规范的统计表，由标题区、表格区和来源区构成。在每个区中，都分布了相应的数据要素。画统计表的时候，要遵循统计表的特点，把数据的8个要素规范地分布到“三区”中。

接下来，从统计表的“三区”，看数据8个要素的一般分布，看统计表的独门特技。

从标题区看，标题由5个要素组成，即表号、时间、空间、主体和数据的名称。

在表1-2中，标题为“表1-2 2017—2019年中国快递业务量”。标题的表号为“表1-2”，时间为“2017—2019年”，空间为“中国”，数据的名称为“快递业务量”。标题中虽然没有明确主体，但可想而知为“消费者”。

画统计表时，标题中的5个要素不要丢，标题要居中。如果一篇文章只有一张表，则表号可以省略。如果能提炼统计表中数据的特点，也可以添加到标题中，如表1-2中的“巨变”。

从表格区看，由5个要素组成，即分类、数据的名称、数据的取值、计量单位和计算方法。

在表1-2的表格区中，按“年份”分类，数据的名称为“快递业务量”，数据的取值为“400.6、507.1、635.2”，计量单位为“亿件”，计算方法为总量数法。

画统计表时，表格区的两边开口、上下封口。在第一列中，一般为分类项，里面不要写计量单位，如年份分类中的“2017”不要写成“2017年”。在第二列中，第一行一般写数据的名称和计量单位，表格中写数值。表格中的数值，数值的后面一律不带计量单位；数值的位数相近就居中，数值的位数相差大就向右对齐；上下左右相同的数值，不要用“同上”“同下”“同左”和“同右”这样的文字表述。

从来源区看，由两个要素组成，即来源和制表者。

在表1-2的来源区中，来源为“中国国家统计局”，制表者为“五重奏”。

画统计表时，来源的字号要比标题的字号小。来源一定要写，但不要写成“来源：百度”，不要写成“来源：大腕博客”，也不要写成“来源：综合网络资料”，更不要写成“来源：不详”等字样。

【例1-2】问：表1-4画得怎么样？

表1-4　2017年—2019年全国快递业务量的巨变

年份	快递业务量
2017年	400.6亿件
2018年	507.1亿件
2019年	635.2亿件

来源：中国国家统计局

答：表1-4是一张不规范的统计表，统计表的“三区”都遭到了“不规范”的重创。

（1）标题区要修改的地方。标题文字要加粗并居中。标题中，应将“2017年—2019年”改为“2017—2019年”，将“全国”改为“中国”。

（2）表格区要修改的地方。表格区中的所有内容要居中。删除左边框和右边框，加粗上边框和下边框，删除中间两条细格线。在第一列，要删除年份后面的“年”；在第二列，要在“快递业务量”后面添加计量单位“亿件”，而数值右边的“亿件”要全部删除。

（3）来源区要修改的地方。来源区的字号应比标题的字号小。制表者的名称也可以列出来。

将不规范的表1-4修改后，规范的统计表请见表1-2。

统计表用格线的形式呈现数据，这种形式很常见。要画出规范的统计表，不是横竖画几根线那么简单，其实里面蕴含了统计的专业思维。

用统计思维画出专业的统计表，起码要做到两点：首先，数据语言的8个要素一个也不能少；其次，画统计表的基本规范一个也不能丢。做好了这两点，再加一点美学思维，这样画出来的统计表才规范，才经久耐看。

统计表和统计图都是呈现数据的常见形式，画统计图离不开统计表的数据，那么，数据语言的8个要素在统计图中是怎样分布的？下一节自有分解。

1.3 这张统计图画得怎么样

统计图是用统计图形呈现数据的形式。与统计表类似，统计图的基本框架如图1-4所示。

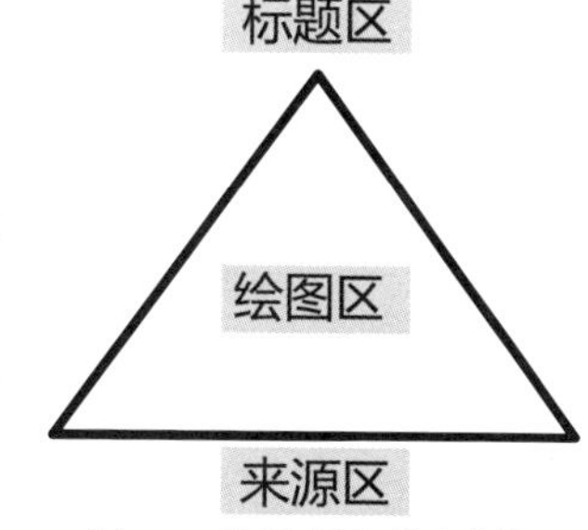

图1-4 统计图的基本框架

由图1-4可以看到，统计图从上往下，由标题区、绘图区和来源区构成，也就是由“三区”构成。

举例来看，图1-5所示就是一张统计图。

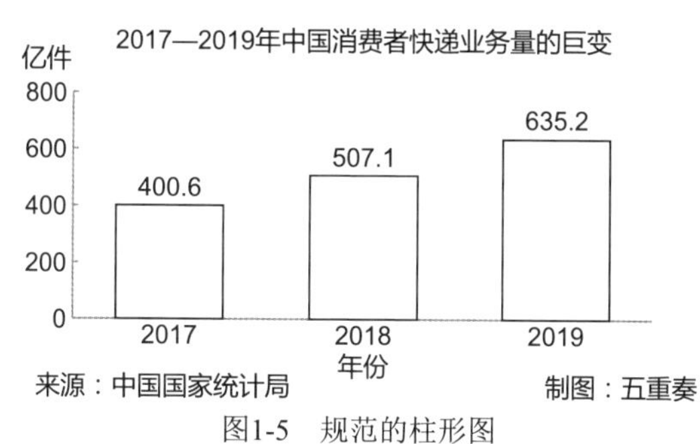

图1-5 规范的柱形图

图1-5是一张规范的统计图，是用表1-2中的数据画出的统计图，属于统计图中的柱形图。从形貌来看，柱形图是用柱子的长短来呈现数值的大小，其最大特点就是直观形象。

用统计表画统计图，如用表1-2的数据画图1-5，两者关系亲密。在柱形图中，标题区和来源区的位置与统计表的一模一样，而在绘图区，横轴显示统计表中的分类数据“年份”，纵轴显示数值刻度，纵轴的起点值为0，柱子上显示数值，柱子上的数值不携带计量单位，计量单位位于纵轴的上方。

从统计图中提取数据语言，一般可以从下往上读取。在图1-5中，可读取“2019年，快递业务量为635.2亿件”。

图1-5中的统计图“三区”和数据语言8个要素的分布见表1-5。

表1-5　数据的8个要素在柱形图中的实际分布

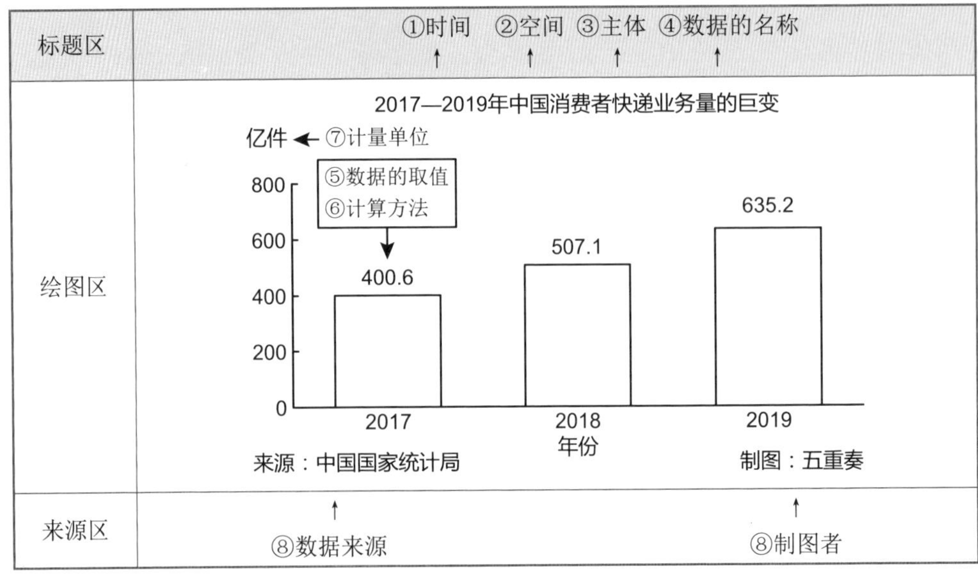

标题区	①时间　②空间　③主体　④数据的名称
绘图区	2017—2019年中国消费者快递业务量的巨变 亿件 ← ⑦计量单位 ⑤数据的取值 ⑥计算方法 800 600 400 200 0 400.6　507.1　635.2 2017　2018　2019 年份 来源：中国国家统计局　制图：五重奏
来源区	⑧数据来源　⑧制图者

将表1-5数据的8个要素在统计图中的具体分布推广到一般情形，结果如图1-6所示。

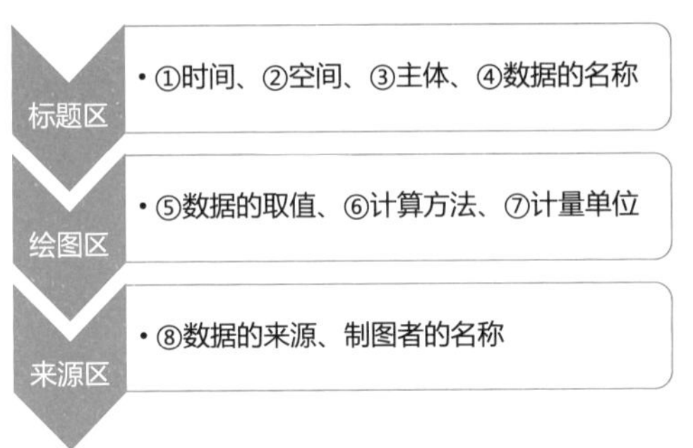

图1-6　数据的8个要素在统计图中的分布

由表1-5和图1-6可以看到，“三区”在统计图中的分布，以及8个数据要素在统计图“三区”中的分布。一张规范的统计图，由标题区、绘图区和来源区构成。在每个区中，都分布了相应的数据要素。画统计图的时候，要遵循统计图的特点，把数据的8个要素规范地分布到“三区”中。

在统计图中，标题区和来源区的要求跟统计表一样。在绘图区中，不能缺少数据的取值和计量单位。不同的统计图有不同的特点。比如，在直角坐标系中画的统计图，为避免统计图失真，横轴和纵轴的起点值要从0开始。又如，为美观起见，纵轴的刻度值不宜太密集。

【例1-3】问：图1-7画得怎么样?

图1-7　不规范的柱形图

答：图1-7是一张不规范的统计图，有4个地方不规范，主要集中在绘图区。

（1）纵轴的起点值没有从0开始，而是从200开始，统计图变形了，这是画统计图的一大误区。

（2）纵轴上的刻度值，看起来密密麻麻的，很不美观。

（3）缺了计量单位，应将计量单位“亿件”显示在纵轴的上方。

（4）缺了数值，应将每年快递业务量的数值放在相应的柱子上。

将不规范的图1-7修改后，规范的统计图请见图1-5。

统计图是用点、线、面的形式来呈现数据。在数据可视化时代，统计图最常见。要画出规范的统计图，不是点击一下“插入”→“图表”按钮就完成了。因为要画出专业的统计图，至少要做到两点：首先，数据语言的8个要素一个也不能少；其次，画统计图的基本规范一个也不能丢。做好了这两点，再加一点美学思维，这样画出来的统计图才规范，才能人见人爱。

讲求规范，从数据到统计表，再从统计表到统计图，一环紧扣一环，如同“数表图的连环画”。

常言道：一图胜千言。下一节，举一个实例，一看便知。

1.4　一图胜千言的一个示例

【例1-4】证明：字不如表，表不如图，一图胜千言。

一段文字如下所示。

主题：2015—2019年中国的快递业务量。

来源：中国国家统计局网站（http：//www.stats.gov.cn/）。

正文：

中国国家统计局发布的《2019年中国国民经济与社会发展统计公报》显示：2015年，中国快递业务量为206.7亿件，2015年比2014年增长48%。

中国国家统计局发布的《2019年中国国民经济与社会发展统计公报》显示：2016年，中国快递业务量为312.8亿件，2016年比2015年增长51%。

中国国家统计局发布的《2019年中国国民经济与社会发展统计公报》显示：2017年，中国快递业务量为400.6亿件，2017年比2016年增长28%。

中国国家统计局发布的《2019年中国国民经济与社会发展统计公报》显示：2018年，中国快递业务量为507.1亿件，2018年比2017年增长27%。

中国国家统计局发布的《2019年中国国民经济与社会发展统计公报》显示：2019年，中国快递业务量为635.2亿件，2019年比2018年增长25%。

上面这段话，这样的表达形式，谁受得了？但如果要用文字来表达，估计就只能这样不厌其烦地说话。

好在表达数据的方式不止一种，把上面这段话简化成一张表，从一段话到一张表，结果见表1-6。

表1-6　2015—2019年中国快递业务量及其增长速度

年份	快递业务量（亿件）	增长速度（%）
2014	139.6	-
2015	206.7	48
2016	312.8	51
2017	400.6	28
2018	507.1	27
2019	635.2	25

来源：中国国家统计局　　制表：五重奏

表1-6清清爽爽，没有一句重复多余的话。统计表与前面那一段文字相比，哪一种表达更养眼，一目了然。把表1-6画成一张图，从一张表到一张图，结果如图1-8所示。

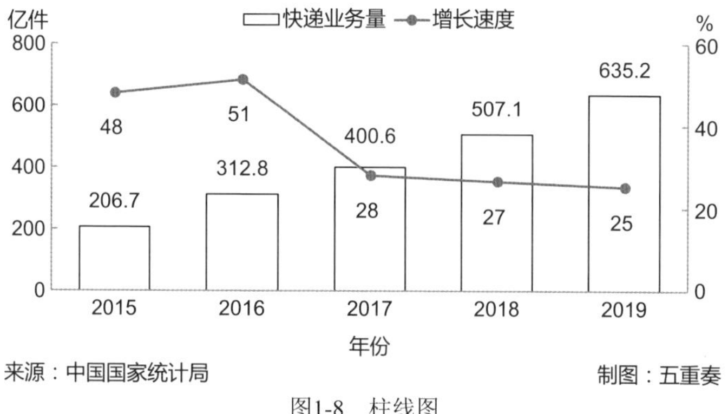

图1-8　柱线图

图1-8是用表1-6中的数据画的柱线图，统计图与统计表相比，哪一种更直观生动，一看便知。

由本章的4个例子可以看到，本章开篇的统计图“春联”没有白贴。上联“文不如表”，统计表与一段话相比，删除了重复的语言，用格线来呈现数据，更为清爽迷人；下联“表不如图”，统计图与统计表相比，删除了格线，用图形来呈现数据，更加形象诱人；横批“一图胜千言”，实例胜于雄辩，的确如此，让人们的视线，直达数据的焦点。

字、表和图，呈现数据的这三种形式，从字到表，再从表到图，是你中有我、我中有你的关系。统计图从统计表而来，没有好的统计表，就画不出好的统计图。而统计表从提炼数据而来，没有好的数据，就画不出好的统计表。要把好的数据画成好的统计表，再把好的统计表画成好的统计图，这是一个不断创造的过程。

好的数据、统计表和统计图，怎样才算好呢？至少要做到以下两点，才能达到好的标准。

- 第一，三者都要具备数据语言的8个要素。数据不管以怎样的形式呈现，都必须具备时间、空间、主体、数据的名称、数据的取值、计量单位、计算方法和来源。
- 第二，三者都要根据自身的条件，选择最合适的形式来表达数据。这句话是说，不是所有的数据都适合画统计表，不是所有的统计表都适合画统计图，不是统计图越多越好。比如，只有一个数据就无法画统计表。比如，统计表没有整理好数据就画不好统计图。又如，在一篇数据文章中，统计图并不是越多越好。

统计图是数据的形象大使。只有好的统计图，才能担当这样的大使。

要画好统计图，需要提前准备什么？这一点，正是下一章的风光。

第2章 画统计图的前奏

一个人写字，首先要看字写得对不对，然后才看字写得好不好。如果一个人写的字，一眼看上去很美，但仔细一看，写的却是错字，那么，就算笔力再好，也会让人摇头叹息。同样，在数据可视化时代，一张好的统计图，不仅要画对，还要画得美。要画对和画美统计图，当然有章可循。这一章，解读画统计图的准备工作。本章内容的导航线路如图2-1所示。

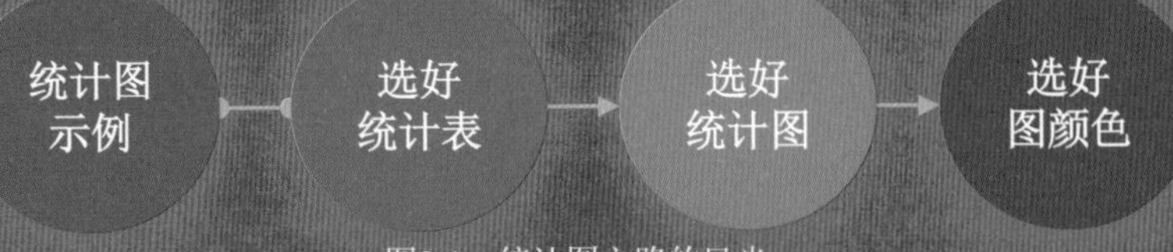

图2-1　统计图之路的风光

图2-1呈现的4个版块，是本章4节的主打内容。第1节，先睹为快，有统计图的大合照；后面3节，是画统计图之前的准备，如同前奏曲，因3节中都含有“好”字，因此不妨笑称为“三好曲”。

2.1 数据可视化的示例

数据可视化是指以图形、图像和动画等更为生动、更易于理解的方式呈现具体数据，增强数据的吸引力，诠释数据之间的关系和发展趋势，以期更好地理解和使用数据。20世纪50年代，随着计算机图形学的发展，人们利用计算机技术，可以在计算机屏幕上绘制出各种各样的统计图。在数据可视化中，应用最多最广的形式，当首推统计图。数据可视化的关键词，就是“数据”和“可视化”。

数据可视化的两大特点自带两大关键词的特色。

第一，数据的规范性。数据是“统计数据”的简称，是“统计语言”的俗称。任何语言都有语法，统计语言也不例外。统计语言的启蒙课就是数据的八大要素，即时间、空间、主体、数据的名称、数据的数值、计量单位、计算方法和数据来源。因此，可视化数据时，除了计算方法可以出镜也可以不出镜，其他的数据要素必须无条件地出现在统计图中。用搜索引擎搜出的统计图，之所以有不少画得丢三落四，是不是因为数据启蒙的第一课缺失了或没学好？

第二，可视化的艺术性。数据本身其貌不扬，置身在文山字海中也不出众。但是数据一旦可视化，一旦借助点、线、面的形状，再添上五颜六色的衬托，马上就脱颖而出、神采飞扬，成为众所瞩目的对象。选择怎样的形状呈现数据的大小，这就需要了解数据的类型；选择怎样的颜色为数据的出场添彩，这就需要有独到的艺术眼光。

显然，数据可视化的中心思想就是：科学的数据可以艺术化地表达，既要规范也要艺术。

下面展示几款经典的统计图，看一看可视化数据游走的模样，示例见表2-1。

表2-1 统计图是数据的形象大使

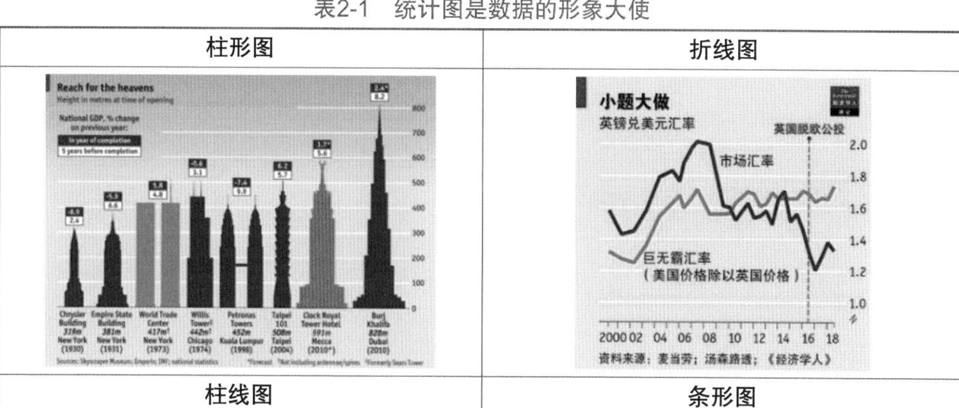

柱形图	折线图
柱线图	条形图

续表

表2-1呈现的9款经典统计图，在本书第5章到第13章“玩转统计图”的开篇有相关说明。

2.2 画统计图的准备1：选好统计表

画好统计表，要遵循两个基本原则，即“能排序就排序，能分组就分组”。

“怎样的统计表才适合画统计图？”“我是统计表，怎么就不适合画统计图？”为了说服和安抚这些声音，为了维护统计图数据大使的形象，本节聊一聊选好统计表这个话题。

统计图离不开统计表。统计表画好了，统计图才有可能画得好。统计表没画好，统计图肯定画不好。统计表是表格加数据，是画统计图的唯一来源。统计表没画好，将有损统计图数据的形象。可以说，有些不合格的统计图，根子就在于统计表没有画好。

接下来，举例说明统计表是怎样影响统计图这位数据大使形象的。

【例2-1】问：图2-2画得好吗?

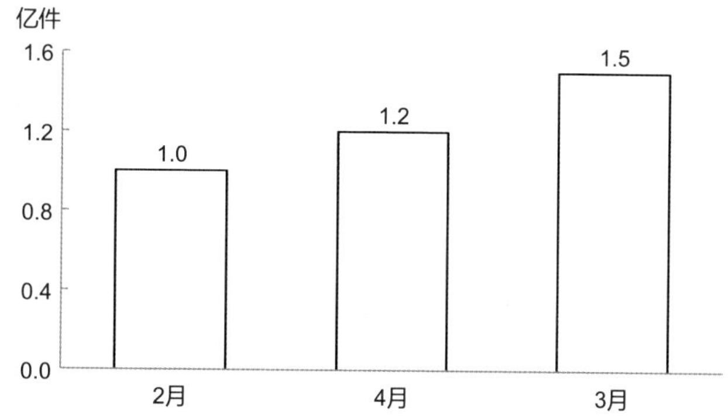

图2-2 数据已排序的柱形图

答：画图2-2的统计表见表2-2。

表2-2 2020年2—4月中国邮政业务量的函件数

月份	函件数（亿件）
2月	1.0
4月	1.2
3月	1.5

来源：中国国家统计局

图2-2是一张柱形图，实话实说，画得不好。从绘图区看，柱形图中的3根柱子，虽然按由小到大的顺序排列，让人看了也没有不适感，但画得不规范。这张柱形图，要按时间来排序，而不是按数据来排序。由于这张画柱形图的统计表没有按时间排序，因此统计表就没有画好，统计图自然也画不好。

将表2-2中的数据按时间进行排序，得到规范的统计表见表2-3。

表2-3　2020年2—4月中国邮政业务量的函件数

月份	函件数（亿件）
2月	1.0
3月	1.5
4月	1.2

来源：中国国家统计局　　　　制表：五重奏

在表2-3中，邮政业务量的函件数按时间顺序排列。这样的统计表，能让人看到，在这三个月内，函件数的分布情况。

用好的统计表2-3就可以画出好的统计图，如图2-3所示。

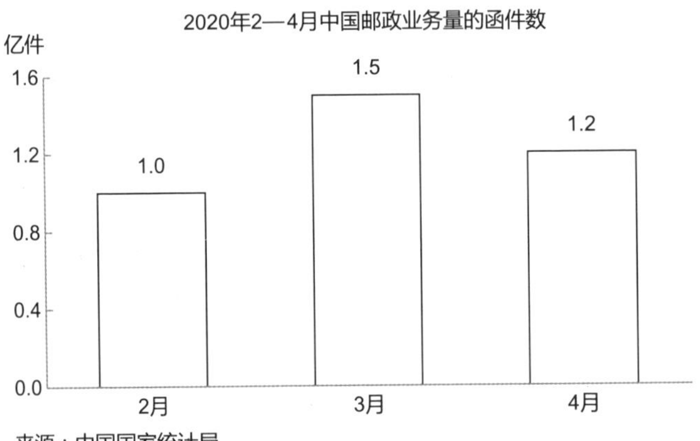

图2-3　数据没有排序的柱形图

在图2-3中，柱形图的柱子按时间顺序排列，与统计表相比，可以让人更直观地看到在不同时间内，中国邮政业务量函件数的变化。

【例2-2】问：图2-4画得好吗?

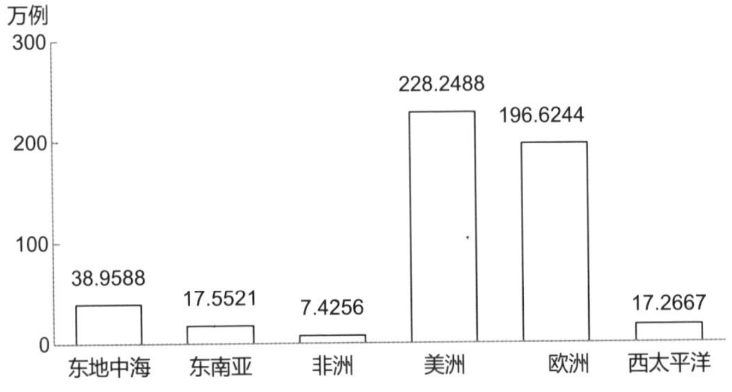

图2-4　数据没有排序的柱形图

答：画图2-4的统计表见表2-4。

表2-4　2020年世界卫生组织区域新冠肺炎疫情累计确诊病例情况比较

区域	累计确诊病例（万例）
东地中海	38.9588
东南亚	17.5521
非洲	7.4256
美洲	228.2488
欧洲	196.6244
西太平洋	17.2667

来源：世界卫生组织　统计：截至北京时间：2020年5月23日15时32分

图2-4是一张柱形图，说实话，画得不好。柱子忽高忽低，而累计确诊病例的数据可以排序。由于统计表没有排序，因此统计表就没有画好，而统计表没有画好，图2-4自然也画不好。

将表2-4中的数据进行排序，得到规范的统计表，见表2-5。

表2-5　2020年世界卫生组织区域新冠肺炎疫情累计确诊病例情况比较

区域	累计确诊病例（万例）
非洲	7.4256
西太平洋	17.2667
东南亚	17.5521
东地中海	38.9588
欧洲	196.6244
美洲	228.2488
总计	506.0764

来源：世界卫生组织　统计：截至北京时间：2020年5月23日15时32分

在表2-5中，累计确诊病例按由少到多的顺序排列。这样的统计表，让人一眼就能看到累计确诊病例的最低点和最高点，同时，还能快捷地比较累计确诊病例在这六个区域的分布。用规范的统计表2-5就可以画出规范的统计图，如图2-5所示。

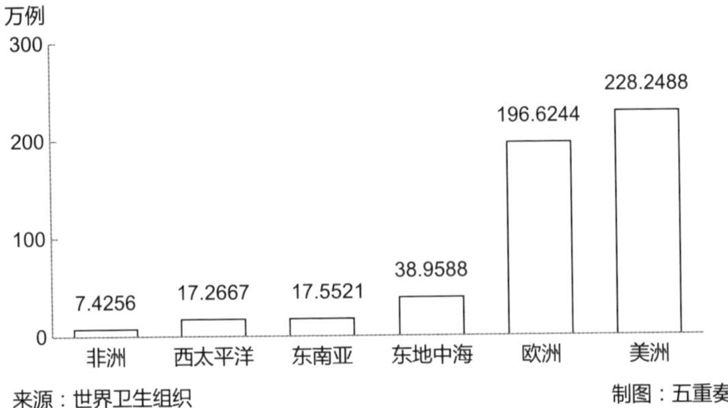

图2-5　数据已排序的柱形图

在图2-5中，柱形图的柱子由低到高排序，与统计表相比，让人更直观地看到累计确诊病例的最低点和最高点，各区域确诊病例排在什么位置也一目了然。

【例2-3】问：图2-6画得好吗?

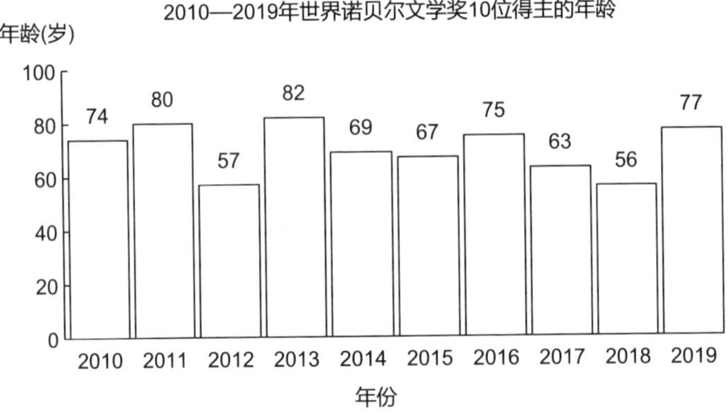

图2-6　数据没有分组的柱形图

答：图2-6是用表2-6中的数据画的。

表2-6　2010—2019年世界诺贝尔文学奖10位得主的年龄与获奖年份

获奖年龄（岁）	获奖年份
74	2010
80	2011
57	2012
82	2013
69	2014
67	2015

续表

获奖年龄（岁）	获奖年份
75	2016
63	2017
56	2018
77	2019

来源：新华网　　制表：五重奏

图2-6是一张柱形图，画得不中看。这张图，画了10根柱子，不仅让人看得眼花缭乱，而且根本就看不出年龄的分布特点。

在图2-6中，画10个年龄，画面就这样拥挤，可以设想一下，如果画更多的数据，20个、30个……甚至更多，画面又会怎样？可想而知，一定会挤成一团糟，让人一见就晕倒。

表2-6没有分组，有10个人，就有10个年龄的值，这是没有分组的资料。用表2-6的数据画出来的图2-6效果不佳，这是没有分组惹的祸。避祸趋利，可以采取分组法。按年龄分组，统计各组的人数，就能很好地呈现年龄的分布。

将表2-6中的数据按年龄进行分组，得到表2-7。

表2-7　2010—2019年世界诺贝尔文学奖10位得主的年龄分布

年龄（岁）	人数（人）
50—60	2
60—70	3
70—80	3
80—90	2
总计	10

来源：新华网　　制表：五重奏

用好表2-7，就能画好图，如图2-7所示。

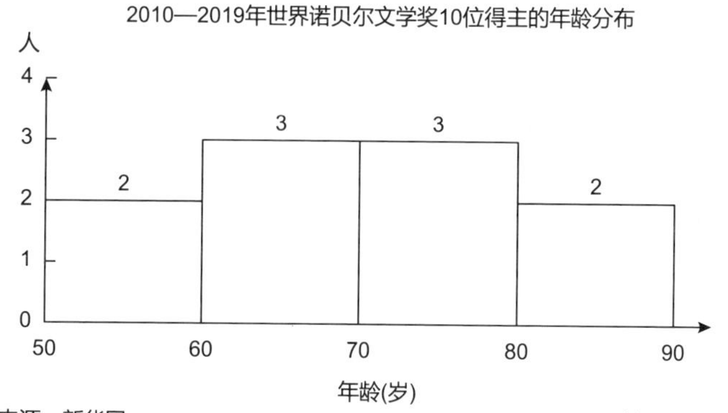

图2-7　年龄已分组的直方图

在图2-7中，年龄经过分组，分为4组，画出的直方图，其画面清爽，可以清楚地看到10位诺贝尔文学奖获得者的年龄分布情况。10年诺贝尔文学奖，10位获奖作者，以高龄者居多，都在50岁以上，60岁以上的有8人。

从以上3个例子可以看到，统计图的模样与统计表的设计直接挂钩。

在统计表中，【例2-1】不能对函件的数据排序，【例2-2】要对病例的数据排序，【例2-3】要对数据进行分组。那么，问题来了：在画统计表的时候，什么时候要对数据排序？什么时候不需要对数据排序？什么时候要对数据进行分组？什么时候不需要对数据进行分组？要回答这些问题，看一看统计表的基本框架与数据类型就一清二楚了。统计表的基本框架见表2-8。

表2-8　统计表的基本构成

标题

分类栏↓　　数据栏↓

分类的名称	数据的名称
分类的取值	数据的取值

数据的来源　　制表者的名称

在表2-8中，第一列是分类栏，包括分类的名称，以及分类的取值；第二列是数据栏，包括数据的名称和数据的取值。

在统计表中，分类的取值不同，数据的类型也不一样。数据的类型不同，直接影响到统计表中的数据是否排序，是否分组。所以，这里有必要来围观一下数据的三种类型，即时间型数据、文本型数据和数值型数据。

（1）时间型数据是指在统计表中，当分类的取值为时间时，那么统计表的数据为时间型数据。时间的形式，有年、月、日等。在时间型数据中，数据不排序。

比如，【例2-1】就是时间型数据的统计表。其分类的名称为“月份”，分类的取值为“2月、3月、4月”。数据的名称为“函件数”，数据的取值为“1.0、1.5、1.2”。“函件数”的数据不排序。

（2）文本型数据是指在统计表中，当分类的取值为文本时，那么统计表的数据为文本型数据。文本的形式，如文字、没有计算含义的数字等。在文本型数据中，数据能排序就排序。当分类取值的排列没有固定顺序时，数据就要排序；当分类取值的排列有固定顺序时，数据就不能排序。

比如，【例2-2】就是文本型数据的统计表。其分类的名称为“区域”，分类的取值为“东南亚、非洲、欧洲、美洲、东地中海、西太平洋”。数据的名称为“累计确诊病例”，数据的取值为一串数值。由于六大区域的排列没有固定顺序，谁都可以排名第一，所以“累计确诊病例”的数据就要排序。

（3）数值型数据是指在统计表中，当分类的取值为数值时，那么统计表的数据为数值型数据。分类的数值有实际含义。在数值型数据中，数据能分组就分组，分组后的数据不能排序。

比如，【例2-3】就是数值型数据的统计表。其分类的名称为“年龄”，分类的取值为“50—60、60—70、70—80、80—90”。数据的名称为“人数”，数据的取值为一串数值。由于“年龄”是分组数据，组与组之间有固定顺序，所以“人数”的数据不能排序。

显然，在统计表中，数据是否排序，与数据的类型有关。

对于时间型数据，数据不能排序。

对于文本型数据，数据能排序就排序。

对于数值型数据，数据能分组就分组，分组后的数据不能排序。

只有画好了统计表，画好统计图才有希望。

从没有分组的数值型数据到分组的数值型数据，这是一个技术活儿，下面以【例2-4】加以说明。

【例2-4】怎样整理年龄资料？

新华网收录了1901—2019年世界诺贝尔文学奖116位得主的年龄等资料。整理这些年龄资料的结果如图2-8所示。

	A	B	C	D	E	F	G	H	I
1	1901-2019年世界诺贝尔文学奖116位得主年龄的整理表								
2	第1步，录入数据与排序。				第2步，分组。		第3步，汇总与计算。		
3	获奖年龄的计算				分组结果	各组的最大值	汇总的结果		构成比的计算
4	序号	获奖年份	出生年份	年龄（岁）	年龄（岁）	年龄（岁）	年龄（岁）	人数（人）	构成比（%）
5	1	1907	1865	42	40-50	49	49	9	8
6	2	1957	1913	44	50-60	59	59	28	24
7	3	1930	1885	45	60-70	69	69	39	34
8	4	1928	1882	46	70-80	79	79	34	29
9	5	1938	1892	46	80-90	89	89	6	5
10	6	1987	1940	47			总计	116	100
11	⋮	⋮	⋮	⋮					
119	115	1902	1817	85					
120	116	2007	1919	88					
121	来源：新华网综合								
122	要求：按“年龄”整理数据。								

图2-8　整理年龄的过程

对图2-8整理年龄的说明如下。

（1）准备。调出Excel 2010“数据分析”工具。其步骤为：右击“文件”按钮，在弹出的菜单中选择“自定义功能区”选项，在弹出的“Excel选项”对话框中，先选择“加载项”选项，再单击“转到”按钮，在弹出的“加载宏”对话框中分别勾选

"分析工具库"和"分析工具库-VBA"复选框，最后单击"确定"按钮。这时，在"分析"这一组，"数据分析"工具闪亮登场。

（2）整理年龄的步骤如下。

第1步，录入数据与排序。对"年龄（岁）"排序，结果如图2-8中的第1步所示。

第2步，分组。对年龄分成5个组，并列出各组的最大值，结果如图2-8的第2步所示。

第3步，汇总并计算。对各组年龄的人数进行汇总并计算构成比，结果如图2-8的第3步所示。汇总各组年龄人数的过程为：单击"数据"选项卡，在"分析"这一组单击"数据分析"命令，在弹出的"数据分析"对话框中选择"直方图"选项，单击"确定"按钮，在弹出的"直方图"对话框中，在输入区域的文本框中输入"D5:D120"，在接收区域的文本框中输入"F5:F9"，单击"输出区域"单选按钮并输入G4，最后单击"确定"按钮，得到汇总的结果。计算各组的总和，并计算各组的构成比。

第4步，列出年龄分布的统计表，结果见表2-9。

表2-9 1901—2019年世界诺贝尔文学奖116位得主的年龄分布

年龄（岁）	人数（人）	构成比（%）
40—50	9	8
50—60	28	24
60—70	39	34
70—80	34	29
80—90	6	5
总计	116	100

来源：新华网综合　　　　制表：五重奏

第5步，画出年龄分布的统计图，结果如图2-9所示。

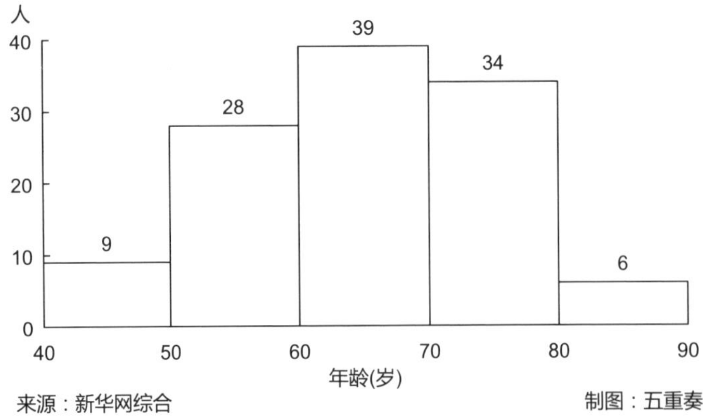

图2-9 年龄分布的直方图

从【例2-1】和【例2-2】可以看到，在画统计图时，“数据能排序就排序”的重要；从【例2-3】可以感受到，在画统计图时，“数据能分组就分组”的不可缺少，从【例2-4】可以发现，在画统计表前，“数据能整理就整理”的美妙。

这里，问题又来了：用【例2-1】和【例2-2】的数据画的是柱形图，用【例2-3】和【例2-4】的数据画的是直方图，那么，柱形图和直方图，这些统计图的选择有什么讲究吗？这个问题来得及时，因为这正是下一节的重点。

2.3 画统计图的准备2：选好统计图形

如图2-10所示，呈现了Excel两个版本插入统计图的界面，左图是Excel 2010版本的界面，右图是Excel 2016年升级版的界面。两者都设置了画各种统计图的下拉按钮。

图2-10 统计图形来自Excel 2010（左）和Excel 2016（右）

两个版本都有的统计图是柱形图、折线图、饼图、散点图。在2010版，还有条形图、面积图和圆环图。在2016版，还有柱线图、直方图和雷达图。

本书从常见的统计图中，选择其中的9款，分章来欣赏。这9款统计图分别为柱形图、折线图、柱线图、条形图、直方图、饼图、散点图、气泡图、象形图。

从图2-10可以看到，在两个版本中，柱形图都排在第一位，2010版的统计图形为三维图，而2016版的统计图形为二维图。

柱形图在统计图中的排名，从来就没有悬念，始终名列榜首，这一点没有变化。但有一点变了，这就是柱形图的模样。2016升级版的柱形图的图形为平面图，2010版的为三维图。柱形图的图形从立体图变成平面图，这样的变化，纯属偶然？当然不是！

柱形图从2010版的三维图形变为2016版的二维图形，不要小看了这个变化。这是在可视化数据世界里，一个专业共识的达成。多年以来，有识之士一直在呼吁：“柱形图，请停用三维图！”因为三维柱形图不能准确地呈现数据。

看吧，柱形图中的数据是站在柱子上的，柱子有多高数据就有多大，而三维柱子顶端的横截面形状，不适合准确地呈现数据，因为容易造成误读。这样的观点，这样的呼声，年深月久。2016版的柱形图示意图，放弃了以前的三维呈现，转而选择平实的二维呈现，这是一种尊重科学的行为。

从表面来看，三维柱形图比二维柱形图好看，有很强的艺术感染力。但数据的呈现，首先是科学，讲求表达准确；其次是艺术，讲求表达的美感。这是一个铁律：统计图数据的呈现，科学的表达为第一，艺术的表达为第二。

2016版的统计图形都变成了二维图形，是不是所有的统计图都不适合画三维统计图？当然不是！柱形之类的统计图，都不合适，如柱形图、条形图和柱线图。其他的统计图，用三维的形式呈现，没有禁忌，如折线图、饼图和面积图。画统计图时，不管选择二维还是三维，前提是要准确呈现数据，不能引起歧义。

一串的一问一答来了。在众多的统计图软件中，为什么柱形图总是排列第一？因为柱形图用得最多。为什么柱形图用得最多？因为适合的数据类型多。

统计图的选择与数据类型分不开，两者是互动的关系，可以用一张简表来呈现，具体见表2-10。

表2-10　统计图匹配的数据类型一览表

序号	图形特点	统计图	统计图的示意图	数据类型		
				时间型数据	非时间型数据	
					文本型数据	数值型数据
1	点状图	饼图	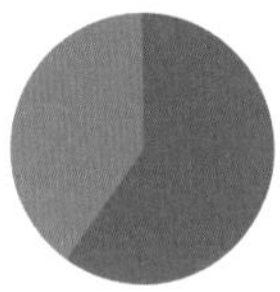	只适合画结构相对数		
2		散点图	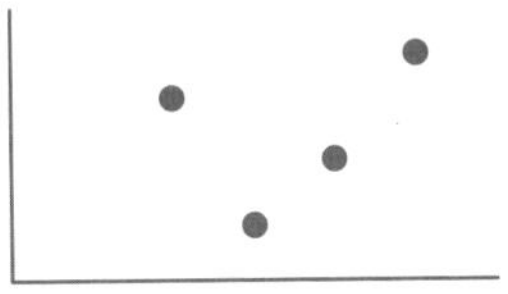	只适合画两个成对相关变量的数据		
3		气泡图	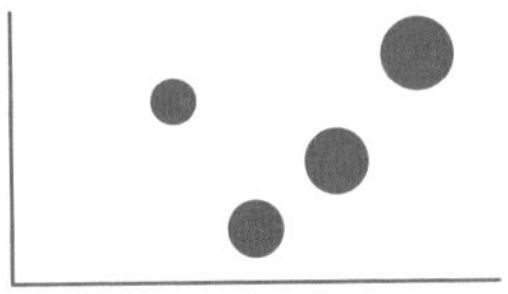	只适合画3个相关变量的数据		
4	线状图	折线图	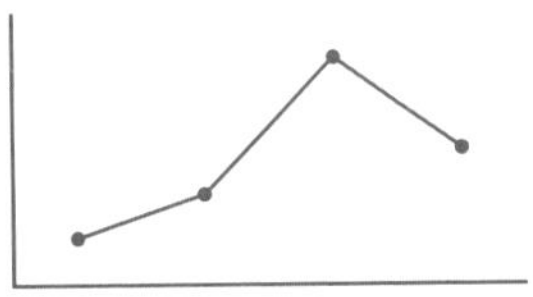	最适合画时间型数据		

续表

序号	图形特点	统计图	统计图的示意图	数据类型		
				时间型数据	非时间型数据	
					文本型数据	数值型数据
5	柱状图	柱形图		不适合画数值型连续数据		
6		直方图		只适合画数值型连续数据		
7		条形图		最适合画文本型数据		
8	综合图	柱线图		适合画总量数及其增长速度 适合画数值型连续数据的分布曲线		
9		象形图		适合画所有的数据类型		

统计图是用点、线、面的形状画的数据图。在表2-10中，统计图按点、线和面来划分，分为点状图、线状图、柱状图和综合图，共有9款统计图。点状统计图有3款，即饼图、散点图和气泡图；线状统计图有1款，即折线图；柱状图有3款，即柱形图、直方图和条形图；综合图有2款，即柱线图和象形图。这9款统计图的画法和应用在后面的章节中都有详细说明。

面对这些形状各异的，由点、线、面所构成的图形，心情是不是有点小激动。难道这里就是统计图世界原始的风光？这里就是统计数据形象大使的工作室？是的，没错，这类地方正是本书的最爱，也是很多朋友迷恋的乐园。

2.4　画统计图的准备3：选好画图颜色

奥古斯丁（见图2-11）说：“美是各部分的适当比例，再加一种悦目的颜色。”因此，画统计图时，要善用和活用颜色。

所谓“善用颜色”，就是要在颜色的打理上点到为止，以求恰到好处，不要贪多求全。一般来讲，在一篇数据文章中，如果只有一张统计图，主打颜色以三种为宜。颜色不要多，花花绿绿的颜色，只会让统计图显得杂乱无章，影响画面美观；只会让人眼花缭乱，影响视觉美感。在一篇数据文章中，如果有多张统计图，则颜色的风格要一致，如同家庭的亲子套装一样，让人一看就知道这是一套图。整体风格统一，会给人带来美感，给人留下好的印象。

图2-11　奥古斯丁（古罗马）

所谓“活用颜色”，就是颜色的选择要与主题相匹配。用颜色的深浅来呈现数据的主次，即在同色系列中，用深色呈现想要突出的数据，用浅色呈现其他数据。比如，画商务风格的统计图，为了显现沉稳气质，可选用蓝色和相近格调为主打的颜色。画校园风格的统计图，为了呈现青春朝气，可选用粉色和相近格调为主打的颜色。再如，画柱形图，如果要突出呈现某根柱子的数据与众不同，就可以用不同的颜色来表达以示区别。又如，画折线图，如果要在一根折线的前段呈现实际数，而尾端呈现预测数，那么，就用黑色呈现实际数，用红色呈现预测数。

好的统计图，以规范取胜，以颜色夺目，以整体为美。借鉴奥古斯丁的金玉良言，就可以得到画统计图的美学原则，这就是简约美和整体美。

1. 统计图的美学原则一：简约美

“美是各部分的适当比例，再加一种悦目的颜色。”统计图是数据的形象大使，既然是形象大使，自然要体态匀称，光彩夺目。画对了统计图，还要在对的基础上画好统计图，要用悦目的颜色把统计图描画得更迷人。

统计图的简约美，美在一种悦目的颜色上。统计图要选好颜色，要选择符合主题要求和审美习惯的颜色。颜色是抒发情感的语言，是统计图留给人的第一印象，要摒弃默认的颜色，要善用与活用颜色。

画统计图时，最忌讳拿来就用的默认颜色。默认颜色就是画图软件给的默认的统计图框架的颜色。

背景是一种衬托和点缀，在统计图中要慎用。统计图以简洁素雅为美，适当的背景也会带来清新的美感。配合主题，可以适当选择相应的图片。比如，一张以表现本公司汽车销售为主题的统计图，这时，如果统计图的画面上有足够空白的空间，那么，就可以选用本公司生产的一张汽车照片，把这张照片有机地融入统计图中。背景的添加，深化了主题，让统计图也显得更为饱满和生动，让方寸大小的统计图有了更多的含义，有了更多的可读性和可欣赏的地方。

背景的选择要慎之又慎，始终要记得，统计图中的数据永远是主角，统计图永远是为呈现数据而生的。为统计图所选的图片背景，如果太过花哨，或占空间太多，或图片与主题不符，那么就违背了画统计图的本意，就会让统计图变得面目全非，这样的手法，显然是多此一举。

2. 统计图的美学原则二：整体美

“美是各部分的适当比例”。统计图是由标题区、绘图区和来源区这三大部分构成的。

统计图的整体美，主要体现了统计图形象大使的风貌，就是整体看起来令人赏心悦目。

统计图的整体美，包括颜色上的简约美，从构成要素来看，还包括各要素的布局美。

统计图要画好各个构图要素。在构图要素的摆放上，要符合人们从上往下阅读的习惯。比如，在默认的统计图中，把计量单位放在绘图区的左边，把图例放在绘图区的右边，这样一来，不仅挤占了绘图区的地盘，有喧宾夺主之嫌，而且图例和计量单位一左一右的摆放，让读者左顾右盼阅读，会引起视觉疲劳，让人感觉不舒服。

画统计图，已准备就绪，接下来怎么做？按统计图的流程走，请看下一章分解。

第3章 画统计图的流程

要画好统计图，其实也简单。不管用什么软件来画，如果能遵循画图的基本流程，就能画出专业派的统计图。如果想怎么画就怎么画，那么，十有八九画出的统计图有缺陷。

本章内容的导航线路如图3-1所示。

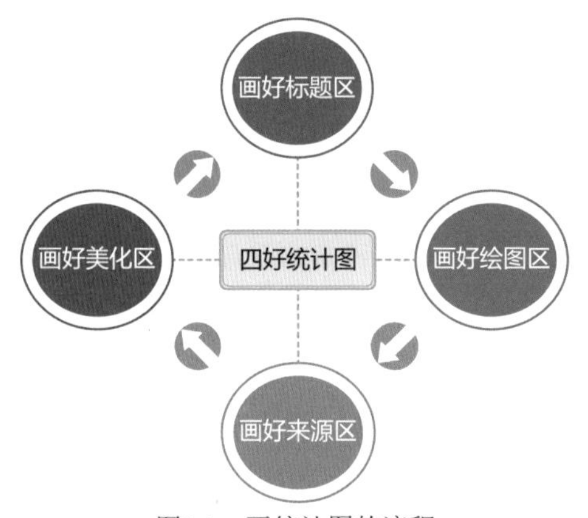

图3-1　画统计图的流程

图3-1呈现的四个地方，就是本章4节的打卡景点。统计图的结构，从上往下，分为“三区”，即标题区、绘图区和来源区。本章的前面三节，特别关注“三区”中的构图要素即图项的分布；最后一节分享“三区”美颜的小常识。

接下来看一个实例，图项在统计图中的基本分布如图3-2所示。

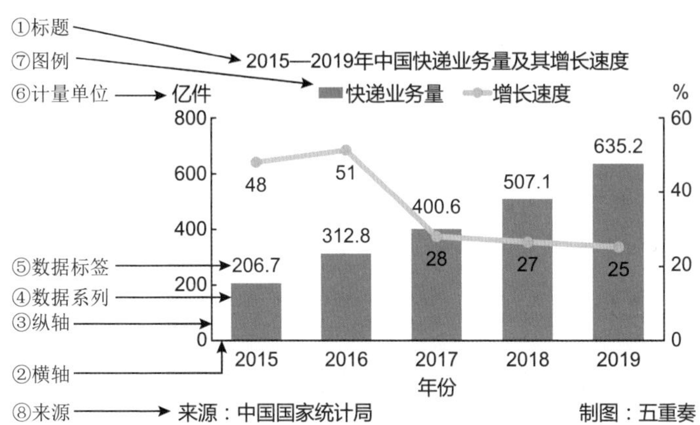

图3-2　图项在统计图中的分布

在图3-2中，标题区包括①，绘图区包括②～⑦，来源区包括⑧。

将图3-2中统计图的图项分布转化为一般统计图的情形，结果如图3-3所示。

01 02 03 第3章　画统计图的流程 04 05 06 07 08 09 10 11 12 13 14 15 16 17 18 19 附录 后记

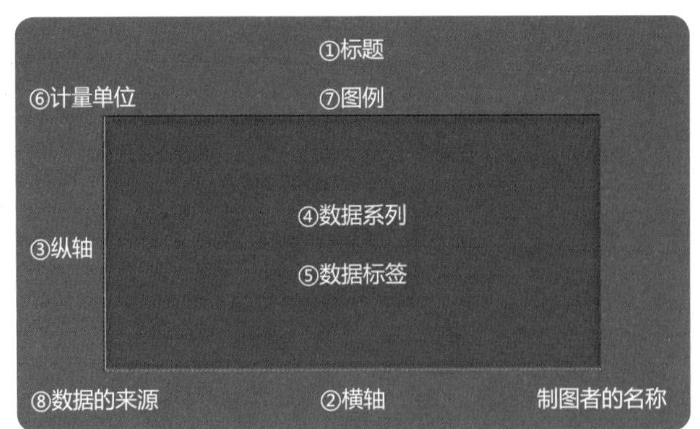

图3-3　统计图的图项分布

“专业源于细节”，这是金玉良言。统计图的美，美在眉眼、美在细节、美在图项要素齐全、美在颜值高。

从图3-2和图3-3的对照，可以看到图项在统计图中的基本分布。由图3-2可见，统计图由上往下，分为“三区”，这就是标题区、绘图区和来源区。统计图宛如“人”字形，标题区如人的头部，绘图区如人的身躯，来源区如人的双脚。

一张统计图，如果没有标题，就成了“无头怪物”，好吓人；如果没有来源，就成了“残废”，好遗憾；如果没有图形，那就抹去了统计图的身影，成了一个名副其实的“幽灵”。

统计图的“三区”，主要分布着8个图项。在标题区，有1个图项，即标题；在绘图区，有6个图项，即横轴、纵轴、数据系列、数据标签、计量单位和图例；在来源区，主要有1个图项，即来源和制图者名称。

图3-2是一张柱线图，是柱形图和折线图的组合。在这张柱线图中，数据系列和数据标签怎么看呢？数据系列有两个，一个是柱形图的柱子系列，一个是折线图的折线系列。数据标签是数据系列呈现的数值。在5个柱子组成的柱子系列中，第一个柱子呈现的数据标签就是“206.7”。在5个标记点连成线的折线系列中，第一个标记点呈现的数据标签就是“48”。

图3-3是图3-2的一般化，重点突出8个图项在统计图“三区”中的分布。接下来，看一看在统计图中，8个图项的分布和需要留意的地方。

3.1　画统计图的步骤1：画好标题区

在统计图中，标题的位置如图3-4中的红字所示。

①标题
⑥计量单位
⑦图例
④数据系列
③纵轴
⑤数据标签
⑧数据的来源
②横轴
制图者的名称

图3-4　统计图中的标题

看书先看皮，看图先看题。标题呈现出统计图的中心思想。统计图标题的位置，最常见的是高高在上，并且居中。标题的文字要简明扼要。

标题一般要包括“4W”，即时间（When）、空间（Where）、主体（Who）和数据的名称（What）。当标题除了主标题，还包括副标题和相应说明时，要留意副标题和相应文字说明的布局。用计算机画图时，默认的标题区域只有主标题的位置，没有为其他文字留足够的空间。

在主标题的位置上，添加其他文字时，可以根据不同的情况来解决。

如果添加的文字比较少，就可以在默认的统计图区域内实现。比如，只添加一个副标题或一行说明文字，这时，可以将主标题下方的图例移动到绘图区，腾出空间以添加文字。在文本框中添加新文字时，字号要小于主标题的字号。

如果添加的文字比较多，在默认的统计图区域内无法实现时，就可以在统计图的上方添加一个文本框，并与统计图组合在一起。

【例3-1】看表3-1说标题。

表3-1　标题的对比

√

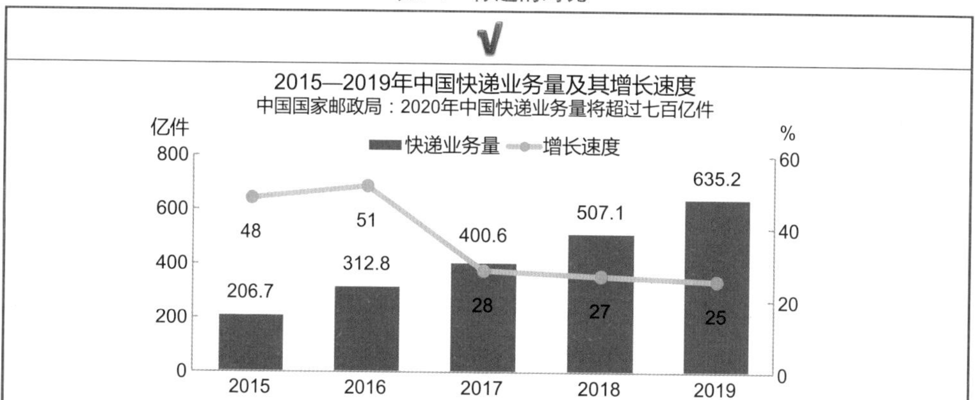

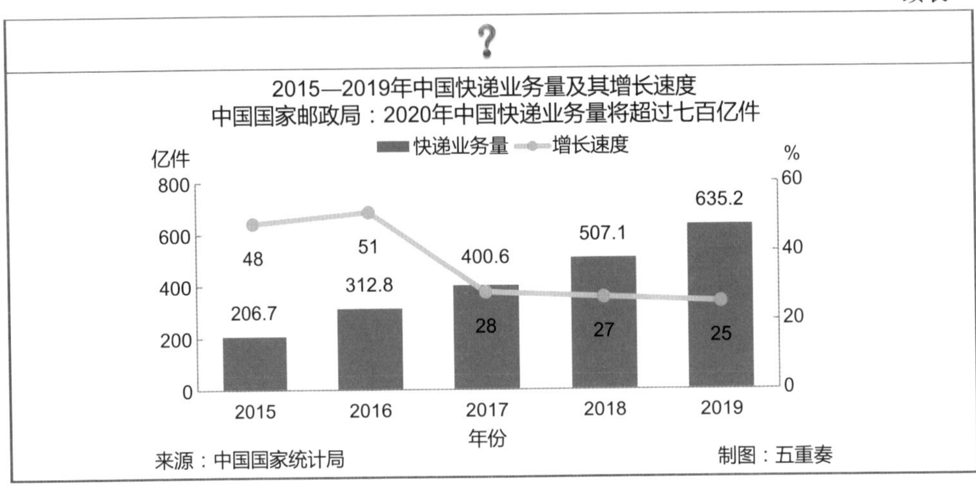

简析：表3-1中的两张柱线图，都是用同一个资料画的，画的内容一模一样，只有标题的布局不同。经比较上图和下图，给出的评判结果为：上图合适，下图不妥。

表3-1中的上图，画得正确。这是因为画风清爽，标题区域中，标题和说明文字之间，留有余地，层次清楚，呈现完整，容易阅读。

表3-1中的下图，画得不妥。这是因为画风凝滞，标题区域中，说明文字和标题之间粘得太紧。同时，添加的文字与主标题的字号相同。如此这般层次不清、主次不明的统计图，自然会影响统计图的美感，影响观图者的心情。

在表3-1中，将图例下移，并在标题的下方添加文本框。在文本框中，键入添加的文字“中国国家邮政局：2020年中国快递业务量将超过七百亿件”。文本框中添加的文字，与主标题相比，字体一样，字号要小。标题的修改结果，如表3-1中的上图所示。

3.2 画统计图的步骤2：画好绘图区

3.2.1 横轴

在统计图中，横轴的位置如图3-5中的红字所示。横轴又称为“水平轴”或“分类轴”。

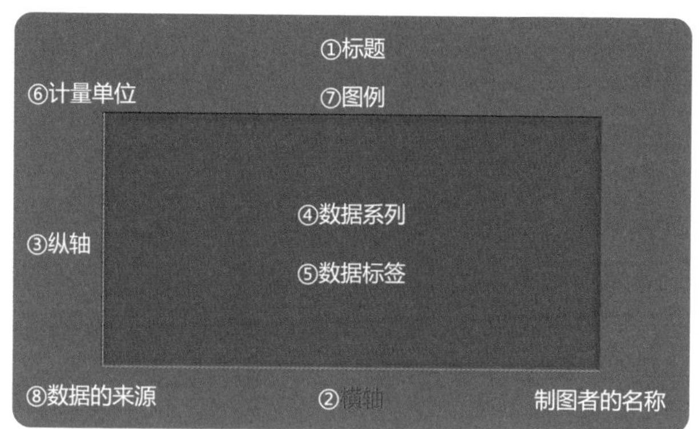

图3-5　统计图中的横轴

画的数据是什么类型，从横轴的分类结果可以看出来。数据分类的结果只有三种，这就是时间型数据、文本型数据和数值型数据。

- 用时间型数据画折线图时，如果时间之间的距离不相等或不完全相等，那么就要用分隔符“//”来表示隔断的时间。
- 用文本型数据画统计图时，为美观起见，如果分类的文字太长，就不宜画柱形图，而适合画条形图。
- 用数值型数据画直方图时，分类数值的区间不要用连接符号如“～”或“—”相连，因为这样的画法，不符合统计图的特点。

【例3-2】看表3-2说横轴。

表3-2　横轴的对比

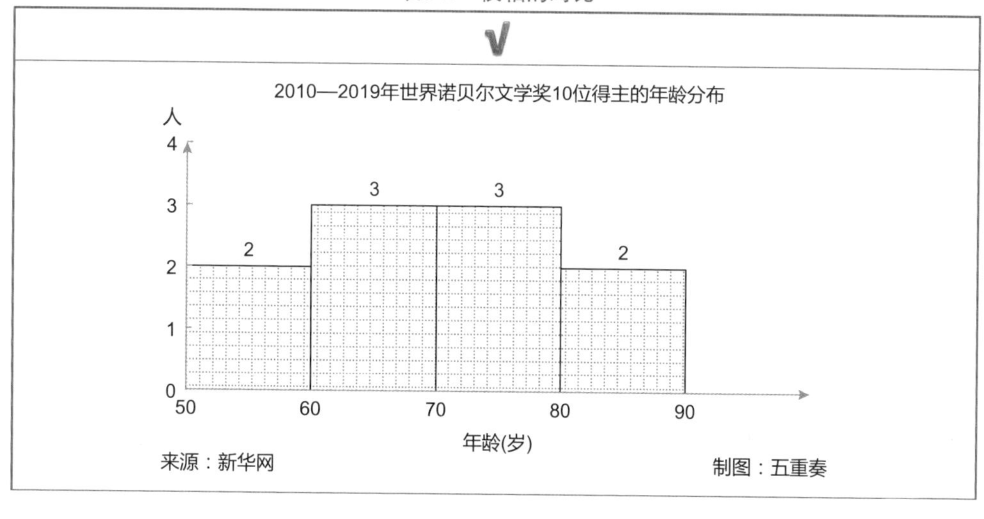

?

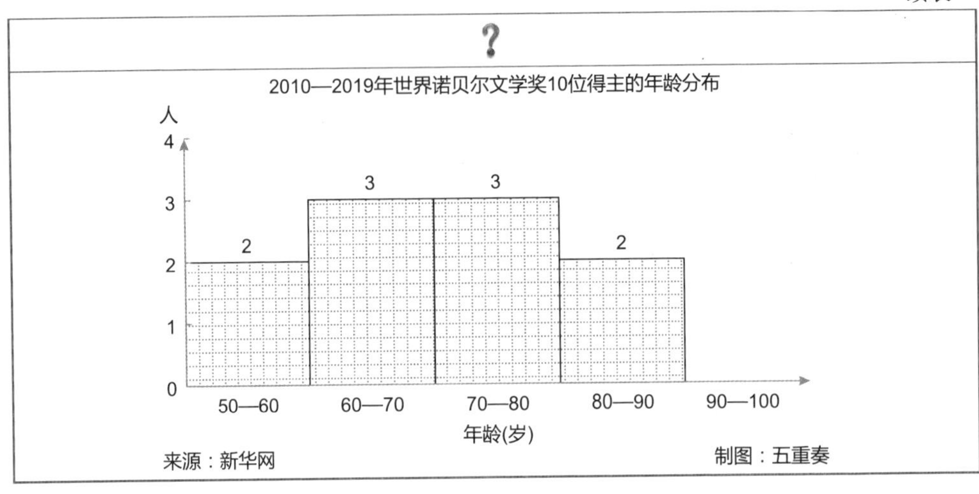

简析：在表3-2中，两张直方图是用同一个资料画的，画的内容完全相同，只有分类结果的呈现不一样。经比较上图和下图，给出的评判结果为：上图规范，下图不妥。

在表3-2中，上面这张图显示，年龄分为4个组，在横轴上，5个年龄的节点值，按照直方图的节点进行排列。这样的排列，清清爽爽，符合专业要求。

在表3-2中，下面这张图显示，年龄分为4个组，在横轴上，机械地复制了统计表的分类排序，不符合画图的要求。

在年龄这个数值型数据中，要绕开画图软件默认的分类排序，方法很简单，即在图中，将默认的分类文字设置为白色，在分类位置上添加文本框，然后在文本框中键入分类的数值，最后将数值对齐即可。横轴的修改结果，如表3-2中的上图所示。

3.2.2 纵轴

在统计图中，纵轴的位置如图3-6中的红字所示。

图3-6　统计图中的纵轴

在图3-6中，红字标示的是纵轴的位置。纵轴又称为“垂直轴”。

画统计图时，在纵轴上，有“三值”值得留意。“三值”是指最小值即起点值要为0，最大值要大于实际的最大值，相邻的间距值不要太小。

【例3-3】看表3-3说纵轴。

表3-3　纵轴的对比

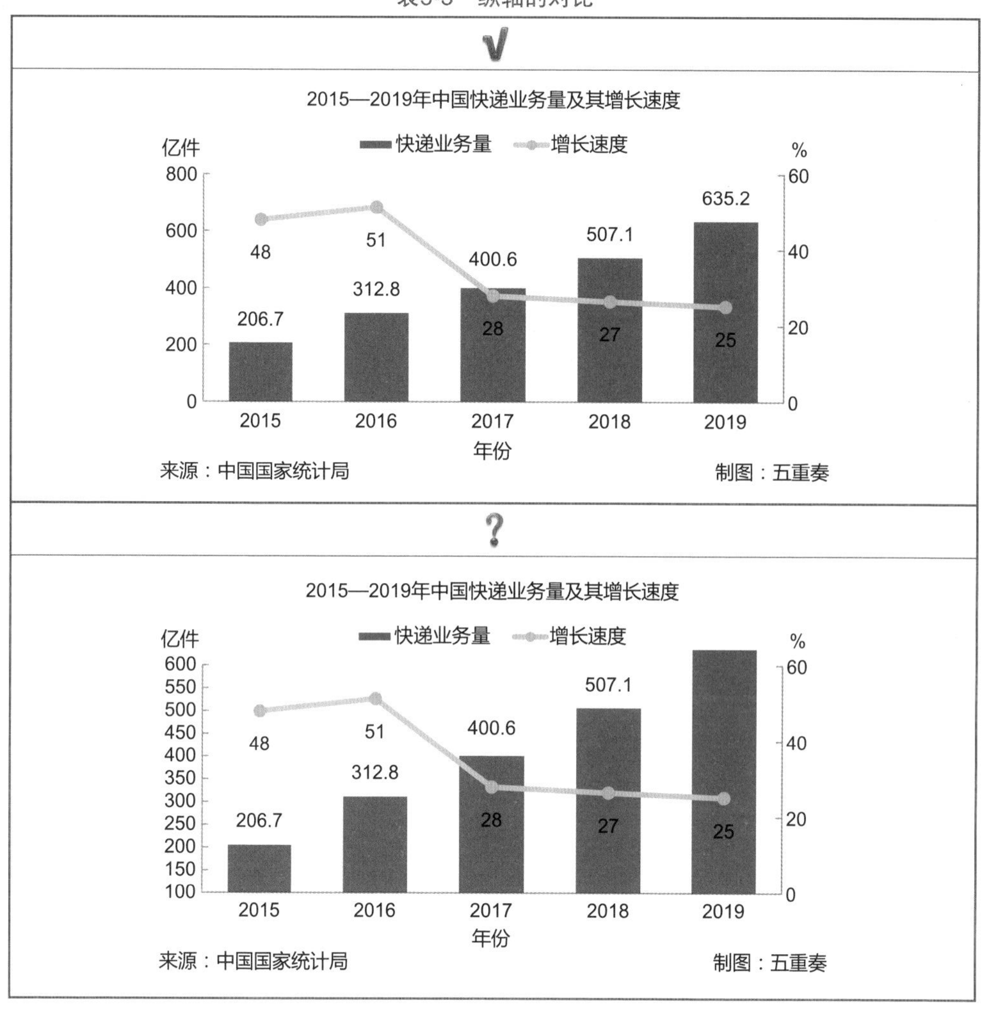

简析：在表3-3中，下面这张柱线图的纵轴画得不规范。纵轴上不规范的地方有3个，“三值”全部中招。

（1）纵轴上的最小值为100，结果直接导致统计图变形。

（2）纵轴上的最大值设置为600，而实际的最大值为635.2，结果导致站在最后一个柱子上的数值不翼而飞，原因是635.2无法在600的范围内显示。

（3）相邻两个刻度值的间距值太小，密密麻麻，影响读者心情。

修改表3-3下图的纵轴，方法是将刻度线调整向内，将最小值改为0，将最大值设置为800，将相邻两个刻度值之间的间距数值由50调为200。纵轴的修改结果见表3-3中的上图。

3.2.3 数据系列

在统计图中，数据系列的位置如图3-7中的红字所示。

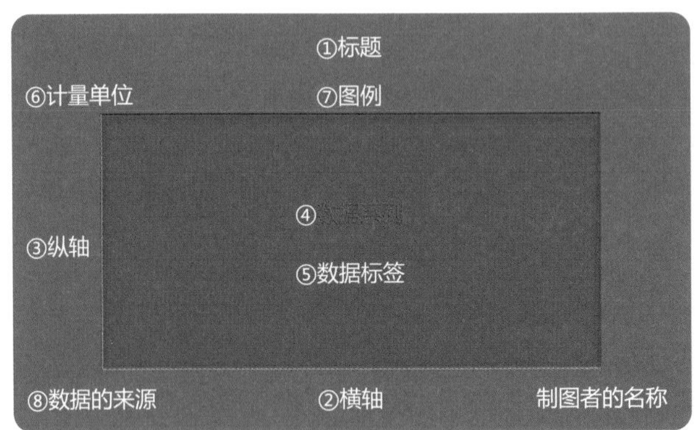

图3-7　统计图中的数据系列

在图3-7中，红字标示的是数据系列的位置。数据系列位于统计图的中心。

数据系列就是用统计表的数据画出来的图形。统计表中的第一列数据，画在统计图上就是第一个数据系列；统计表中的第二列数据，画在统计图上就是第二个数据系列。

画统计图时，数据系列要画好，要做到选择合适的统计图。选择的统计图不同，画出的统计图形，也就是数据系列也不一样。比如，如果选择画柱形图，则数据系列就是柱子。

【例3-4】看表3-4说数据系列。

表3-4 数据系列的对比

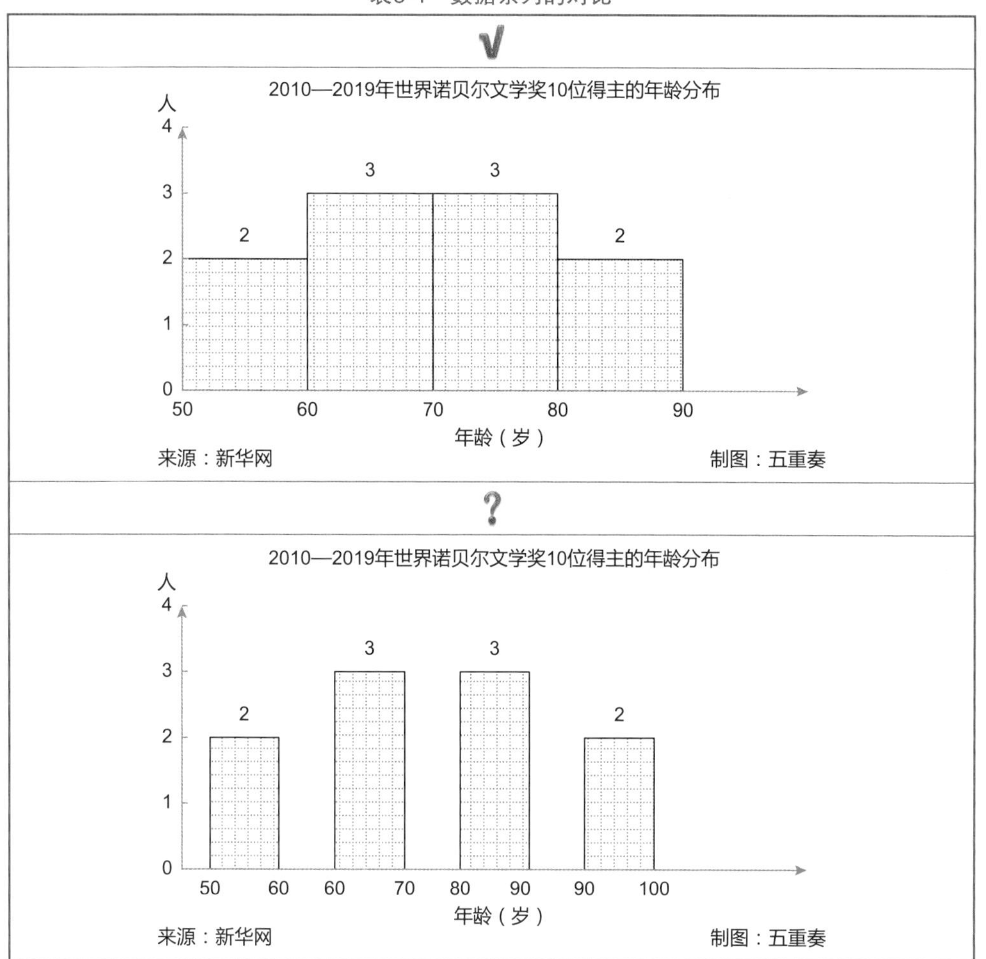

简析：在表3-4中，下面这张图不规范，柱形图选择失误，应将柱形图改为直方图。统计图的误选，导致了统计图的误画，应将柱子之间的距离设置为0；统计图的误画，导致了分类轴上的数值表达也不规范。数据系列的修改结果见表3-4中的上图。

画统计图时，不同的图形，也有不同的讲究。

- 柱形图中的“柱子”，柱子之间的距离要小于柱子的宽度。
- 折线图中的折线，要用实线表示实际值，用虚线表示预测值。
- 饼图中的“饼子”，第一块“饼子”从12点正的位置开始，其他“饼子”顺时针排列。
- 异常的数值也会影响统计图的图形。比如，统计图中出现了很大的数值。这时，处理的方法有很多。如果用总量数来画，如画成柱形图，就可以用隔断线的方式，化大为小；如果用相对数来画，也就是化为构成比来画，如画成饼图，就可以化解彼此之间因数值差异太大而带来的不好比较的矛盾。

3.2.4 数据标签

在统计图中，数据标签的位置如图3-8中的红字所示。

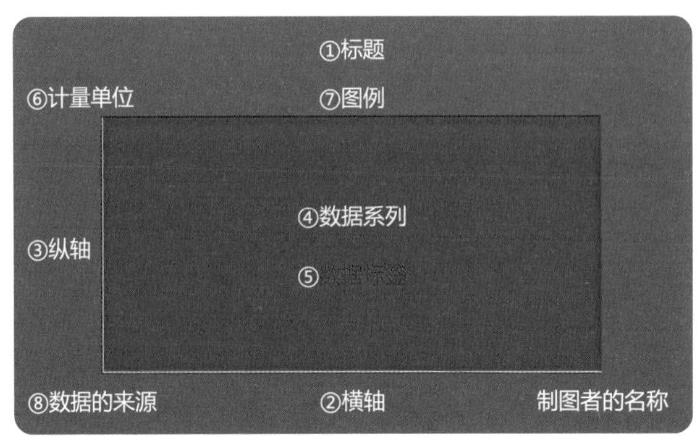

图3-8　统计图中的数据标签

在图3-8中，红字标示的是数据标签的位置。数据系列位于统计图的中心。数据标签就是统计图形所代表的数值。统计图天生就是为了把数据转化为可视化图形的。

在统计图中，数值必须呈现。根据画图数值的多少，结合统计图的视觉效果，呈现数值的方法有两种，即直接呈现法和间接呈现法。

在统计图中，如果数值不多，图形简洁，则可以在图形的恰当位置直接呈现数值；如果数值较多，图形比较复杂，则可以在图形的下面直接列出统计表以呈现数值。

如果在统计图中数值很多，在统计图中用统计表的方式呈现数值，数值的模样也不清晰，这时，就可以用鼠标指针，指向数据标签的地方，指向哪里，数值就在哪里显示，即指即现，不指则看不见，这是一种间接呈现数值的方法。

画统计图时，数据标签最容易犯的差错，要么就是不贴数据标签，也就是不写数值；要么就是贴了数据标签，但因数据标签的占位不合适，也就是位置贴得不到位，而让整个统计图形陷入一团乱数的难堪境地，这样画出来的统计图，会让人看了马上崩溃。

【例3-5】看表3-5说数据标签。

表3-5　数据标签的对比

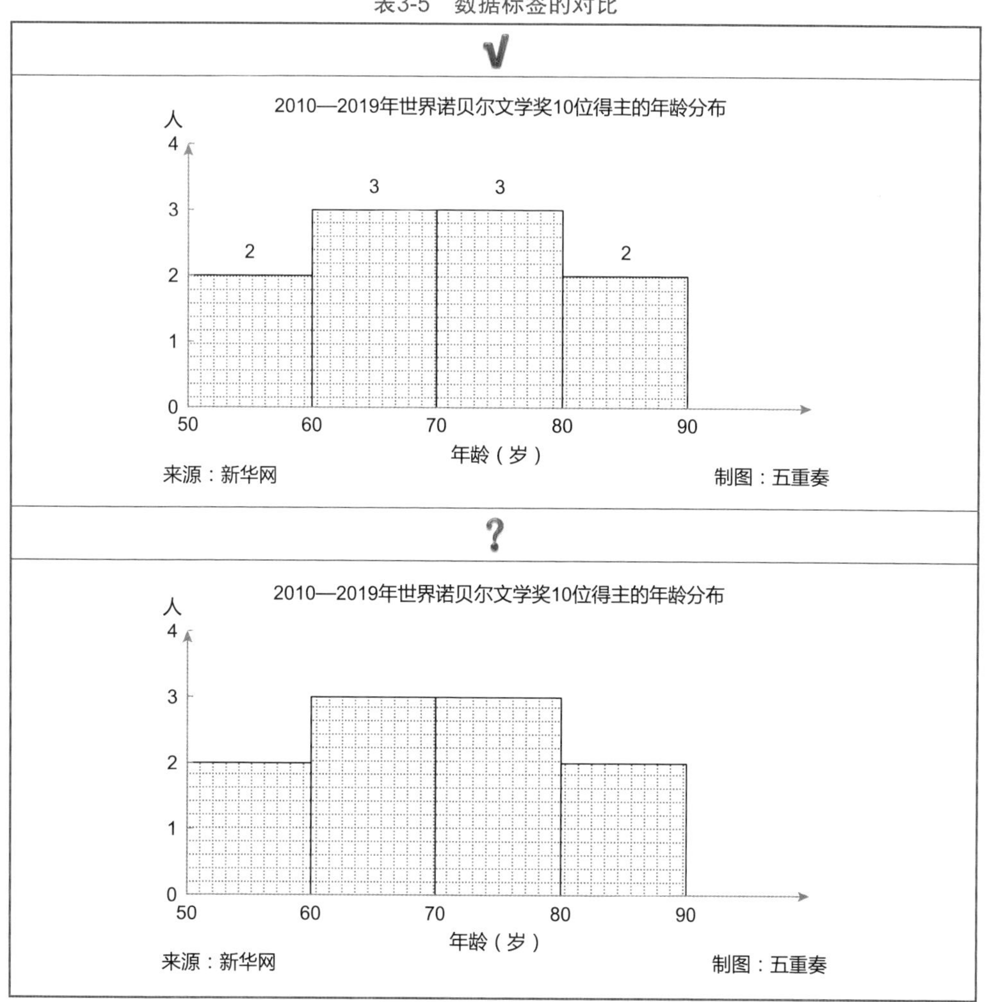

简析：表3-5下面的这张直方图，没有添加数据标签，是一张不规范的统计图。这张图，数值不多，只有4个，完全可以直接贴好数据标签。画统计图时，可以贴数据标签而不贴数据标签，让读图者的目光在纵轴上的刻度值和图形的高矮之间来回流动，来来回回估量柱子上面站的应该是什么数值，这样为难读者和自己，实在不是一种明智之举。数据标签的修改结果，请见表3-5中的上图。

3.2.5 计量单位

在统计图中，计量的位置如图3-9中的红字所示。

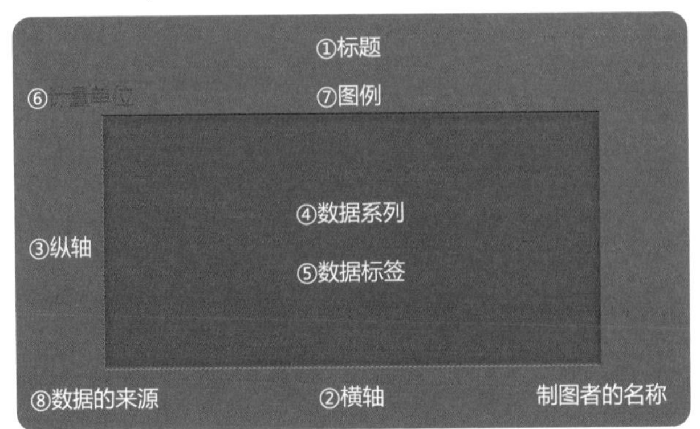

图3-9　统计图中的计量单位

在图3-9中，红字标示的是计量单位的位置。计量单位一般位于纵轴的上方。在统计图中，有数值必有计量单位。

画统计图时，计量单位最容易犯的差错，要么就是不写，要么就是不写全。不写全计量单位，如将“万人”写成“万”，将“万元”写成“万”等。

【例3-6】看表3-6说计量单位。

表3-6　计量单位的对比

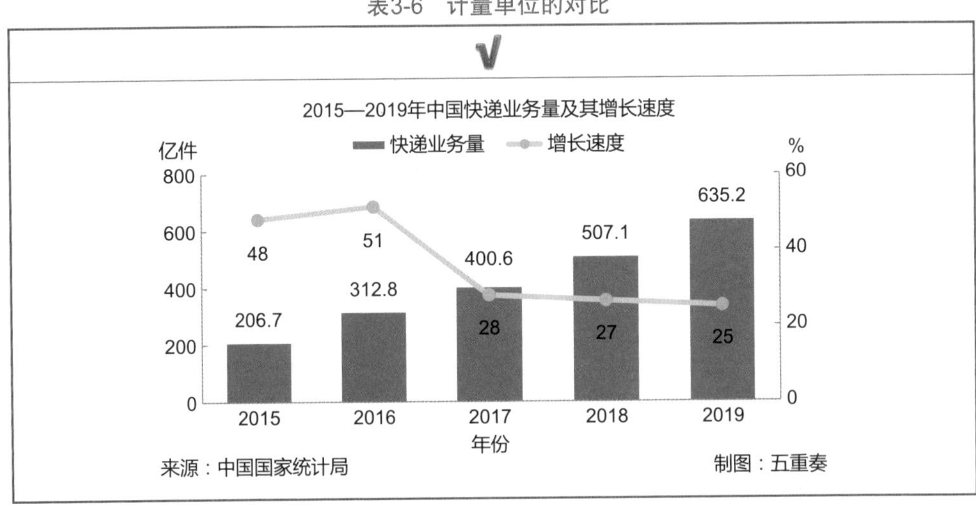

续表

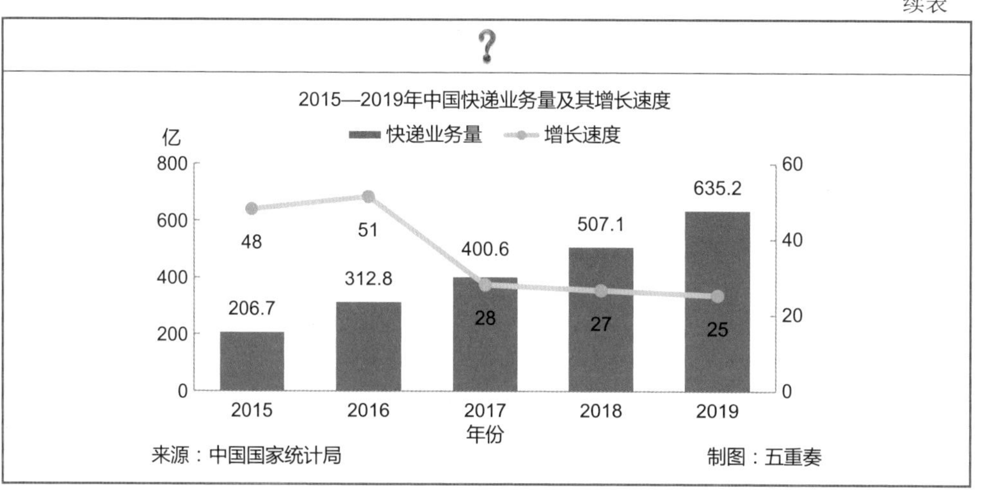

简析：表3-6下面的这张柱线图，是一张不规范的统计图。在左纵轴上，没有写全计量单位“亿件”；在右纵轴上，没有添加百分号“%”。计量单位的修改结果，请见表3-6中的上图。

画统计图时，计量单位除了要写和写全，有时还要讲求一点小技巧，将计量单位化大为小。比如，把“100,000元” 化为“10万元”，计量单位由“元”变成“万元”，数值的大小没有变，数值的长短却变了，由长变短，“瘦身”了，由6位数的“100,000”变成了两位数“10”。当计量单位为“元”时，要分清是“人民币元”，还是港元、新加坡元、日元、美元等。

3.2.6 图例

在统计图中，图例的位置如图3-10中的红字所示。

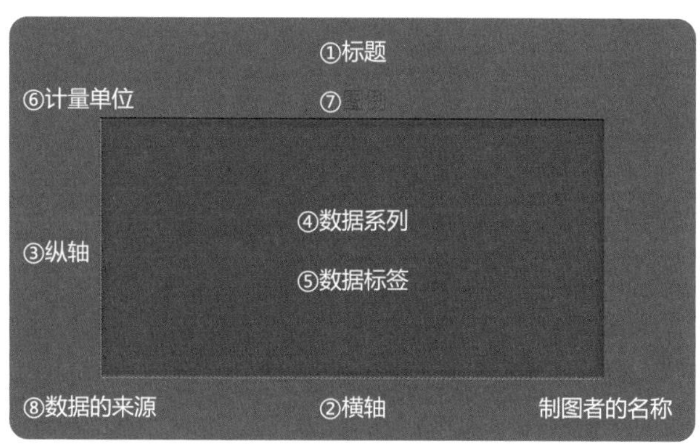

图3-10 统计图中的图例

在图3-10中，红字标示的是图例的位置。图例一般位于标题的正下方或横轴的正下方。图例的颜色标记与所代表的图形颜色一样。图例为多个数据系列导航。

画统计图时，如果数据系列只有一个，那么图例就可以省略，因为图例的内容可以在标题中显示。如果数据系列有两个或两个以上，那么图例就不能省略。为美观起见，图例不宜放在绘图区的左边或右边。

【例3-7】看表3-7说图例。

表3-7　图例的对比

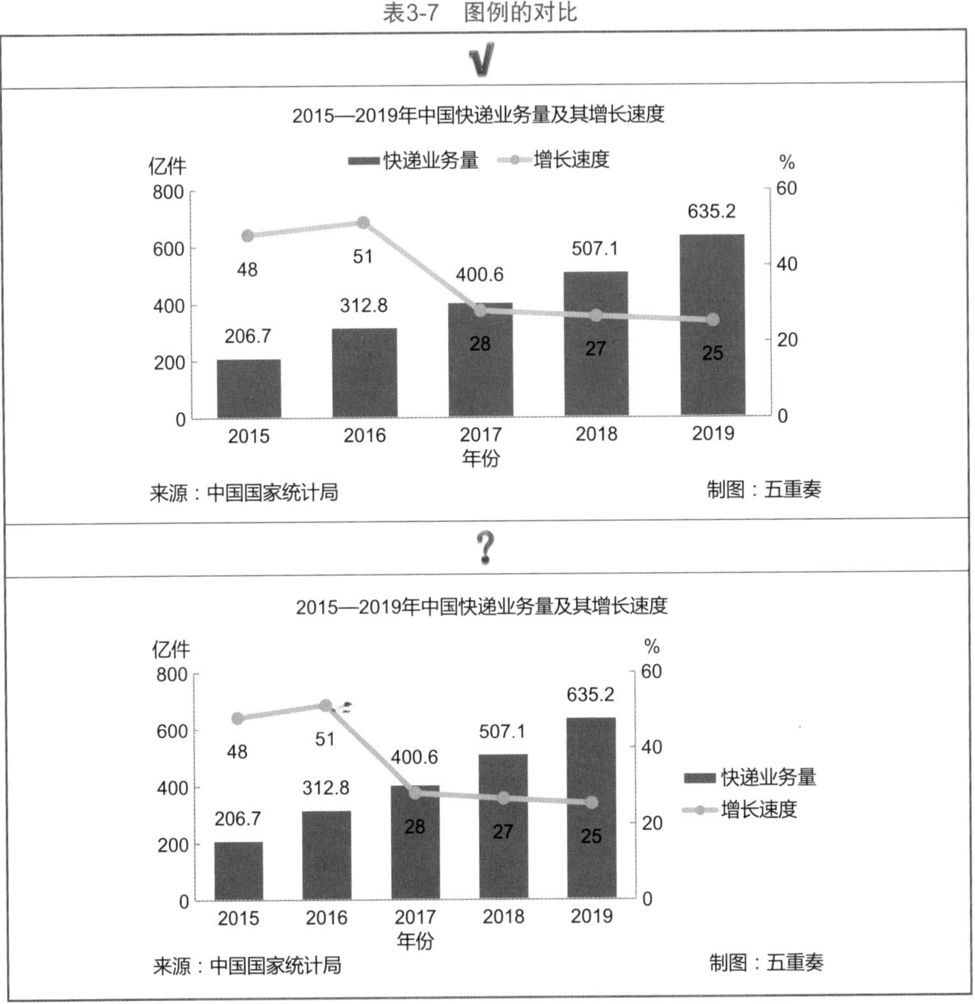

简析：表3-7下面的这张柱线图不规范。由于图例的位置摆放不当，将柱线图的整体形象拉低了。显然，图例摆放在绘图区的右边，挤占了绘图区的位置，左重右轻，画面失衡，形象怪异。图例的修改结果，如表3-7中的上图所示。

3.3 画统计图的步骤3：画好来源区

在统计图中，来源区的位置如图3-11中的红字所示。

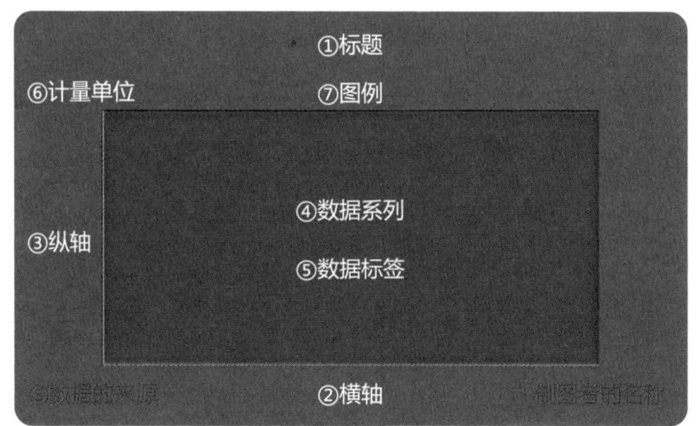

图3-11　统计图中的来源

在图3-11中，红字标示的是来源的位置。一般来看，左边是来源的位置，右边是制图者名称的位置。来源说明数据的来历，制图者名称说明统计图由谁绘制。

一张统计图，数据的来历不明，绘图者的来历不明，这样的图就算画得再漂亮，充其量也只是中看不中用。

统计图，不论大小，无论是做成巨幅广告那么大，还是仅仅点缀一下的插图那么小，来源区在统计图中都有一席之地，来源的两个要素都要具备，做好超链接。这样做，既是出于尊重提供数据者的劳动成果，又可以让统计图具有可信度，同时也体现了画图者的基本素质和专业风范。

在写来源的时候，要标明权威可信的出处，如“来源：中国国家统计局”，而不要写成来自某某搜索引擎，如“来源：百度”，也不要写“来源：网络综合”。

制图者名称的表达，形式也多样，有的直接写姓名或团队名，有的在写好姓名的基础上，还写出职业名称和单位名称，如新华图表，绘图者除了写好自己的姓名，还会标明“新华社记者”的身份。

“制图”可不可以替换成其他名称，如“绘图者”“作图者”和“画图者”？答案是：可以替换，但最好不要替换，因为统计图与统计表之间有内在的对应性。统计图是根据统计表画出来的，两者的要素具有对称美。统计表的右下角写的是“制表”，统计图的右下角写的是“制图”。

【例3-8】看表3-8说来源。

表3-8　来源区的对比

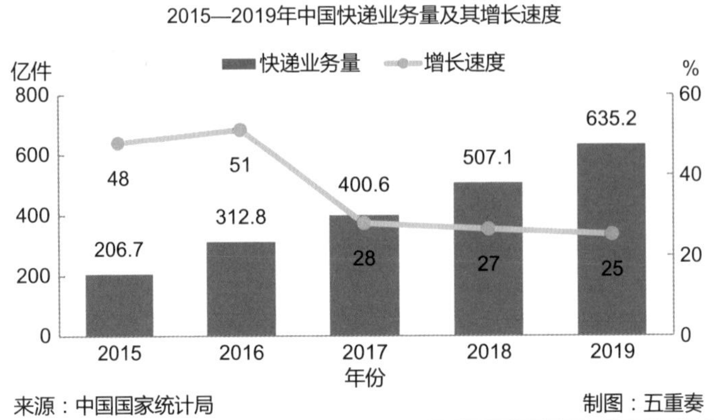

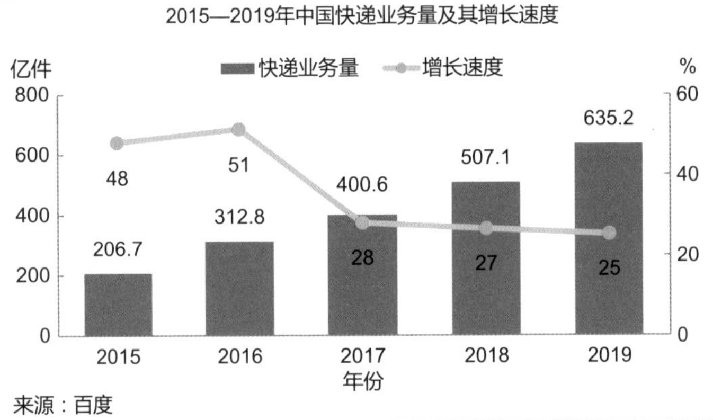

√
2015—2019年中国快递业务量及其增长速度 快递业务量　增长速度 亿件　% 800　600　400　200　0 60　40　20　0 2015　2016　2017　2018　2019 206.7　312.8　400.6　507.1　635.2 48　51　28　27　25 年份 来源：中国国家统计局　　制图：五重奏
?
2015—2019年中国快递业务量及其增长速度 快递业务量　增长速度 亿件　% 800　600　400　200　0 60　40　20　0 2015　2016　2017　2018　2019 206.7　312.8　400.6　507.1　635.2 48　51　28　27　25 年份 来源：百度

简析：表3-8下面的这张柱线图，来源区不规范。在来源区的左边，写的是“来源：百度”，这样的表述不规范，“百度”作为一个搜索引擎，来源四面八方，不同渠道的来源都有，如中国国家统计局的数据，有博客、微博、新媒体等转载，因此在写来源时，一定要写最原始的出处，找到转载的源头。在来源区的右边，缺少制图者名称，应添加上去。来源区的修改结果，如表3-8中的上图所示。

3.4　三区的美化

在统计图中，标题区、绘图区和来源区这“三区”覆盖了整个统计图，“三区”如图3-12所示。

图3-12　统计图的“三区”

在图3-12中，红字标示的是标题区、来源区的位置，中间没有用红字标示的是绘图区。标题区、来源区和绘图区这“三区”，共同构成了统计图的框架。

统计图是数据的形象大使，统计图的形象，需要“三区”都在，需要“三区”的构图要素齐全，也需要“三区”的美颜。

统计图“三区”的美化，讲求整体美和细节美。

统计图的整体美，是指整体给“三区”美颜。例如，文字用统一的字体，数字用统一的字体。

统计图的细节美，是指在统计图整体美的基础上，在细节方面给“三区”美颜。例如，在文字和数字用统一字体的基础上，根据不同情况，选用合适的专业字体。

字体的选择不同，相同字号的文字和数字的呈现也不一样。下面以表3-9为例来看一看。

表3-9　有衬线字体和无衬线字体的对照表

项目	有衬线字体（serif）	无衬线字体（sans serif）
适用条件	文字较多	文字较少
定义	笔画的边缘有装饰部分的文字 笔画的粗细因笔画的方向而改变	笔画的边缘没有装饰部分的文字 笔画的粗细不因笔画的方向而改变
特点	笔画的开头和结尾有变化	笔画从开头到结尾没有变化
功能	更易读	更醒目，更易识别
文字的字体（5号字）	宋体、楷体	微软雅黑、黑体
数字的字体（5号字）	Times New Roman 示例：0123456789	Arial 示例：0123456789

在画统计图时，表3-9为选择文字和数字的字体提供了参考。

在统计图中，字体、字号、图形、颜色等都可以美化。除了字体的美化，字号的大小也要搭配得当，配色也要合适。

统计图以简洁为美。统计图中的必备要素一个都不能丢，能简化的要尽量简化。

【例3-9】看表3-10说统计图“三区”的美化。

表3-10　统计图“三区”美化的对比

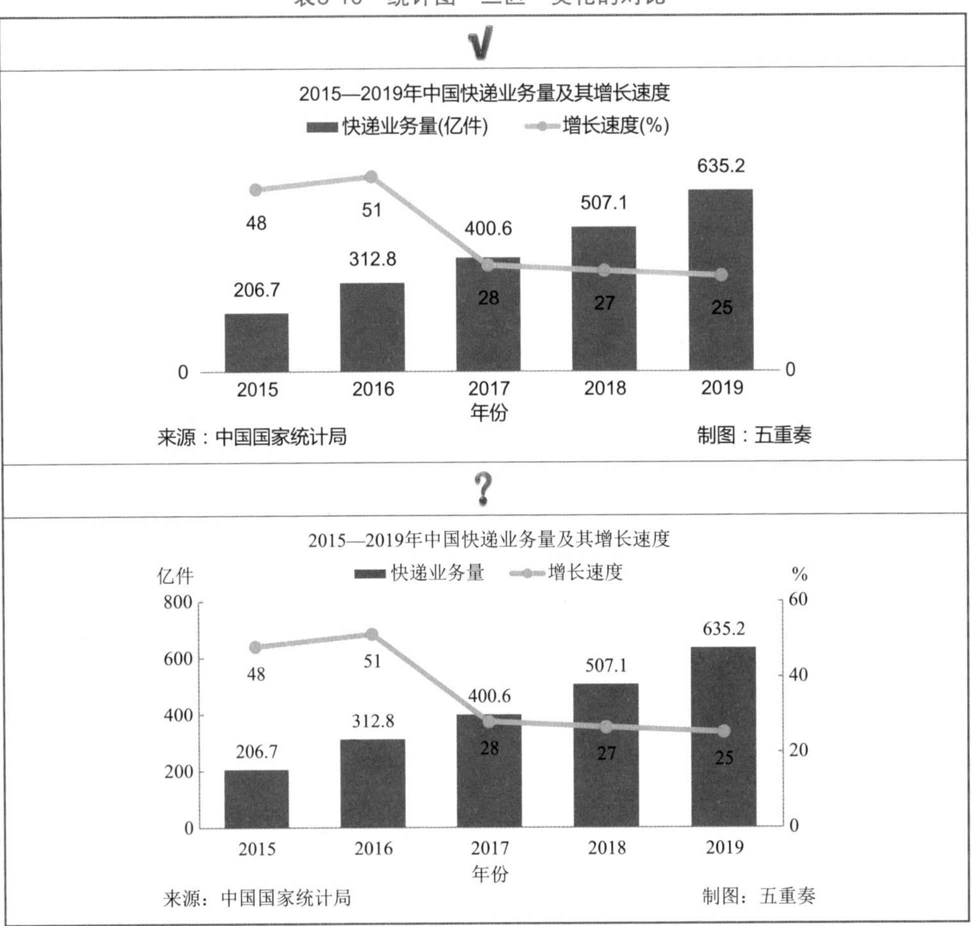

简析：在表3-10中，下面这张柱线图应加以美化，如所有文字可由宋体改为微软雅黑，所有数字可由Times New Roman设置为Arial。在标题区，可将标题加粗，字号调大。在绘图区，可将纵轴上的刻度值设置为白色，将纵轴的“线条颜色”设置为“无线条”，保留起点值“0”，将纵轴上的“亿件”和“%”删除，在两个图例中分别添加“亿件”和“%”。在来源区，将“制图：五重奏”的位置往右调，跟左边的“来源：中国国家统计局”相对称。美化后的结果如表3-10中的上图所示。

第4章 画统计图的三剑客

写一个字，不管用铅笔、钢笔还是圆珠笔，都要把字写对，然后在写对的基础上，写好字。

同样，画一张统计图，不管用什么画图工具，不管用Excel、R软件、SAS软件还是SPSS软件，都要把统计图画规范，然后在规范的基础上，再美化统计图。

写字也好，画统计图也好，写写画画中，都讲究对和好。画对统计图，是讲究统计图的科学性；画好统计图，是追求统计图的艺术性。

本书选用的画图工具是Excel 2010版本。其实，不管用什么工具画统计图，画图的原理都不变，画图的步骤也相通，只是构图要素在不同工具中的摆放位置略有不同。

本章内容的导航图如图4-1所示。

Word 电子文档 → PPT 演示文稿 → Excel 电子表格 → ColorPix 取色软件

图4-1　画统计图的必经风光

图4-1呈现的四个地方，就是本章四节的主打景点，都是助力画统计图的工具。办公软件三剑客为：Word电子文档、PPT演示文稿和Excel电子表格。

在Word电子文档中，如何实现用Excel画统计图？这是第1节要讲的事情，也是本书尝鲜的内容。用Excel在Word电子文档中画图，画出的统计图，不是图片一样的截图，而是活泼的统计图，既可以跟文字一样随时随地随手进行编辑，也可以与文字一样实现查找和替换的功能。

在PPT演示文稿中，如何实现用Excel画统计图？这是第2节要讲的内容。用Excel在PPT演示文稿中画统计图，跟Excel在Word电子文档中画统计图的方法一模一样。其实，只要在Word电子文档中画好了统计图，在保留源格式的条件下，复制并粘贴到PPT演示文稿中就可以了。

用Excel画图，Word电子文档负责画静态的统计图，PPT演示文稿负责让统计图“跳舞”。用Excel画图，还能画出大牌的统计图。第3节就举了一个例子先睹为快。

模仿画大牌的统计图，能画出以假乱真的统计图，当然，取色软件功不可没。第4节，推荐一款名为ColorPix的取色小软件。这款小软件，轻巧好用，全程免费。

4.1　在Word电子文档中画即点即现的统计图

在Word电子文档中，呈现的统计图不是图片，而是如同文字一样，可以轻松自如地修改，这样的想法是美梦吗？当然不是，如果曾经是美梦，那么现在已梦想成真。

这本书所画的统计图，都是在电子文档中画的。在电子文档中，画统计图的工作界面如图4-2所示。

在图4-2中，有一左一右两张图，左图的左上角有一个Word电子文档的图标，右图的左上角有一个Excel电子表格的图标。电子文档（左）和电子表格（右）联袂而出，这是两张图片的合成吗？这是怎么来的？这是什么意思？这样的环境真的可以画统计图？好奇的朋友，自然会抛出一串一串的问题，但是，请不要着急，答案就在下面。

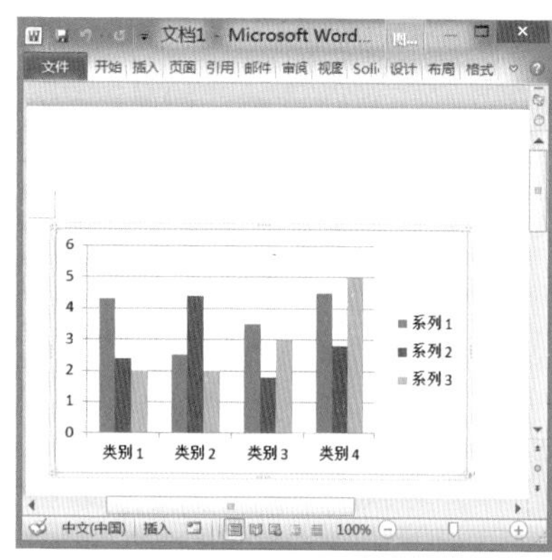

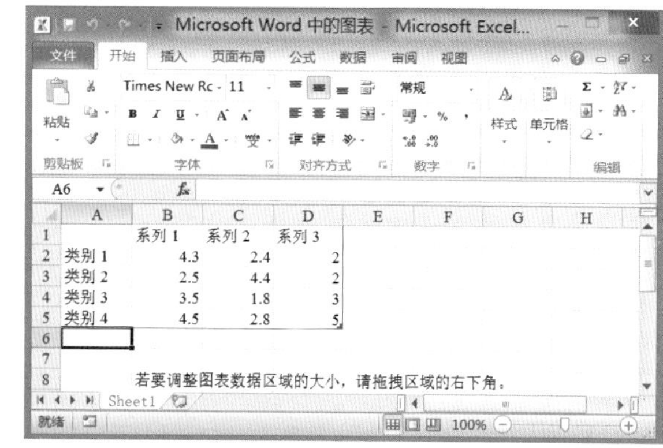

图4-2　在Word电子文档画统计图的默认界面

图4-2不是两张图片的对接，而是自动生成的。

图4-2怎么来的？超级简单，动动手指头就行。其操作方法是：打开电子文档，在菜单栏先选择“插入”选项卡，然后在“插图”这一组单击“图表”按钮，接着在弹出的对话框“插入图表”中选择想要画的一款统计图，比如柱形图，最后单击“确定”按钮，关闭 “插入图表”对话框。这时，计算机的显示屏上，就弹出了图4-2这个默认的界面。

图4-2是什么意思？在图中，电子文档在左边，电子表格在右边，一左一右，联手实现在电子文档中画统计图的梦想。电子文档中默认的柱形图的图形，就是根据电子表格中默认的统计表画出来的。

在电子表格默认的统计表中，有3个系列、4个类别；表格中的文字靠左，表格中的数字靠右；在统计表的下方，有一行文字提示“若要调整图表数据区域的大小，请拖曳区域的右下角。”统计图是根据统计表画的，在电子表格默认的统计表框架中，画图者根据需要，可以将默认的统计表替换成自己想要画图的统计表，如增加或减少系列和类别、更改系列和类别的名称，同时可以替换其中的数据。

在电子文档默认的统计图中，柱形图随着电子表格中统计表信息的变化而变动。比如，在电子表格中，将统计表的“类别1”改为“梅花”，那么，在电子文档中，统计图横轴上的“类别1”马上就变为“梅花”。诸如此类，很好玩，别忘了，这里有“即点即现”的一大景观。

在电子文档中画统计图，统计图出现在电子文档中，统计表出现在电子表格中。电子表格担当统计表的提供，提交一份规范的统计表以后，它的使命就完成了，画图者可以点击左上角的“关闭”按钮，关闭电子表格对话框。如果要调出电子表格，只要在电子文档中单击统计图，在菜单栏弹出的“图表工具”选项中选择“设计”选项卡，在“数据”这一组单击“选择数据”按钮或“编辑数据”按钮，这时，统计图自带的电子表格中的统计表就应声出现了。

在电子文档中画统计图，好处多多，随便一数，就有以下几个。

- 印刷效果更好。统计图的颜值为真，打印出来的效果，胜过图片式的统计图。
- 修改更为快捷。电子表格中的数据变了，电子文档中的统计图也跟着变，统计图可以在文章中随时修改。
- 便于存放大量数据，演示计算过程，验证计算结果。电子文档中的统计图，自带电子表格中的统计表，这个数据表可以随时隐藏也可以随时调出，这个有趣功能的运用，对任何画图者都是一大福音。

在数字化时代，很多纸质版的期刊在拼命赶潮。期刊的字里行间，出现了二维码，读者用手机扫一扫，全部的数据和演算的过程就出现在眼前。编辑朋友在编辑时，在一篇文章中看到统计图，同时就能看到统计图自带的统计表，统计表中装载的原始数据、计算数据都一应俱全。这些数据的共享和传播，真是皆大欢喜，可以让作者、编者和读者都受惠。

有的期刊在"投稿须知"中，会写这么一项要求：在投稿的文章中，有统计图就不要有画图的统计表，有统计表就不要有画图的统计图，两者只能选其一。这样的规定可以理解，因为可以避免重复，避免相同的数据以不同的形式出现，同时也节省了版面。但只有计算结果而没有原始数据，也没有计算过程的数据，这样的文章，令人读了，难免生疑。很久以来，期刊上的一大波数据论文，常常因为版面有限的原因，没有刊发原始数据，也没有呈现计算过程。这样的数据论文，没有来源，没有可信度，连做教学实例的资格都不够，自然也就没有推广价值。

在电子文档中画统计图，什么样的统计图都能画，而且还有电子表格如影随形的跟着。这样的统计图，自然人见人爱。

面对电子文档中的统计草图，在点击之间，怎么调出规范又美观的统计图，三言两语也讲不过瘾。

在第5～13章，介绍了9款统计图在电子文档中的具体画法，这9章都有详细的文字记录，还有视频讲解来相助。

4.2 在PPT演示文稿中画会跳舞的统计图

在PPT演示文稿中画会跳舞的统计图，也就是所画的统计图能够按照画图者的指令动起来，如舞者跳舞一样，给人以活泼欢快的美感。比如，让柱形图的柱子一根一根地动起来，让折线图的折线一截一截地舞起来，让饼图的方块一块一块地活跃起来……当然，统计图中的各样元素，只要画图者需要，都可以让它们舞动起来。在PPT中，统计图起舞的效果，如同看视频中的统计图起舞一样。电子文档中的统计图很吸引人，而在演示文稿PPT中会跳舞的统计图更吸引人。

想一想，统计图在PPT中欢快地跳舞，那样鲜活的演示，那样的情形怎不令人迷狂？

在PPT演示文稿中，怎样才能让统计图跳舞呢？

要让统计图动起来，主要走好以下两步。

第1步，让统计图闪亮登场。统计图上场的途径有两条，既可以将在电子文档中画好的统计图复制并粘贴到演示文稿中，也可以在演示文稿中画统计图。

在演示文稿中画统计图的工作界面如图4-3所示。

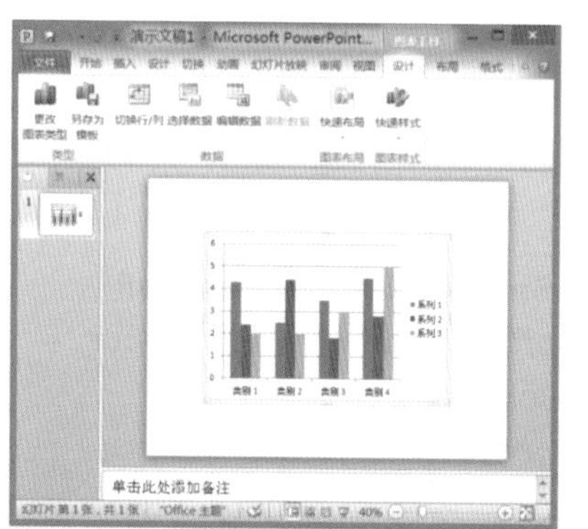

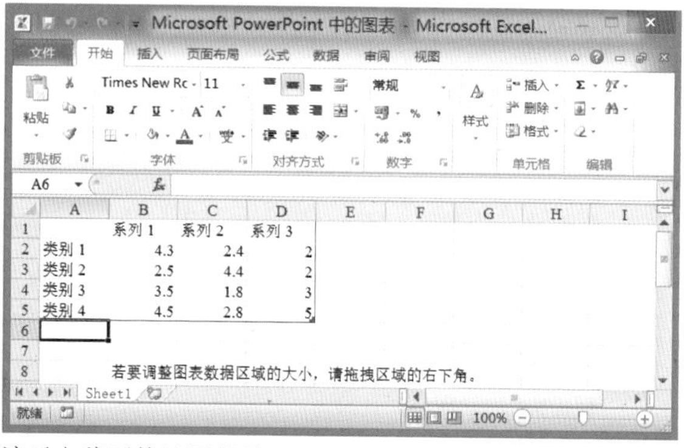

图4-3　在PPT演示文稿画统计图的默认界面

在图4-3中，有一左一右两张图，左图的左上角有一个PPT演示文稿的图标，右图的左上角有一个Excel电子表格的图标。在演示文稿中画统计图，跟在电子文档中画统计图相比，两者的画法完全一样。其操作方法是：打开演示文稿，先在菜单栏选择“插入”选项卡，然后在“插图”这一组单击“图表”按钮，接着在弹出的对话框“插入图表”中选择想要画的一款统计图，比如柱形图，最后单击“确定”按钮，关闭“插入图表”对话框。这时，计算机的显示屏上就蹦出了图4-3这个默认的界面。

第2步，让统计图舞动起来。演示文稿，是自带演示效果的，将画好的统计图，添加上想要的动画效果，统计图就动起来了。在演示文稿中，设置动画效果的默认界面如图4-4所示。

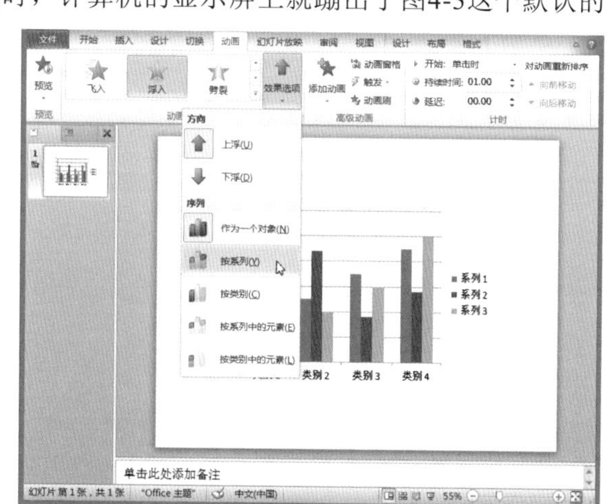

图4-4　在演示文稿中设置动态统计图的默认界面

在图4-4中，选择“动画”选项卡，在“动画”这一组选择“浮入”动画效果，单击“效果选项”的下拉箭头，选择相应的选项，如动感方向是上浮还是下浮，动感序列是按系列还是按类别等。“效果选项”是将动画效果运用于所选的对象。

在第5～13章，9款统计图在演示文稿中的动作，这9章都有详细的文字记录，还有视频讲解来相助，敬请关注。

4.3 用Excel软件也能画出大牌的统计图

“用Excel也能画出大牌的专业统计图”，这一点早已成为共识。本书统计图的绘制借助Excel 2010。模仿专业人士画的统计图，自然乐在其中。

首先，如图4-5所示，先看一张饼图，再看一张模仿的饼图，如图4-6所示。

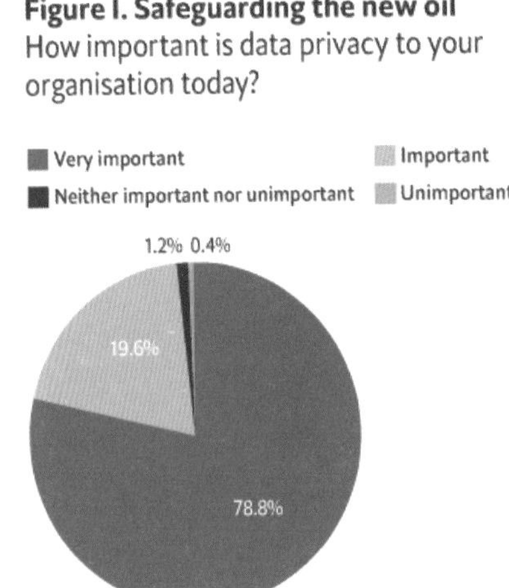

图4-5　饼图（原图）

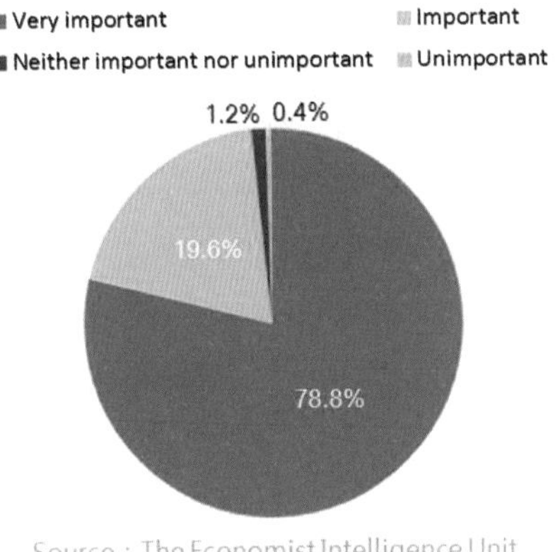

图4-6　饼图（模仿的图）

图4-5是一张大牌的统计图，来自英国《经济学人》杂志，由杂志的专业绘图人员绘制。《经济学人》杂志画的统计图，辩识度很高，它的一大特色就是统计图上方的一抹红。这一抹红，或横向摆放，或纵向摆放，无声胜有声，诸君心知肚明：红杠统计图，出自《经济学人》杂志之手。这张饼图从文章中单飞出来，不管落在哪里，如果用统计图规范化的眼光来打量，就显得有点美中不足，主要表现在构图要素不全，如标题区缺乏时间、空间和主体，绘图区缺乏调查的总数。

模仿图4-5，画了一张饼图，如图4-6所示。

图4-6是模仿图4-5画的饼图。模仿画的图，最醒目的就是图形的颜色。一眼望去，两者的颜色几乎一样。这惟妙惟肖的逼真效果，不是眼神厉害，而应归

功于取色软件的魔力。

取色软件，可以用数字定位颜色。原来，数字不仅可以用来算数，而且还可以用来为颜色定位。一张统计图，只要解码了它的颜色数字，不管是谁，都能模仿中意的统计图。

下一节，以一款免费的取色软件为例，看一看它随心所欲抓取颜色的神功。

4.4 采撷美色的一款免费软件ColorPix

五彩缤纷的屏幕世界里，看到为之心动的颜色，实在想据为己有，怎么办？

看到大牌的统计图，对图中的配色一见倾心，实在想复制下来为己所用，怎么办？答案来了：好办！为什么？因为有了免费又好用的取色软件。ColorPix就是这样一款软件，它的基本信息如图4-7所示。搜索并安装以后，图4-7的左图是ColorPix取色软件的桌面图标。这是一款免费、安全和操作简单的屏幕取色软件。图4-7的右图，呈现的是ColorPix取色软件的界面。对ColorPix取色软件界面的说明如下。

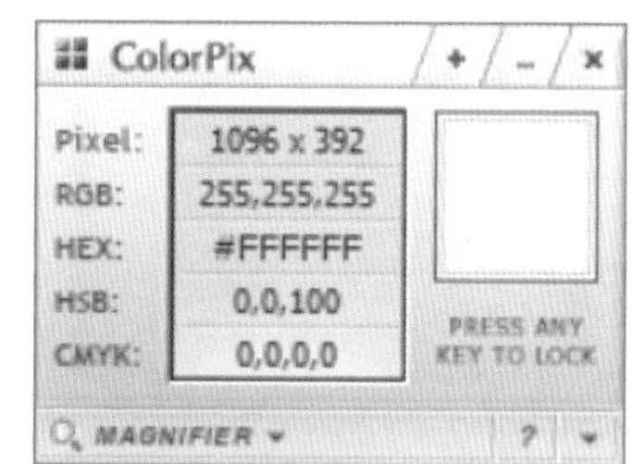

图4-7　ColorPix取色软件的图标（左）和窗口界面（右）

ColorPix取色软件是怎样操作的？下面，就来看一看。

在ColorPix取色软件的窗口界面，左边的大方框显示所选颜色的取值，右边的小方框显示所选颜色的预览。

在左边的大方框中，即时显示所选颜色的信息：Pixel表示取色点的坐标、RGB表示十进制RGB模式下的色彩数值、HEX表示十六进制RGB模式下的色彩数值、HSB表示十进制HSB模式下的色彩数值、CMYK表示十进制CMYK模式下的色彩数值。如右边方框中所示，所选的颜色为白色，白色的RGB值为（255,255,255）。单击任意一个数值，表示复制这一行的数值，利用复制—粘贴的功能，可以将这一行的数值粘贴到想要放置的地方进行保存。

在右边的小方框即色彩预览区中，即时显示所选的颜色。在屏幕上，当移动光标时，色彩预览区会实时显示相应的颜色，与此同时，左边大方框内的色彩信息也同步显示。

如果移动光标所指的颜色，正好是心仪的颜色，为了锁定这个颜色，则可以将鼠标指针指向色彩预览区，然后敲击键盘中的任意一个键，这时，在色彩预览区的右下角会出现一个小锁头。为了解除锁定的颜色，就要消除小锁头。解除小锁头的方法很简单，只要单击小锁头或敲击键盘中的任意一个键就可以了。

下面这个部分有一个放大镜的图标，图标右边的英文单词“MAGNIFIER”翻译成中文是“放大镜”。单击放大镜图标，可以激活放大镜的视图；单击视图中的下拉按钮，可以选择放大倍率，放大倍率的可选项有100%、200%、300%、400%、500%、600%、1200%和2800%。有了放大镜，就可以精准定位身处复杂颜色区域内的颜色。

接下来，以图4-5为例，从中领略一番自由自在取色的美妙。

用取色软件从图4-5中取色的基本步骤如下。

第1步，工具登场。双击ColorPix取色软件的图标，弹出取色软件的对话框。

第2步，完成取色，如图4-8所示。

在图4-8中，将鼠标指针指向饼图，或在统计图的周边游移时，在取色软件的对话框中，便会跳出所抓取的颜色。例如，抓取第二个“饼”的颜色的取值即RGB值为（130,186,230），敲一下回车键，对话框的右下角出现了一个小锁，则表示已锁定这个颜色。

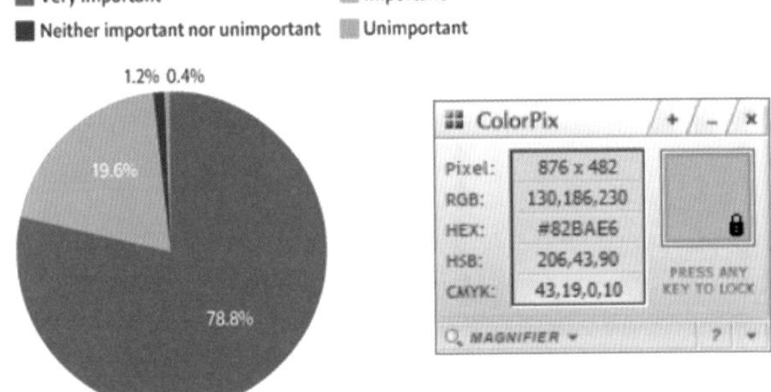

图4-8　取色软件的对话框

第3步，完成变色，如图4-9所示。

在图4-8中，右击第二个“饼”，在弹出的快捷菜单中选择“设置数据系列格式”选项；在弹出的“设置数据系列格式”对话框中，先选择“填充”选项，然后单击“颜色”的下拉箭头，单击“其他颜色”按钮，在弹出的“颜色”对话框中，在“红色（R）”的方框中输入“130”，在“绿色（G）”和“蓝色（B）”的方框中分别输入“186”和“230”，最后单击“确定”按钮。采撷颜色的界面如图4-9所示。

在图4-9中，左图是设置数据系列格式的对话框，右图是颜色的对话框。在颜色对话框的右下角，有一个双色块，上面的色块为“新增”的颜色，下面的色块为“当前”的颜色，“新增”颜色为所采集的第二个“饼”的浅蓝色，浅蓝色的RGB值为（130,186,230）。

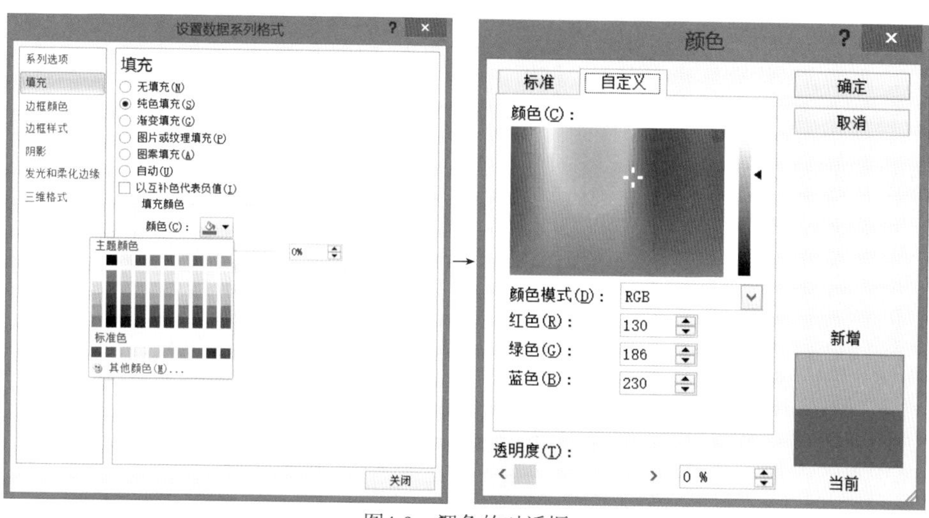

图4-9 调色的对话框

用同样的方法，采撷其他3个“饼子”的颜色，第一个、第三个和第四个“饼”的RGB值分别为（0,106,160）、（164,10,27）和（255,192,0）。

进行完上面几步后，模仿画的饼图与原图相比，颜值高度吻合。

有了图4-9的调色框，各样的颜色都可以敲定。数据可视化，颜色最为夺目。接下来，看一看颜色这点事。

在图4-9的左图中，将“主题颜色”模板放大来看，再配上一个默认的统计图，如图4-10所示。

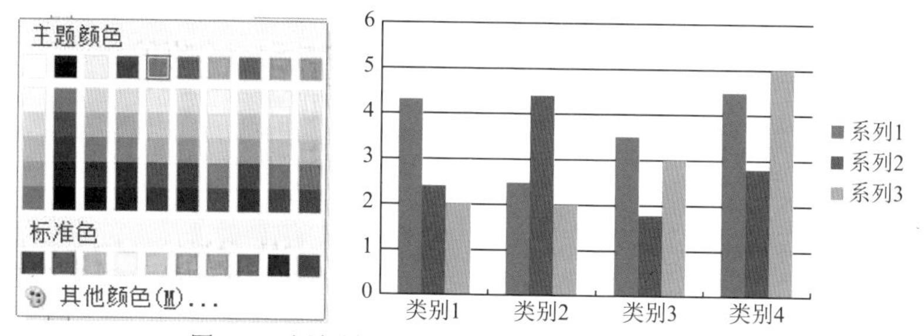

图4-10 颜色模板（左）和默认的统计图（右）

在图4-10中，左图是主题颜色的模板，右图是默认的统计图。两者有什么关系呢？它们并排站在一起，当然关系格外亲密，因为两者的颜色是你呼我应的关系。在“主题颜色”的模板中，第一行从第5个颜色开始，第5个、第6个和第7个的颜色依次为默认的统计图系列1、系列2和系列3的颜色。原来，默认的统计图的颜色就来自主题颜色设定的模板中。

“统计图不要用默认的颜色！”在统计图世界，这种呼声很高。支持者给出的理由很实在，如果统计图始终用默认的颜色，至少说明画图的人有点懒，懒得连默认的颜色都不改，这样的懒人多了，滥用默认颜色的统计图多了，那么就会让人产生审美疲劳，画图者的专业性也会因此大打折扣。

统计图用默认的颜色，有这样的统计图吗？答案是：有，中招的还不少。如图4-11所示就是其中一例。

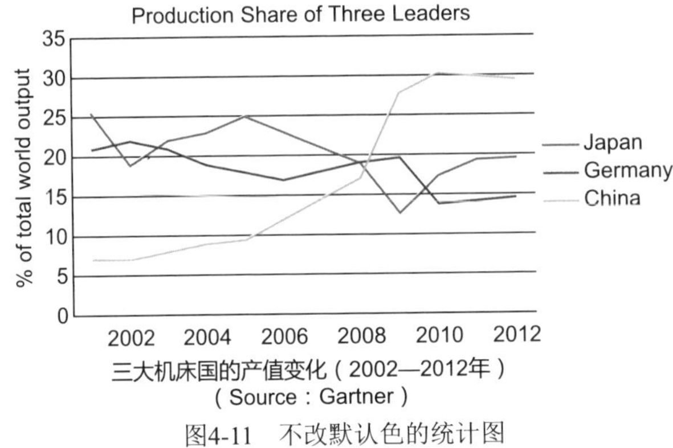

图4-11　不改默认色的统计图

在图4-11中，默认的颜色赫然出现，蓝色、红色和绿色依次鱼贯而出。虽然统计图用默认的颜色也无伤大雅，但是最好能改动一下，这样更能体现专业精神。为了让统计图更好看，除了统计图的颜色要修改外，统计图的布局也要调整，如图例要调整到标题下方。

在图4-9的右图中，将“颜色”对话框的两个选项卡打开来看一看，如图4-12所示。

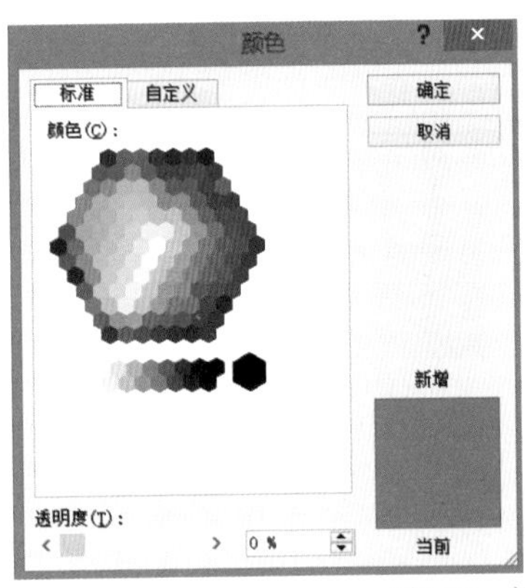

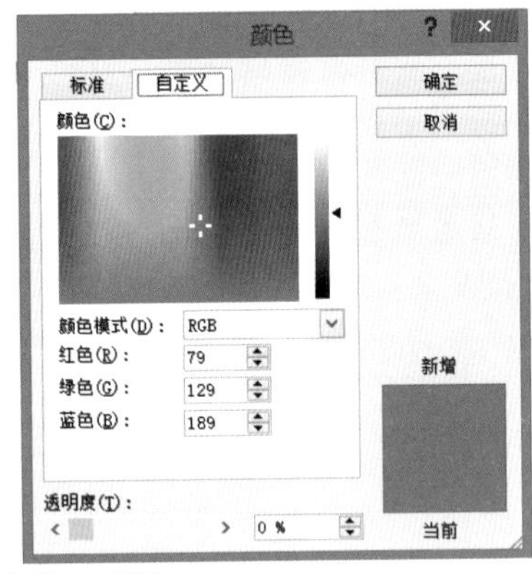

图4-12　颜色的对话框

图4-12是两个“颜色”对话框。左图中有一个形如六边形的取色盘，右图中有一个形为长方形的取色盘，在这两个五彩缤纷的盘子中，各种颜色任挑任选。在左图和右图的右下角各有一个新增色和当前色的板块，可供用户对比两款颜色。

在图4-12的右图，“颜色模式”中的RGB值可以精准定位颜色。RGB值中的R、G

和B分别为英文单词Red、Green和Blue的首字母，中文意思分别为红色、绿色和蓝色。“红色（R）”“绿色（G）”和“蓝色（B）”分别表示红色、绿色和蓝色的取值。

在颜色板块中，黑色、白色、灰色和标准色的颜色取值见表4-1。

表4-1　基本颜色一览

分类	颜色名称	颜色示例	红色（R）	绿色（G）	蓝色（B）
黑白灰	黑色		0	0	0
	白色		255	255	255
	灰色		238	236	225
标准色	深红		192	0	0
	红色		255	0	0
	橙色		255	192	0
	黄色		255	255	0
	浅绿		146	208	80
	绿色		0	176	80
	浅蓝		0	176	240
	蓝色		0	112	192
	深蓝		0	32	96
	紫色		112	48	160

在表4-1中，红色、绿色和蓝色为三原色，是最基本的颜色。

在画统计图时，统计图的图色要怎么选择，要怎样搭配？这一点，说法很多。有人说，怎么顺眼怎么来；有人说，有了标准色，就可以自由组合；也有人说，选定一种主打颜色，再从浅色到深色组合成系列；也有人讲，冷色调自成一个系列，暖色调自成一个系列，这样的图色搭配看起来顺眼；还有人说，冷色调和暖色调搭配，这样的图色搭配看起来更有冲击力。

各种说法，各有道理。不过，话说回来，学习配色，一种快捷而有效的方法，就是向专业统计图学习，揣摩其配色，并模仿其画图。

有哪些专业统计图可供临摹呢？随处可见，只要上网一搜，便囊括所有。

接下来，用百度图片搜索引擎，在搜索框中输入关键词，单击“百度一下”按钮，专业统计图就应声而来，搜索结果见表4-2。

表4-2　百度图片搜索的结果

搜索1：人民日报新媒体图表

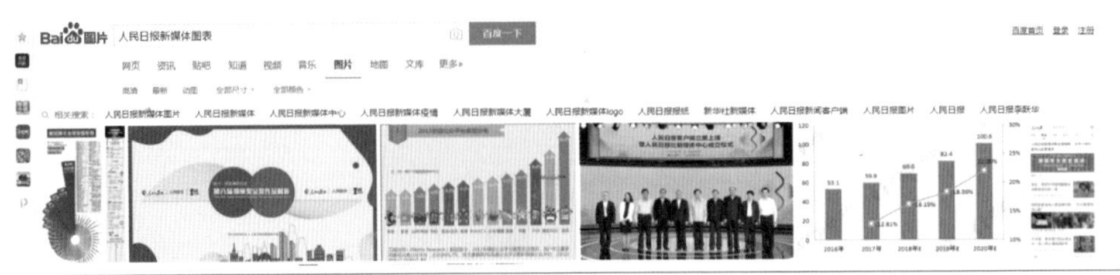

搜索2：中国互联网络信息中心图表

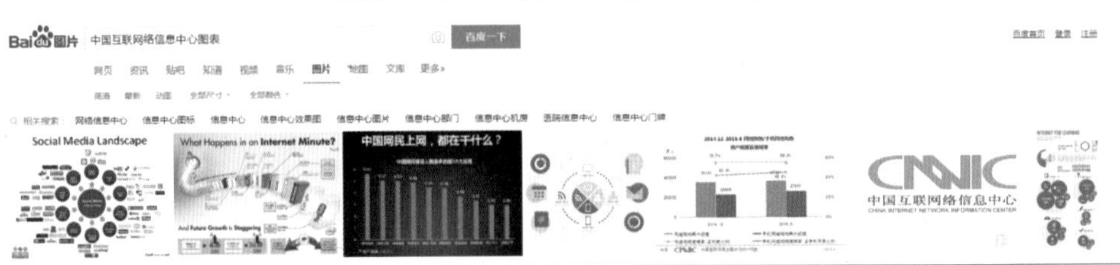

搜索3：《经济学人》图表

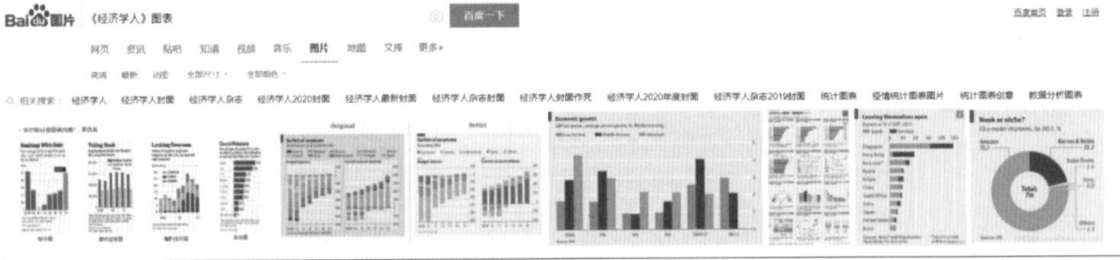

搜索4：《商业周刊》图表

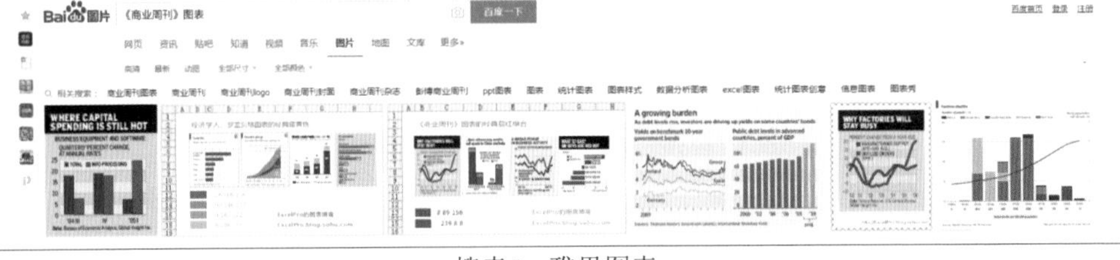

搜索5：雅思图表

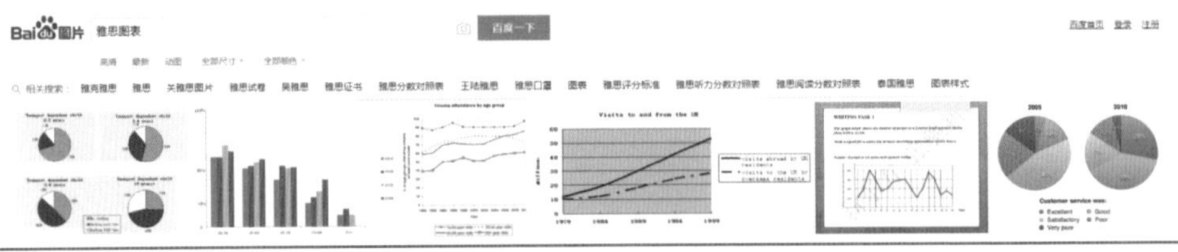

上网搜索时间：2020年6月8日

在表4-2中，有大量专业统计图，可供学习和把玩。专业统计图的专业性，主要体现在：画图的颜色自成一派，构图的风格简约大方，画工精美，于细微处见精神。

搜索结果中的这些统计图，有的还有文字链接，点击打开链接，可以看到统计图置身于一篇又一篇美文中。专业统计图置身于文章中，文章环绕统计图的内容而写。有出自专业人士的统计图和分析文字，自然堪称图文并茂了。统计图要画好，还要把图讲好，这一点很重要，因为图表和文字都是为文章的主题服务的。

上网搜索到的这些专业统计图，对阅读者而言，有喜也有忧。

（1）喜的是，面对专业统计图，可以自由采撷图色，模仿画图，还可以欣赏看图说话，看一看专业人员是怎样说的。

在一篇有多款统计图的文章中，应该怎样看图说话？统计图在一篇分析文章中，往往会出现一套统计图。每张统计图，以及各统计图之间，是什么模样？文字是怎样串联图意的？图文出彩的地方在哪里？诸如此类，只待有心人前往打探。

在一道只有一两张统计图的考题中，应该怎样看图说话？在一个考题中，一般只有一两张统计图出镜。在雅思图表作文中，常见的统计图考题有柱形图、折线图、柱线图和饼图。雅思统计图作文的满分考题是什么模样？雅思前考官Simon先生的一大波亲笔作文早已在网上疯传。

（2）忧的是，网上的这些专业统计图，由于置身于一篇文章或一道考题中，如果单飞，也就是离开文章单独出来“闯江湖”，说实话，用统计图的构图要素来打量，则有的齐全，有的不全。其实，所有的统计图不管身在何方，哪怕身在文海中题库里，都要独当一面，构图要素都要齐全。

专业统计图的颜色可以用取色软件信手拈来，专业统计图的个性可以随时间熏陶出来。对于每一张统计图而言，不论何时何地，构图要素都不能缺少。

大千世界，统计图摇曳生姿，有着无与伦比的美。

下一篇，画统计图的三剑客将结伴同行，共同开启画统计图的美妙模式。

第2篇

数据可视化的常客

第5章 玩转统计图：柱形图

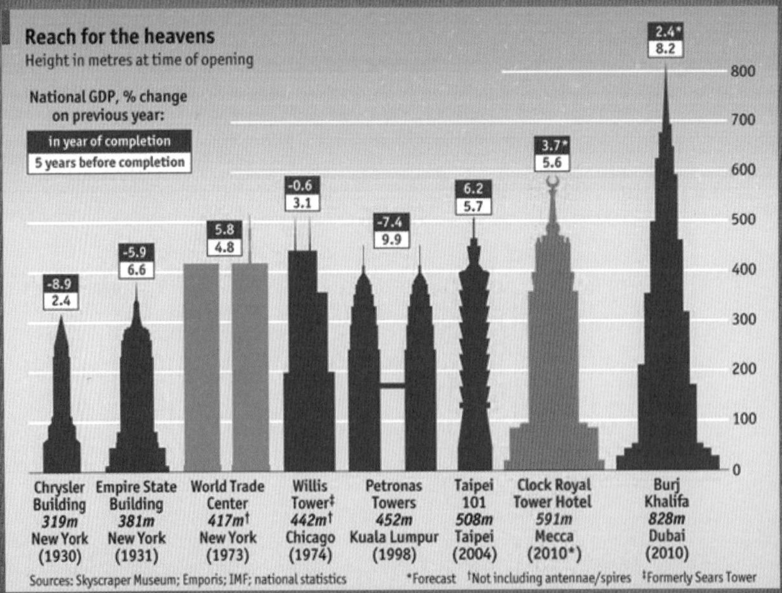

Graph source： Economist.com

5.1 柱形图简介

定义： 柱形图是指用纵向矩形的长短来呈现数据大小的统计图，用于显示数据变化或说明各项之间的比较情况。

举例： 柱形图如图5-1所示。

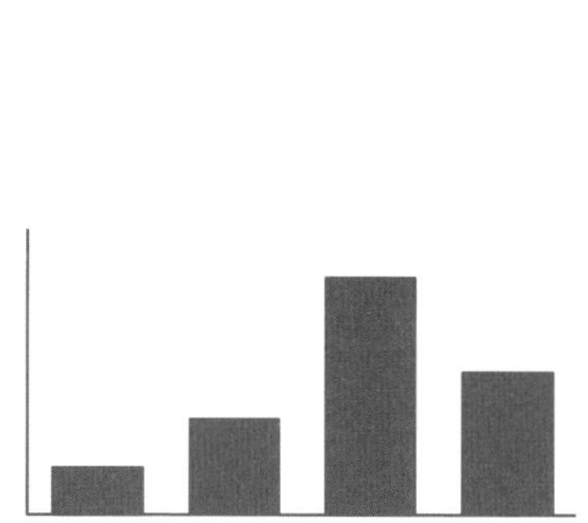

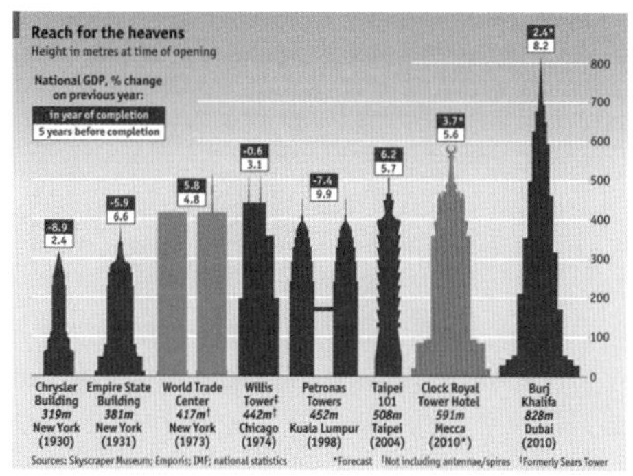

图5-1　柱形图

在图5-1中，左图是柱形图的图形，右图是用实际数据画的柱形图。左图从外观看，横轴表示分类的名称，纵轴表示数值，纵向柱子之间有间隔。

在图5-1中，右图来自英国《经济学人》杂志，标题为“直冲云霄”，高高低低的“柱子”，呈现的是从1930年到2010年世界第一高楼的变化。横轴表示时间和地点，纵轴表示大楼的高度，柱子的长短代表大楼的高低。柱子用各大高楼的图片替代，柱子从左往右，由低到高排列，可见最后一根柱子最高，表示2010年世界第一高楼诞生在阿拉伯联合酋长国的迪拜，哈利法塔高达828米。

特点： 柱形图在所有统计图中的运用最广，这与其以下特点是分不开的。

- 画图空间的二维性。在一个横轴与一个纵轴围成的空间画图，横轴表示分类，纵轴表示数据。纵轴的起点值从0开始。
- 呈现数据的一维性。只用纵轴的刻度值呈现数据的大小。
- 适用数据的广泛性。包括时间型数据、数值型数据（连续型数据除外）和文本型数据。柱子之间有间隔。

用法： 用于比较数据的大小。用纵向条形的长短来比较各类数据（连续型数据除外）的大小。

说法： 用文字说明柱形图时，也就是看柱形图说话时，写作的基本方法如下。

首先，要拟好标题，写好时间、空间和统计对象，也可以提炼图中的核心内容拟好标题。

其次，开头的文字，应指出这是柱形图，图中主要说明了什么内容。

然后，中间的文字，结合具体数据说明柱形图。说明的内容，包括数据的特点，在可比性的前提下，指出最高点和最低点、起点和终点，比较大小之后，指出差异的最高点与最低点。如果是时间型数据，还可以找到趋势，说明变化的动向。

比较：二维柱形图和三维柱形图。

如图5-2所示，左图是二维柱形图的图形，它用二维垂直矩形的长短来显示数值的大小；右图是三维柱形图的图形，它用三维垂直矩形的长短来显示数值的大小。在画柱形图时，只选二维柱形图而不选三维柱形图，为什么？因为三维柱形图虽然具有透视效果，但在呈现数值时，容易让人误读数值。

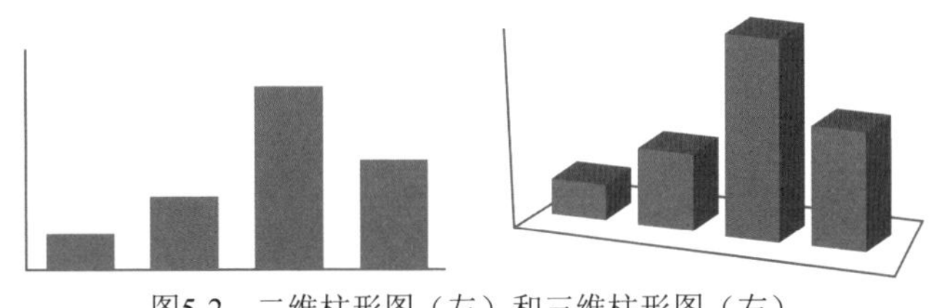

图5-2　二维柱形图（左）和三维柱形图（右）

5.2　柱形图的画法

在柱形图中，从柱子的长短，可以看出数值的大小。柱子越长，数值越大。比较数值的大小，看出最大值和最小值，看出数值之间的关系。柱形图如图5-3所示。

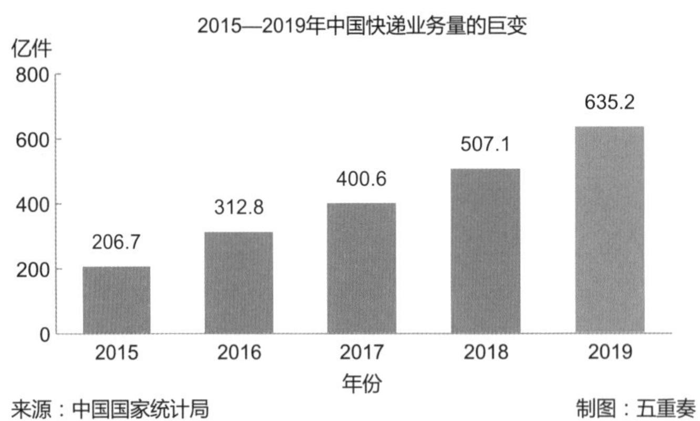

图5-3　规范的柱形图

看图说话：由图5-3可见，从2015年到2019年，在这五年的时间里，中国快递业务量呈阶梯状逐年增加，由2015年的206.7亿件激增到2019年的635.2亿件，增加428.5亿件，即635.2-206.7＝428.5（亿件）。五年间，中国快递业务量的规模，每年刷新一个百亿件，跃上一个百亿件的新台阶，每年以一百亿件的级别跨年。

接下来，以图5-3为例，详解画柱形图的步骤，即画图前的准备、柱形图的规范和美化。

5.2.1 第1步，画图前的准备

1. 审核数据

来源的审核。这组快递业务量的数据，来源权威，源于中国国家统计局发布的《2019年中国国民经济与社会发展统计公报》。

计算结果的审核。数据为总量数，只有一个系列，计算结果通过审核。

2. 选择统计图

根据数据类型，选择统计图。快递业务量为总量数，数据类型为时间型数据，可以选择柱形图。根据柱形图中柱子的长短，比较各年快递业务量的大小。

3. 画好统计表

根据画表的规则，画好统计表，再画柱形图。

打开电子文档，在任务栏中选择“插入”选项卡，在“插图”这一组选择“图表”选项，在弹出的对话框“插入图表”中默认的形式为柱形图，单击“确定”按钮，关闭“插入图表”对话框。这时，电子表格中默认的统计表和电子文档中默认的柱形图就双双“飞”出来了。

在电子表格中，默认的统计表如图5-4所示。默认的画柱形图的统计表显示，有4个类别和3个系列。将一个类别“年份”和一个系列“快递业务量”的数据录入统计表，删除多余的类别和系列，结果如图5-5所示。

	A	B	C	D	E
1		系列 1	系列 2	系列 3	
2	类别 1	4.3	2.4	2	
3	类别 2	2.5	4.4	2	
4	类别 3	3.5	1.8	3	
5	类别 4	4.5	2.8	5	
6					

图5-4　默认的统计表

	A	B	C	D
1	2015—2019年中国快递业务量			
2	年份	快递业务量(亿件)		
3	2015	206.7		
4	2016	312.8		
5	2017	400.6		
6	2018	507.1		
7	2019	635.2		
8	数据来源：中国国家统计局			

图5-5　画柱形图的统计表

在图5-5中，如果电子表格中的数据有变化，那么电子文档中柱形图的大小也会跟着变化，两者是互动的关系。

5.2.2 第2步，柱形图的规范

在电子文档中，默认的柱形图如图5-6所示。

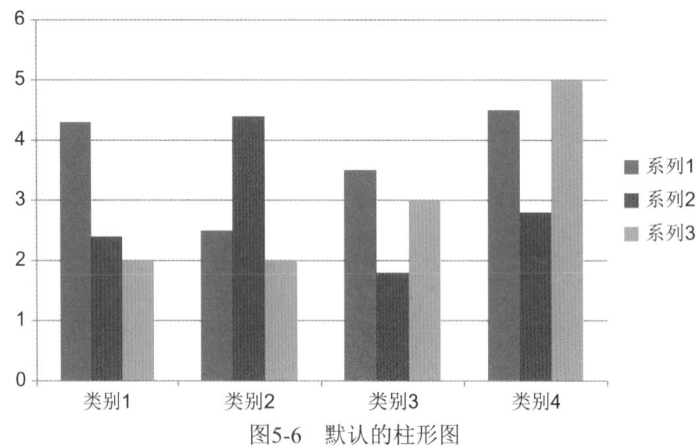

图5-6 默认的柱形图

图5-6为默认的柱形图，与默认的图5-4的数据相匹配。将默认的数据替换成实际的数据，默认的柱形图就发生变化了。用图5-5所示的实际数据画柱形图，结果如图5-7所示。

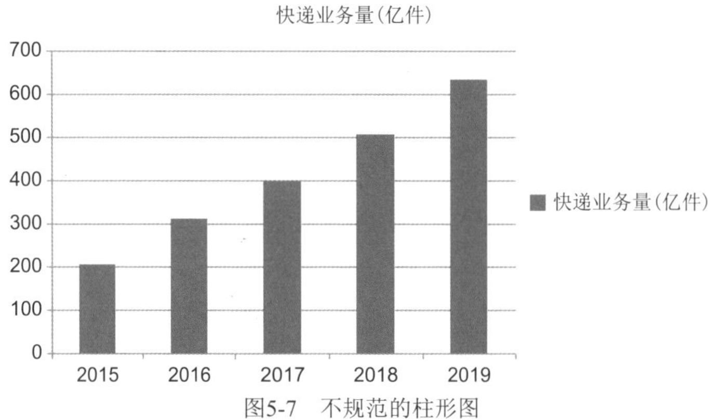

图5-7 不规范的柱形图

图5-7为不规范的柱形图。这张图看起来是柱形图的模样，但离有模有样的要求相差太远。这张统计图，不规范的地方，可以说是从上到下、从左到右、从里到外，都触犯了统计图的基本规范，也就是说，如同没有写对字一样，这张柱形图也没有画对。哪些地方没有画对呢？添加了统计图的基本要素后，结果如图5-8所示。

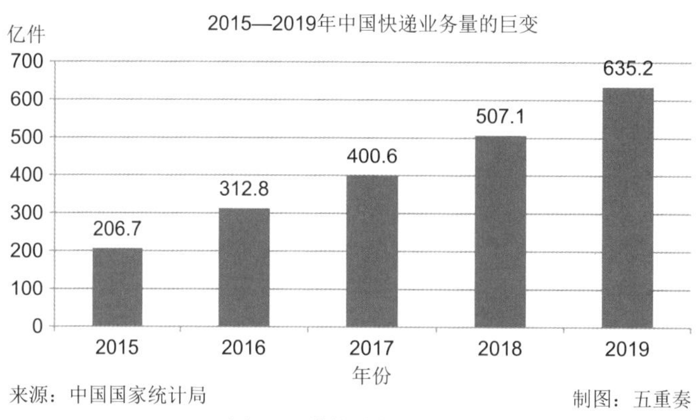

图5-8　美化前的柱形图

从不规范的图5-7到没有美化的图5-8，要在标题区、绘图区和来源区进行修改。

1. 柱形图标题区的规范

目标：写好标题。

内容：添加时间、空间和数据的名称。

操作：将原标题“快递业务量（亿件）”改为“2015—2019年中国快递业务量的巨变”。新标题具备了时间（2015—2019年）、空间（中国）、数据的名称（快递业务量）这三个基本要素，“巨变”是对这组数据变化特点的文字提炼。

2. 柱形图绘图区的规范

目标：添加画图元素。

内容：删除图例，添加计量单位、数值和横轴标题。

操作：

（1）删除图例。右击图例，在弹出的快捷菜单中选择“删除”选项。只有一个系列的统计图，图例的存在成为了多余，因为图中对“快递业务量（亿件）”有了说明，如标题中显示了“快递业务量”，计量单位显示了“亿件”。

（2）添加计量单位。在“插入”这一组选择“绘制文本框”选项，在纵轴的上方添加文本框，在文本框中添加计量单位“亿件”。

（3）添加数值。右击任意一个柱子，在弹出的快捷菜单中选择“添加数据标签”选项，这时，所有柱子上的数值都整齐地站上去了。

（4）添加横轴标题。单击柱形图，选择“图表工具-布局”选项卡，在“标签”这一组单击“坐标轴标题”的下拉箭头，在“主要横坐标轴标题”下选择“坐标轴下方标题”，将默认的文字“坐标轴标题”改为“年份”。

3. 柱形图来源区的规范

目标：添加来源区。

内容：添加数据来源和制图者的名称。

操作：

（1）单击柱形图，在任务栏的“图表工具”中选择“布局”选项卡。

（2）在“插入”这一组选择“绘制文本框”选项，在来源区的位置添加文本框，在文本框中添加文字，即在来源区的左边位置添加文字“来源：中国国家统计局”，在来源区的右边位置添加文字“制图：五重奏”。

5.2.3 第3步，柱形图的美化

从没有美化的图5-8到美化的图5-3，要在标题区、绘图区和来源区进行修改。

1. 柱形图标题区的美化

主标题“2016—2019年中国快递业务量的巨变”，字体为微软雅黑，字号为12磅，加粗。

2. 柱形图绘图区的美化

在柱形图中，绘图区的美化要点如图5-9所示。

绘图区的美化

- 横轴标题的美化
- 横轴的美化
- 纵轴的美化
- 纵向柱子的美化
- 其他美化

图5-9 柱形图美化要点

1）横轴标题的美化。横轴的标题“年份”，字体为微软雅黑，字号为10磅，不加粗。

2）横轴的美化。

（1）数字的美化。分类的数字，字体为Arial，字号为10磅，不加粗。

（2）刻度线的美化。消除刻度线的方法为：双击横轴，在弹出的对话框“设置轴轴格式”中，将“主要刻度线类型”由“外部”改为“无”，单击“关闭”按钮，关闭“设置轴轴格式”对话框。

3）纵轴的美化。

（1）文字的美化。计量单位的文字，字体为微软雅黑，字号为10磅，不加粗。

（2）数字的美化。数字的字体为Arial，字号为10磅，不加粗。

（3）刻度线和刻度值的美化。将刻度线改为向内，将最大值改为800，将刻度单位改为200的方法为：双击纵轴，在弹出的对话框“设置轴轴格式”中，将“主要刻度线类型”由“外部”改为“内部”，将“最大值”由“700”改为“800”，将“主要刻度单位”由“100”改为“200”，单击“关闭”按钮，关闭“设置轴轴格式”对话框。

4）纵向柱子的美化。

（1）柱子间距的美化。将两个柱子的间距设置为小于柱子宽度的方法为：双击单击任意一根柱子，在弹出的对话框“设置数据系列格式”中，将“分类间距”调为80%，单击“关闭”按钮，关闭“设置数据系列格式”对话框。

（2）数值字体的美化。数值的字体为Arial，字号为12磅，不加粗。

（3）柱子颜色的美化。对默认的蓝色柱子进行修改，即双击任意一根柱子，在弹出的对话框“设置数据系列格式”中，将“填充”设置为“纯色填充”，单击“颜色”的下拉箭头，选择“其他颜色”选项，在弹出的对话框“颜色”中选择“自定义”选项卡，在“红色（R）”“绿色（G）”和“蓝色（B）”的方框中依次填入0、158和219，即柱子的RGB值为（0,158,219），最后单击“关闭”按钮，关闭“设置数据系列格式”对话框。设置最后一根柱子颜色的方法为：单击最后一根柱子，再单击这根柱子，表示单独选定了这根柱子，最后将这根柱子的RGB值设置为（232,149,124）。

5）边框线条的美化。

（1）外边框的美化。删除外边框的方法，即双击柱形图的外边框，在弹出的对话框“设置图表区域格式”中，将“边框颜色”设置为“无线条”，单击“关闭”按钮，关闭“设置图表区域格式”对话框。

（2）网格线的美化。删除网格线的方法为：右击网格线，在弹出的快捷菜单中选择“删除”选项。

3. 柱形图来源区的美化

数据来源和制图者名称的文字，字体设置为微软雅黑，字号为10磅，不加粗。

柱形图经过美化，结果如图5-3所示。

规范的统计图，美观又大方，这就是统计图的画手们孜孜以求的心仪对象。

5.3 画柱形图的技巧

5.3.1 技巧1：PPT中的动态柱形图

让柱形图在演示文稿（PPT）中跳舞，这就是常讲的动态柱形图。

演示文稿中的柱形图，可以在演示文稿中画，画法与在电子文档中的画法一样，也可以直接将电子文档中画好的柱形图直接复制并粘贴到演示文稿中。本节介绍后面这种方法。

动态柱形图的设置，可以用演示文稿现有的动画按钮进行设置，也可以用演示文稿之外的动画模板进行设置。这里介绍前一种方法。

以图5-3为例，用演示文稿现有的动画按钮设置动态柱形图，结果如图5-10所示。

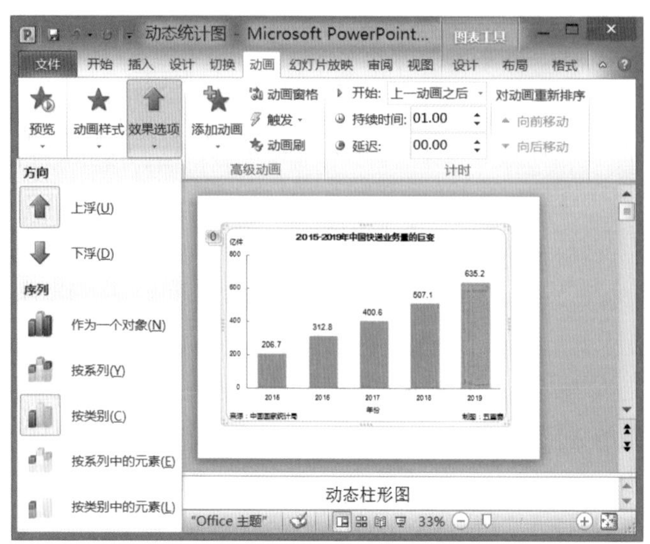

图5-10　动态柱形图的画法

结合图5-10，画动态柱形图的基本步骤如下。

第1步，准备柱形图。

（1）右击图5-3中的柱形图，在弹出的快捷菜单中选择“复制”选项。双击打开一张空白的演示文稿，在弹出的快捷菜单中选择“粘贴选项”命令下的第二个按钮，即“保留源格式和嵌入工作簿”按钮。

（2）为美观起见，为有更好的演示效果，对复制到演示文稿中的柱形图，可拖动其右下角的双向箭头，把柱形图放大。同时调整文字和数字的字号。

（3）单击演示文稿中的柱形图，任务栏会出现“图表工具”。所有画图操作，与在电子文档中的一样，比如，在电子表格中更新数值，演示文稿中的柱形图也会跟着变化。

第2步，设置柱形图的动画效果。

单击柱形图，再选择“动画”选项卡，在“高级动画”这一组单击“添加动画”的下拉按钮，选择“浮入”选项。在“动画”这一组单击“效果选项”的下拉按钮，这时，就出现了若干动画效果的按钮。

比如，设置每根柱子从左往右升起的方法，即在默认的“上浮”方向中，单击“按类别”按钮，在“计时”这一组单击“开始”的下拉按钮，选择“上一动画之后”选项。

第3步，放映。

设置好以后，单击“幻灯片放映”按钮。这时，柱形图中的每一根柱子，就按捺不住地开始“表演”了。

5.3.2 技巧2：平均线的画法

根据一组数据计算均值，可以知道这一组数据的平均水平。均值不仅可以算出来，也可以在统计图中画出来。在柱形图中，画一根横向的平均线，可以很清楚地看到，各柱子所呈现的数据是在平均线以上还是在平均线以下，或是正巧落在平均线上。

带平均线的柱形图如图5-11所示。

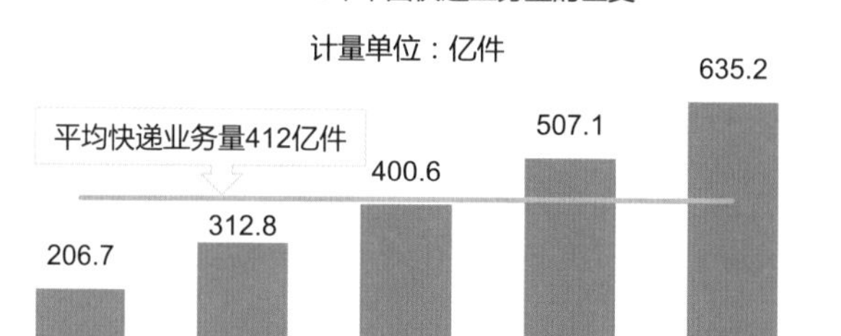

图5-11　带平均线的柱形图

图5-11是带平均线的柱形图，这条“黄金线”是怎么画出来的？

画横向平均线的步骤如下。

第1步，录入数据，结果如图5-12所示。

	A	B	C
1	2015—2019年中国快递业务量		
2	年份	快递业务量（亿件）	均值（亿件）
3	2015	206.7	412
4	2016	312.8	412
5	2017	400.6	412
6	2018	507.1	412
7	2019	635.2	412
8	来源：中国国家统计局		

图5-12　画带平均线的柱形图的统计表

第2步，计算均值。在弹出的电子表格中，修改统计表，拖曳区域右下角的按钮向右，在C列添加均值，计算2015—2019年快递业务量均值的方法是：在C3单元格输入“=AVERAGE（B3：B7）”，然后拖动C3单元格的填充柄到C7，修改后的统计表，结果如图5-12所示。

在电子文档中，柱形图由原来的一个系列柱形图变成了两个系列的柱形图，即一个系列是由B列的快递业务量画的柱形图，另一个系列是由C列快递业务量均值新添加的柱形图。

第3步，更改图形。在电子文档中，双击由均值画的柱形图，在弹出的对话框“更改图表类型”中选择“折线图”选项，选择第一款折线图，最后单击“确定”按钮，关闭“更改图表类型”对话框。

第4步，美化。柱子的RGB值为（57,154,181），平均线的RGB值为（255,192,0）。删除纵轴。用文本框的形式添加起点值0。

添加横向平均线的结果，如图5-11所示。

当然，如果计算机自动设置了添加平均线这一项，点击之间，平均线就跃然而出，那就更好了。可以想到，这样的设置一点也不难，既然这样，可以期待以后升级版的造化了。

5.4 画柱形图的误区

数据该排序的不排序
纵轴该从0开始的不从0开始
柱子上该亮出数值的不亮出数值
话说该做好的不做好就会掉进误区

在柱形图的世界，最常见的误区有以下4个。

- 能排序而没有先排序，导致不能顺畅地呈现。对于文本型非顺序的数据，要先排序，然后再画图。对于时间型数据，要按时间顺序排好再画图。
- 纵轴上的起点值没有从“0”开始，从而导致歪曲图形的结果。
- 柱子的宽度比柱子之间的距离小，从而给人留下不美观和不专业的感觉。
- 柱子上的数值没有写，把统计图中的主角“数值”给画丢了。

5.4.1 画好柱形图的标准

画柱形图，一不留神，就会跌入误区，那么，有没有预防的妙招？妙招当然有，把妙招化为一张表（表5-1），可供画图时参考。

表5-1 画好柱形图的基本标准

分类	内容
表格区	①审核数据的来源：一手数据是否准确，二手数据是否权威 ②审核数据类型是否适合画柱形图 ③审核数据是否能排序，能排序就排序
标题区	①时间要写全 ②空间要具体 ③向谁调查要写清楚
绘图区	①横轴上的分类结果能排序就排序 ②横轴上的分类名称要短不要太长 ③横轴下的标题要写好 ④纵轴上的刻度值要从0开始 ⑤纵轴上的计量单位要写好 ⑥纵向柱子上的实际值和预测值要标明

续表

分类	内容
来源区	①数据的来源要写 ②制图者的名称要写
美化区	①统一字体和字号 ②自选颜色要选好 ③横轴上的刻度线要消除 ④纵轴上的刻度线要向内 ⑤纵轴上的刻度值为整数 ⑥纵向柱子的宽度宜大于柱子的间距 ⑦网格线和外边框要删除 ⑧只有一个数据系列时，图例要删除；有多个数据系列时，要写好图例

有了画好柱形图的基本标准，画柱形图也就有了底气。

5.4.2 误用柱形图的实例

在以下柱形图的实例中，从画好柱形图的标准来看，请问能看到什么？

【例5-1】图5-13所示为来自2017年（第四届）中国中小学生统计图表设计创意大赛获奖作品，请问还有哪些地方需要润色，以求更美?

图5-13　学生画的柱形图

简析：图5-13是柱形图。这张柱形图，置身于美丽的花丛中，可爱至极。

从美观来看，美得无可挑剔。

从统计图的规范来看，还要略加修改。

（1）在标题区，要写好调查的时间和空间。

（2）在来源区，要写好数据的来源和制图者的名称。

（3）在绘图区，数据要先排序再画图。由于按鲜花分类所统计的爱好鲜花的人数属于文本型非顺序数据，鲜花的取值为文字，即金银花、铃兰花、玫瑰花、百合花，因此，数据应按由小到大的顺序排列，柱形图的柱子由低到高排列。同时，数值是主角，数值写大一点就更好看了。柱子的长短代表数值的大小，在手动绘画时，一定要把稳量尺，把纵轴的起点值0画好，把数值的大小按标准刻度画准确。

【例5-2】图5-14来自新华社，请问有哪些地方画得不规范？

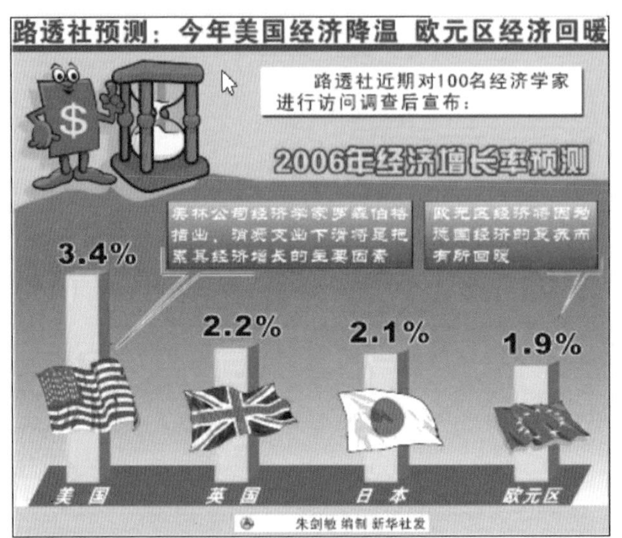

图5-14　新华社画的柱形图

简析：图5-14是柱形图，布局很美，图文相配，设计巧妙，需要修改的地方如下。

（1）在标题区，将“今年”替换成具体的年份。

（2）在绘图区，将三维柱形图改成二维柱形图。在统计图世界，经过多年努力，人们已达成共识，这就是在画柱形图时，不选择三维柱形图而选择二维柱形图，二维柱形图就是平面柱形图。这样做的理由是用三维柱形图来呈现数值不准。

（3）在美观区，应删除外边框。

○模仿秀

看视频 画柱形图

视频：CCTV-2010年第六次中国人口普查（时长：2分47秒）

模仿：画一个视频中的柱形图。视频播放到1分42秒时出现的柱形图，如图5-15所示。

图5-15　视频中的柱形图

看视频画柱形图的一个示例。

画柱形图的统计表如图5-16所示。

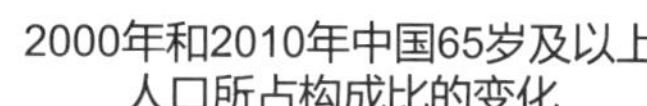

	A	B
1	2000年和2010年中国65岁及以上人口所占构成比的变化	
2	年份	人口构成比（%）
3	2000年	6.96
4	2010年	8.87
5	来源：中国国家统计局	

图5-16　模仿画柱形图用的统计表

用图5-16的数据画出的柱形图如图5-17所示。

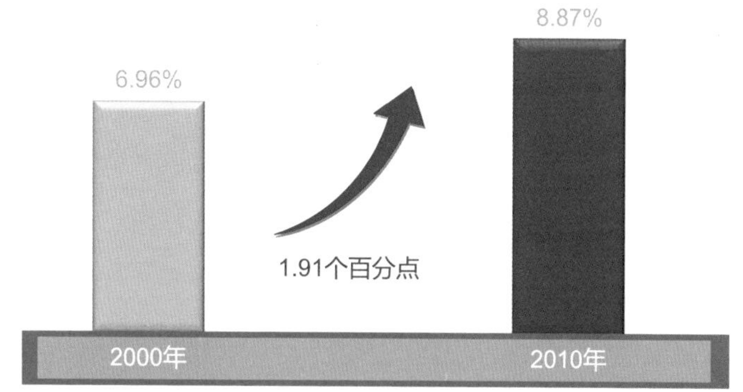

图5-17　模仿图5-15画的柱形图

图5-17和图5-15相比，写全了标题，添加了来源区。

启示：用两个数值画柱形图，为了美观和简洁，在画法上可以打破一些惯例。

比如，一般情况下，要求两个柱子之间的距离要小于柱子的宽度。面对这两个数值，如果按照规矩画，将很不美观。在这里，用一个箭头巧妙地化解了这个矛盾，不仅点明了图意，还活跃了整个画面。

又如，一般情况下，为简洁起见，数值就是数值，计量单位或计量形式只写在纵轴的上方。但是，当数值少的时候就可以有例外，这样一来，整个画面会更显简洁。

图5-17与图5-15相比，模仿的柱形图更规范。图5-15有以下两个地方要修改。

（1）在标题区，添加时间和空间，将原标题“65岁及以上人口比重”改为“2000年和2010年中国65岁及以上人口所占构成比的变化”。

（2）在来源区，添加来源与制图者的名称。中国人口普查，每10年进行一次，2020年为中国第七次人口普查年。

模仿画柱形图时，有以下7个画图技巧值得一记。

（1）添加来源区的方法为：单击绘图区，并按住鼠标指针往上提，使得绘图区整体上移，这时，来源区的空间就有了。

（2）横轴设置水晶底座的方法为：先将横轴的线条颜色设置为“无颜色”，再插入预备好的水晶条图片，并把水晶条移到横轴底座。

（3）删除纵轴的方法为：右击纵轴，在弹出的快捷菜单中选择“删除”选项。数值都已站在柱子上了，提供刻度值的纵轴就可以不要了。这样一来，柱形图会更清爽。

（4）删除百分号“%”的方法为：右击纵轴上方的“%”，在弹出的快捷菜单中选择“剪切”选项。百分号“%”已守护在数值旁，纵轴上的百分号已成多余。这样一删，柱形图也更清爽了。

（5）采集颜色的方法为：用ColorPix取色软件，黄色柱子的RGB值为（255,192,0），红色柱子的RGB值为（192,0,0）。站在柱子上的黄色数值和黄色百分号“%”，其RGB取值与黄色柱子的一样。

（6）添加箭头的方法为：单击柱形图，在“插图”这一组单击“SmartArt”按钮，在弹出的对话框“选择SmartArt图形”中单击“流程”按钮，选择“降序箭头”，将箭头移到默认的文本框外。单击降序箭头，在任务栏上呈现“SmartArt工具”，选择“设计”选项卡，在“SmartArt样式”这一组可选择第五款样式，选择“格式”选项卡，在“排列”组单击“旋转”的下拉按钮，选择“垂直翻转”选项，使“降序箭头”翻转成“升序箭头”；右击默认的蓝色升序箭头，在弹出的快捷菜单中选择“设置形状格式”选项，然后在“填充”项中，红色箭头的RGB值为（192,0,0）。复制红色箭头，以图片的形式粘贴到柱形图中，并调好大小和位置。

（7）添加发光效果的文字。用文本框的形式，在红色箭头下添加文字“1.91个百分点”，文字的红色与箭头的红色一样。添加发光效果文字的方法为：单击“1.91个百分点”的文本框，在“绘图工具”中选择“格式”选项卡，在“艺术字样式”这一组单击“文本效果”的下拉按钮，在“发光”选项选择“发光变体”的第一款。

2020年第七次全国人口普查，中国国家统计局网站的宣传画如图5-18所示。

图5-18　中国人口普查宣传画

○扫码读美文

阅读过程请留心文中数据，并试着将其落实为统计图。

第6章 玩转统计图：折线图

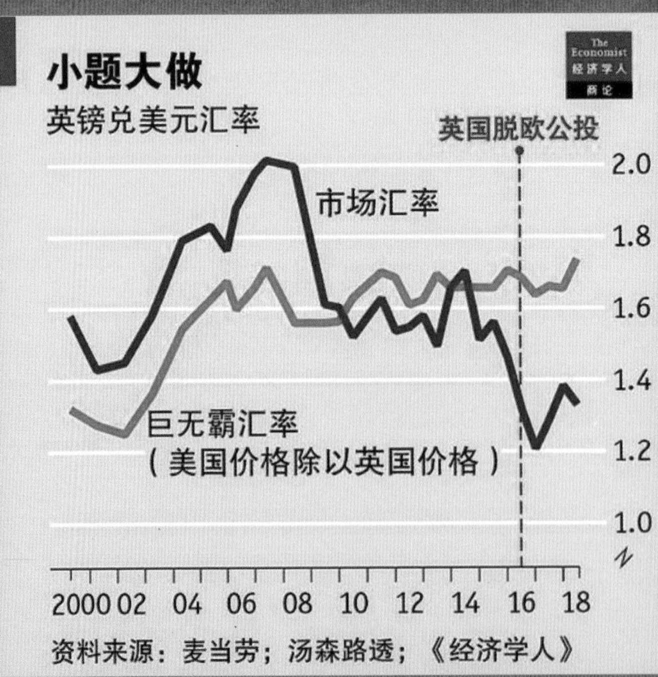

Graph source： Economist.com

6.1 折线图简介

定义：折线图是指用曲线的高低来表示数据大小的统计图。

举例：折线图如图6-1所示。

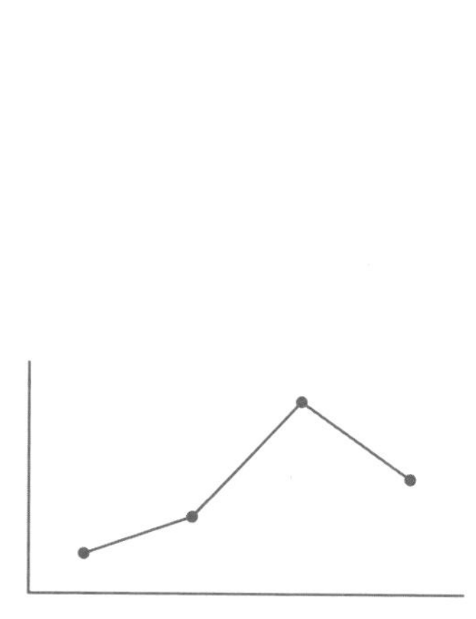

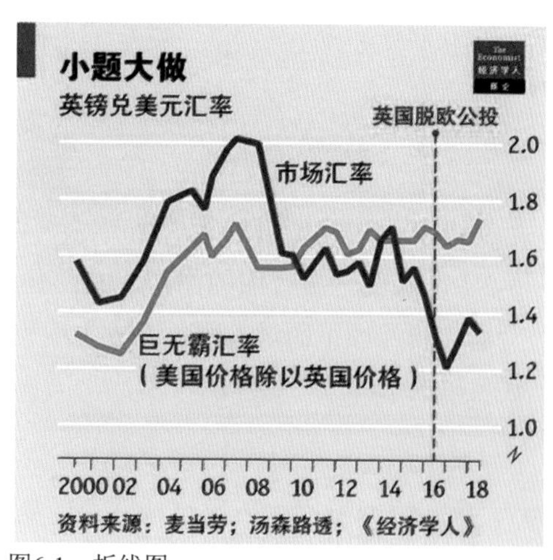

图6-1 折线图

在图6-1中，左图是折线图的图形，右图是用实际数据画的折线图。左图从外观看，横轴表示分类的名称，主要是时间的分类；纵轴表示数值，折线是连接数据点而成的线条。

在图6-1中，右图来自英国《经济学人》杂志，标题为“小题大做”，起伏的折线，呈现的是从2000年到2018年英国脱欧公投前后的市场汇率和巨无霸汇率的走势。横轴表示时间，纵轴表示英镑兑换美元的汇率。

特点：折线图的运用很广，仅次于柱形图，这与其特点分不开。

（1）画图空间的二维性。在一个横轴与一个纵轴围成的空间画图，横轴表示分组，纵轴表示数据。纵轴的起点值从0开始。

（2）呈现数据的一维性。只用纵轴的刻度值呈现数据的大小。

（3）适用数据的时间性。最常见的是用于时间型数据。将各数据点相连就是曲线，各数据点之间没有间隔。

（4）数据标记可选项的多样性。折线图的数据标记，可选项有很多，常见的有圆形、三角形、正方形、菱形、短实线和长实线。

用法：用于呈现数据随时间变化的趋势。用曲线的高低形态来呈现时间型数据的大小。

说法：用文字说明折线图时，也就是看折线图说话时，写作的基本套路。

首先，要拟好标题，写好时间、空间和统计对象，也可以提炼图中的核心内容拟好标题。

其次，开头的文字，应指出这是折线图，图中主要说明了什么内容。

最后，中间的文字，结合具体数据说明折线图。说明的内容，包括数据的特点，在可比性的前提下，指出整个曲线是上升、下降还是平稳，说明最高点和最低点、起点和终点。在比较大小之后，指出分段曲线差异的最高点与最低点。

比较：折线图和面积图。

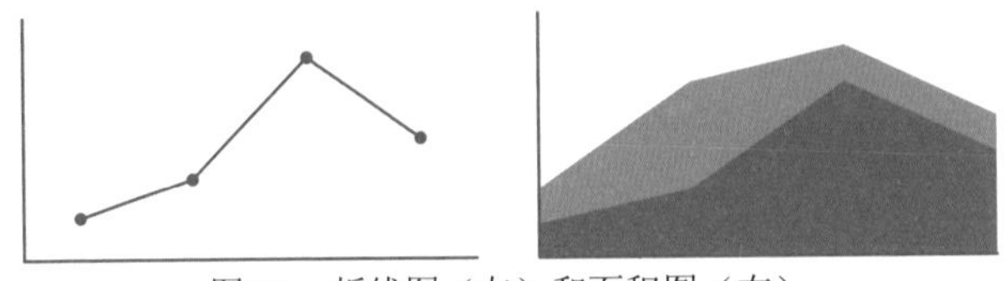

图6-2　折线图（左）和面积图（右）

在图6-2中，左图是折线图的图形，右图是面积图的图形。折线图与面积图很相似，从外观看，折线图下面填充颜色就成了面积图。面积图除了强调数值随时间变化的程度，还可以显示部分与整体的关系。

6.2　折线图的画法

在折线图中，从折线的起伏，可以看出数值的大小，起伏越大，数值越大；可以比较数值的大小，看出最大值和最小值，看出数值在时间上的走势。折线图如图6-3所示。

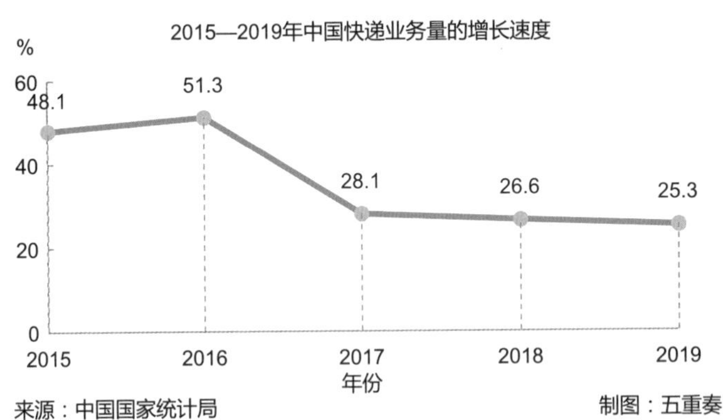

图6-3　规范的折线图

看图说话：由图6-3可见，从2015年到2019年，在这五年的时间里，中国快递业务量每年都以两位数的增长速度上升，2016年高达51.3%，增长速度最低的2019年也有

25.3%，但总体增幅呈下滑趋势，由2015年的48.1%下滑到2019年的25.3%，降幅高达22.8个百分点，即25.3−48.1=−22.8（个百分点）。

接下来，以图6-3为例，详解画折线图的步骤，即画图前的准备、折线图的规范和美化。

6.2.1 第1步，画图前的准备

1. 审核数据

来源的审核。这组快递业务量的增长速度，来源权威，是根据中国国家统计局发布的《2019年中国国民经济与社会发展统计公报》中的快递业务量计算得到的。

计算结果的审核。数据为相对数，只有一个系列，计算结果通过审核。

2. 选择统计图

根据数据类型，选择统计图。快递业务量增长速度为相对数，数据类型为时间型数据，可以选择折线图。根据折线图中起伏的大小，比较各年快递业务量增长速度的变化。

3. 画好统计表

根据画表的规则，画好统计表。

打开电子文档，在任务栏选择"插入"选项卡，在"插图"这一组选择"图表"选项，在弹出的对话框"插入图表"中选择"带数据标记的折线图"，单击"确定"按钮，关闭"插入图表"对话框。这时，电子表格中默认的统计表和电子文档中默认的折线图就双双"弹"出来了。

在电子表格中，默认的统计表如图6-4所示。

在图6-4中，默认的画折线图的统计表显示，有4个类别、3个系列。将一个类别"年份"和一个系列"快递业务量的增长速度"的数据录入统计表，删除多余的类别和系列，结果如图6-5所示。

	A	B	C	D	E
1		系列 1	系列 2	系列 3	
2	类别 1	4.3	2.4	2	
3	类别 2	2.5	4.4	2	
4	类别 3	3.5	1.8	3	
5	类别 4	4.5	2.8	5	
6					

图6-4　默认的统计表

	A	B
1	2015-2019年中国快递业务量的增长速度	
2	年份	快递业务量的增长速度（%）
3	2015	48.1
4	2016	51.3
5	2017	28.1
6	2018	26.6
7	2019	25.3
8	来源：中国国家统计局	

图6-5　画折线图的统计表

在图6-5中，如果电子表格中的数据有变化，那么电子文档中折线图的大小也会跟着变化，两者是互动的关系。

6.2.2 第2步，折线图的规范

在电子文档中，默认的折线图如图6-6所示。

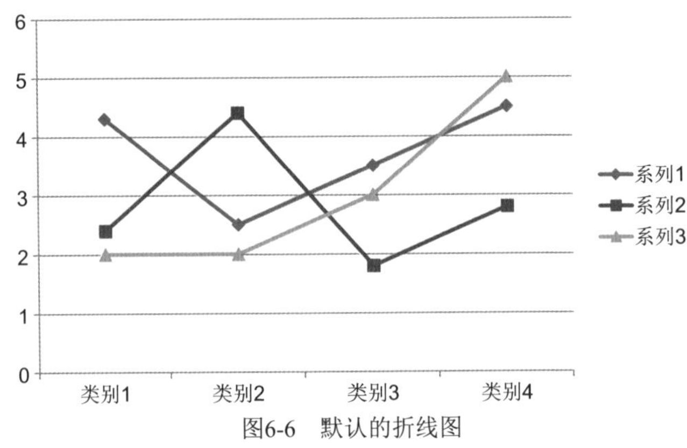

图6-6 默认的折线图

图6-6为默认的折线图，与默认的图6-4的数据相匹配。将默认的数据替换成实际的数据，默认的折线图就变化了。用图6-5的实际数据画的折线图如图6-7所示。

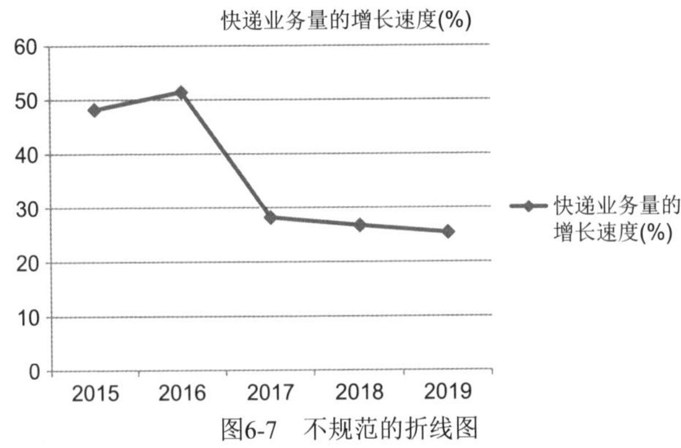

图6-7 不规范的折线图

图6-7是一张不规范的折线图，虽然看起来是折线图的模样，但离有模有样的要求相差太远。这张统计图，不规范的地方，可以说是从上到下、从左到右、从里到外，都触犯了统计图的基本规范，也就是说，如同没有写对字一样，这张折线图也没有画对。哪些地方没有画对呢？下面讲到这张折线图的修改，要修改的地方就是不足的地方。

对图6-7的修改，修改的结果如图6-8所示。

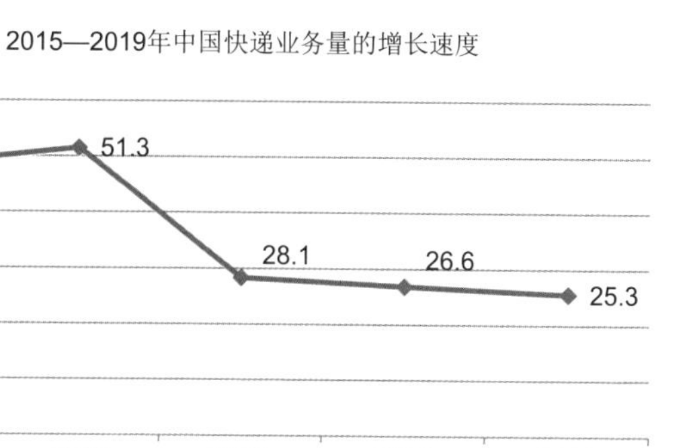

图6-8　美化前的折线图

从不规范的图6-7到没有美化的图6-8，要在标题区、绘图区和来源区进行修改。

1. 折线图标题区的规范

目标：写好标题。

内容：添加时间、空间和数据的名称。

操作：将原标题“快递业务量（亿件）”改为“2015—2019年中国快递业务量的增长速度”。新标题具备了时间（2015—2019年）、空间（中国）、数据的名称（快递业务量）这三个基本要素。

2. 折线图绘图区的规范

目标：添加画图元素。

内容：删除图例，添加计量形式、数值和横轴标题，移动折线的位置。

操作：

（1）删除图例。右击图例，在弹出的快捷菜单中选择“删除”选项。只有一个系列的统计图，图例的存在成为了多余，因为图中对“快递业务量的增长率（%）”有了说明，如标题中显示了“快递业务量的增长率”，计量形式显示了百分号“%”。

（2）添加计量形式。单击折线图，在任务栏的“图表工具”中选择“布局”选项卡，在“插入”这一组选择“绘制文本框”选项，在纵轴的上方添加文本框，在文本框中添加计量形式“%”。

（3）添加数值。右击折线，在弹出的快捷菜单中选择“添加数据标签”选项，这时，在数据标记的下方出现了相应数值。

（4）添加横轴标题。单击折线图，选择“图表工具-布局”选项卡，在“标签”这一组单击“坐标轴标题”的下拉箭头，在“主要横坐标轴标题”下选择“坐标轴下方标题”，将默认的文字“坐标轴标题”改为“年份”。

（5）移动折线的位置。将折线左移的方法为：双击横轴，在弹出的对话框“设置坐标轴格式”中，将“位置坐标轴”由“刻度线之间”改为“在刻度线上”，单击“关闭”按钮，关闭“设置坐标轴格式”对话框。

3. 折线图来源区的规范

目标：添加来源区。

内容：添加数据来源和制图者的名称。

操作：

（1）单击折线图，在任务栏的“图表工具”中选择“布局”选项卡。

（2）在“插入”这一组选择“绘制文本框”选项，在来源区的位置添加文本框，在文本框中添加文字，即在来源区的左边位置添加文字“来源：中国国家统计局”，在来源区的右边位置添加文字“制图：五重奏”。

6.2.3 第3步，折线图的美化

从没有美化的图6-8到美化的图6-3，要在标题区、绘图区和来源区进行修改。

1. 折线图标题区的美化

主标题“2015—2019年中国快递业务量的增长速度”，字体为微软雅黑，字号为12磅，加粗。

2. 折线图绘图区的美化

在折线图中，绘图区的美化要点如图6-9所示。

绘图区的美化

- 横轴标题的美化
- 横轴的美化
- 纵轴的美化
- 折线的美化
- 其他美化

图6-9 折线图绘图区的美化要点

1）横轴标题的美化。横轴的标题“年份”，字体为微软雅黑，字号为10磅，不加粗。

2）横轴的美化。

（1）文字的美化。分类的文字，字体为微软雅黑，字号为10磅，不加粗。

（2）刻度线的美化。消除刻度线的方法为：双击横轴，在弹出的对话框“设置坐标轴格式”中，将“主要刻度线类型”由“外部”改为“无”，单击“关闭”按钮，关闭“设置坐标轴格式”对话框。

3）纵轴的美化。

（1）文字的美化。计量单位的文字，字体为微软雅黑，字号为10磅，不加粗。

（2）数字的美化。数字的字体为Arial，字号为10磅，不加粗。

（3）刻度线和刻度值的美化。将刻度线改为向内，将刻度单位改为20的方法为：双击纵横，在弹出的对话框“设置坐标轴格式”中，将“主要刻度线类型”由“外部”改为“内部”，将“主要刻度单位”由“10”改为“20”，单击“关闭”按钮，关闭“设置坐标轴格式”对话框。

4）折线的美化。

（1）数值字体的美化。数值的字体为Arial，字号为12磅，不加粗。

（2）数值位置的美化。对数值的位置改为靠上的方法为：双击折线图上的任意一个数值，在弹出的对话框“设置数据标签格式”中，将“标签位置”由“靠右”改为“靠上”，单击“关闭”按钮，关闭“设置数据标签格式”对话框。

（3）折线颜色等的美化。对默认的蓝色折线进行修改，将数据标记等进行美化的方法为：双击折线，在弹出的对话框“设置数据系列格式”中，依次单击相应的选项，其操作过程如下。

①先选择“数据标记选项”选项，选择“内置”单选按钮，选择“类型”为圆形，选择“大小”为“8”。

②再选择“数据标记填充”选项，选择“纯色填充”，单击“颜色”的下拉箭头，选择“其他颜色”选项，在弹出的对话框“颜色”中选择“自定义”选项卡，数据标记的RGB值为（255,192,0），最后单击“确定”按钮，关闭“颜色”对话框。

③再选择“标记线颜色”选项，选择“实线”，单击“颜色”的下拉箭头，选择“其他颜色”选项，在弹出的对话框“颜色”中选择“自定义”选项卡，标记线的RGB值为（255,192,0）。

④再选择“线条颜色”选项，选择“实线”，单击“颜色”的下拉箭头，选择“其他颜色”选项，在弹出的对话框“颜色”中选择“自定义”选项卡，折线的RGB值为（0,158,219），最后单击“确定”按钮，关闭“颜色”对话框。

⑤再单击“线型”选项，将线型的“宽度”设为3磅。

⑥再单击“确定”按钮，关闭“颜色”对话框。

⑦最后，单击“关闭”按钮，关闭“设置数据系列格式”对话框。

（4）数值连接线的美化。从数据标记向横轴画垂直虚线的方法为：单击折线图，在任务栏上的“图表工具”中选择“布局”选项卡，在“分析”这一组单击“折线”的下拉箭头，选择“垂直线”选项。双击其中的任意一根垂直线，在弹出的对话框“设置垂直线格式”中单击“线条颜色”选项，选择“实线”，单击“颜色”的下拉箭头，选择与折线一样的颜色，选择“线条类型”选项，在“短画线类型”中选择第4款，单击“关闭”按钮，关闭“设置垂直线格式”对话框。

5）边框线条的美化。

（1）外边框的美化。删除外边框的方法为：双击折线图的外边框，在弹出的对话框“设置图表区域格式”中，将“边框颜色”设置为“无线条”，再单击“关闭”按钮。

（2）网格线的美化。删除网格线的方法为：右击网格线，在弹出的快捷菜单中选择“删除”选项。

3. 折线图来源区的美化

数据来源和制图者名称的文字，字体设置为微软雅黑，字号为10磅，不加粗。

折线图经过美化，结果如图6-3所示。

6.3 画折线图的技巧

6.3.1 技巧1：PPT中的动态折线图

折线图在演示文稿（PPT）中“跳舞”，这就是常讲的动态折线图。

演示文稿中的折线图，可以在演示文稿中画，画法与在电子文档中的画法一样，也可以直接将电子文档中画好的折线图直接复制并粘贴到演示文稿中。本节采用后面这种方法。

动态折线图的设置，可以用演示文稿现有的动画按钮进行设置，也可以用演示文稿之外的动画模板进行设置。这里推送前一种方法。

以图6-3为例，用演示文稿现有的动画按钮设置动态折线图，结果如图6-10所示。

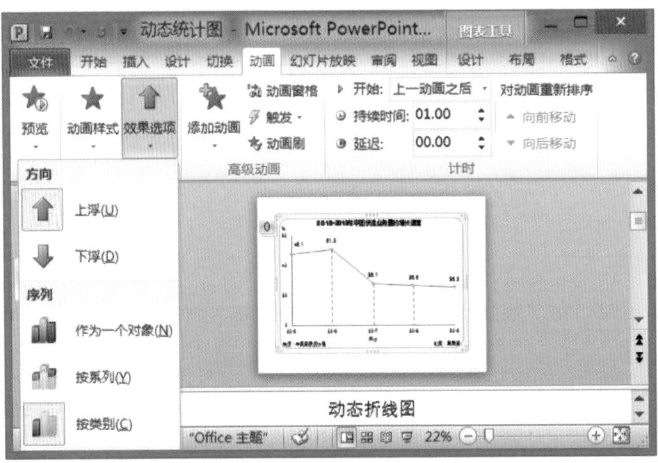

图6-10 动态折线图的画法

结合图6-10，画动态折线图的基本步骤如下。

第1步，准备折线图。

右击图6-3中的折线图，在弹出的快捷菜单中选择“复制”选项。双击打开一张空白的演示文稿，在弹出的快捷菜单中选择“粘贴选项”选项下的第二个按钮，即“保留源格式和嵌入工作簿”按钮。

为美观起见，为有更好的演示效果，对复制到演示文稿中的折线图，可拖动其右下角的双向箭头，把折线图放大。同时调整文字和数字的字号。

单击演示文稿中的折线图，任务栏会出现“图表工具”，所有画图操作，与在Word电子文档中的一样，比如，在电子表格中更新数值，演示文稿中的折线图也会跟着变化。

第2步，设置折线图的动画效果。

单击折线图，再选择“动画”选项卡，在“高级动画”这一组单击“添加动画”的下拉按钮，选择“浮入”选项。在“动画”这一组单击“效果选项”的下拉按钮，这时，就出现了若干动画效果的按钮。

比如，设置每段折线从左往右升起的方法，即在默认的“上浮”方向中，单击“按类别”按钮，在“计时”这一组单击“开始”的下拉按钮，选择“上一动画之后”选项。

第3步，设置好以后，单击“幻灯片放映”按钮。这时，折线图中的每一段折线，就开始翩翩起舞了。

6.3.2 技巧2：预测线的画法

折线图主要用于呈现数值在时间上的变化。人们常常用过去和现在的实际值对未来进行预测，计算出预测值。在折线图中，横轴表示年份，预测年的边上要写明表示预测的符号“E”，同时，当折线为实线时，表示实际值；当折线为虚线时，表示预测值。带预测线的折线图如图6-11所示。

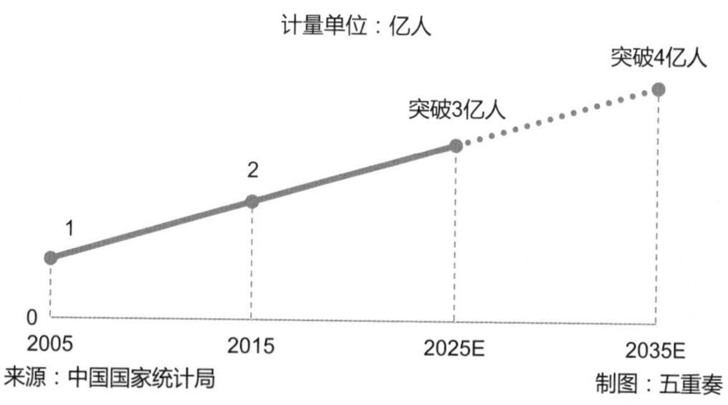

图6-11 带预测线的折线图

在图6-11中，实线表示实际值，虚线表示预测值。虚线两端的数值，表示预测年2025年和2035年这两年的预测值。折线中的一条线段为虚线，应该怎么画呢？

画预测线的步骤如下。

第1步，录入数据，结果如图6-12所示。

	A	B
1	2005—2035年中国60岁以上的人口统计表	
2	年份	人口数（亿人）
3	2005	1
4	2015	2
5	2025E	3
6	2035E	4
7	来源：中国国家统计局	

图6-12　画带预测线的折线图的统计表

第2步，画虚线。双击最后一段折线，或单独选中最后一个标记点，在弹出的对话框“设置数据点格式”中选择“线型”选项；在“短画线类型”的下拉按钮中，选择“圆点”选项；单击“关闭”按钮，关闭“设置数据点格式”对话框。

第3步，美化。折线的RGB值为（57,154,181）。在折线图上，数值的字形加大，旁边键入文字，如“突破3亿人”。删除纵轴，用文本框的形式添加起点值0。

添加预测线的结果，如图6-11所示。

6.4　画折线图的误区

纵轴该从0开始的不从0开始

折线该加粗的却超细

折线上该亮出数值的不亮出数值

话说该做好的不做好就会掉进误区

在折线图的王国，最常见的误区有以下3个。

- 纵轴上的起点值没有从“0”开始，从而导致歪曲图形的结果。
- 折线的线条过于纤细，给人留下柔弱无依的感觉。
- 折线上的数值可以写而没有写，把统计图中的主角“数值”给画丢了。

6.4.1　画好折线图的标准

在画折线图时，要有效避开折线图的误区，表6-1可供画图时参考。

表6-1　画好折线图的基本标准

分类	内容
表格区	①审核数据的来源：一手数据是否准确，二手数据是否权威 ②审核数据类型是否适合画折线图 ③审核数据是否能排序，能排序就排序

续表

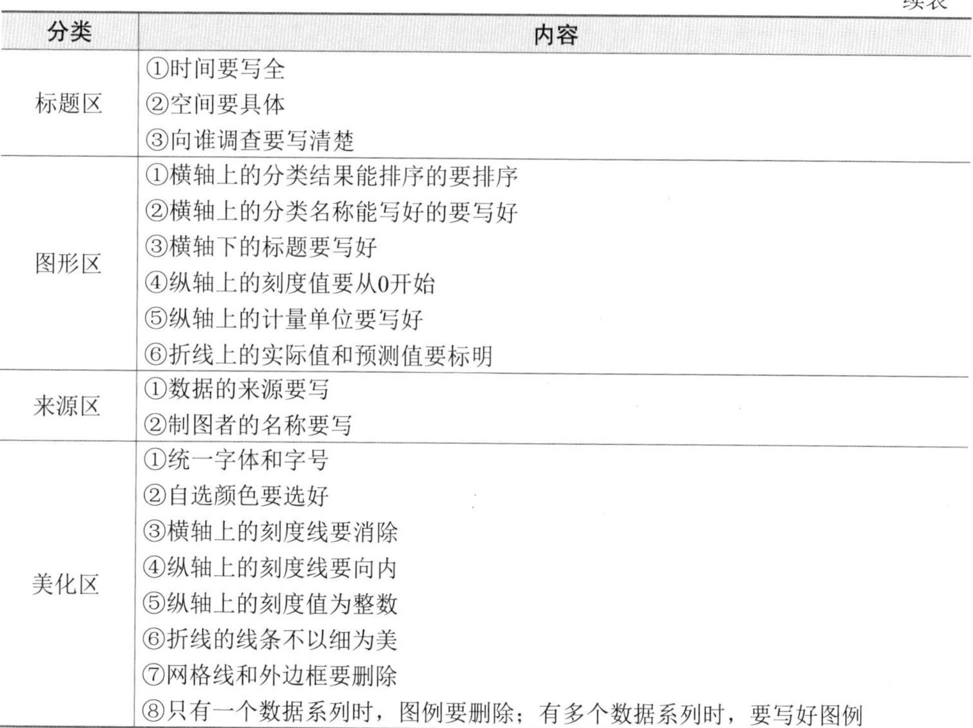

分类	内容
标题区	①时间要写全 ②空间要具体 ③向谁调查要写清楚
图形区	①横轴上的分类结果能排序的要排序 ②横轴上的分类名称能写好的要写好 ③横轴下的标题要写好 ④纵轴上的刻度值要从0开始 ⑤纵轴上的计量单位要写好 ⑥折线上的实际值和预测值要标明
来源区	①数据的来源要写 ②制图者的名称要写
美化区	①统一字体和字号 ②自选颜色要选好 ③横轴上的刻度线要消除 ④纵轴上的刻度线要向内 ⑤纵轴上的刻度值为整数 ⑥折线的线条不以细为美 ⑦网格线和外边框要删除 ⑧只有一个数据系列时，图例要删除；有多个数据系列时，要写好图例

6.4.2 误用折线图的实例

在以下折线图的实例中，用画好折线图的标准来看，请问能看到什么？

【例6-1】图6-13所示来自2017年（第四届）中国中小学生统计图表设计创意大赛获奖作品，请问还有哪些地方需要润色，以求更美？

图6-13 学生画的折线图

简析：图6-13是折线图。这张折线图，把中国古代四大美女描画得栩栩如生。

从美观来看，完美无缺。从统计图的规范来看，还要略加修改，修改点主要有以下3个。

（1）在标题区，写好调查的对象。

（2）在来源区，写好数据的来源。

（3）在绘图区，数据要先排序再画图，因为按姓名分组所统计的喜爱中国古代四大美女的人数属于文本型非顺序数据，姓名的取值为文字，即貂蝉、西施、王昭君、杨玉环，因此，数据应按由小到大的顺序排列，即按10%、21%、34%、35%来排序，折线图的折线由低到高起伏。在手动绘画时，一定要把稳量尺，把纵轴的起点值0画好，把数值的大小按标准刻度画准确。

【例6-2】来自有人心急火燎地提问，有人气定神闲地免费回答。有问必答，这是网络带来的福利。图6-14所示折线图来自网络“百度知道”。请问回答者给出的这张统计图，有哪些地方需要“改头换面”？

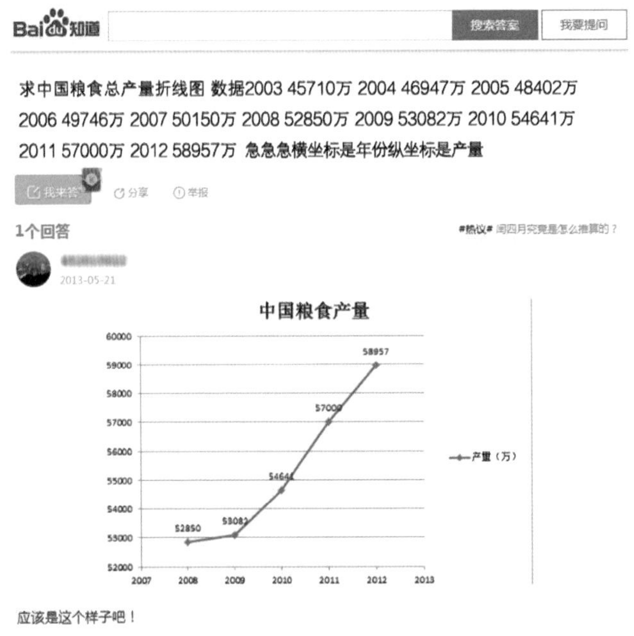

图6-14 网络画的折线图

简析：图6-14是折线图。这张折线图，主要有以下4个地方需要改观。

（1）在标题区，标题不全，缺省时间“2007—2013年”。应将原标题“中国粮食产量”改为“2007—2013年中国粮食产量”。

（2）在来源区，没有来源，缺省来源和制图者名称。应添加相应的来源和制图者名称。

（3）在绘图区，横轴的下方没有坐标轴标题，可添加“年份”；纵轴的起点值没有从0开始，应将“52000”的起点值改为“0”；纵轴上方缺省计量单位，应添加计量单位“万吨”。图例多余，要删除，因为只有一个数据系列。

（4）在美化区，不美观的地方主要集中在绘图区；横轴的刻度线向外，可消除。纵轴的刻度线向外，可向内；纵轴的刻度值太大，可将计量单位由“万吨”调整为“亿万吨”，当然，纵轴上的刻度值也应进行相应调整；折线太细，宜将折线调粗。折线中间的3个数值粘在折线上，宜向左移一点；折线默认的颜色不好看，宜自选颜色来呈现；网格线多余，应删除。

○模仿秀

看视频 画折线图

视频：BTV-2019年12月CPI再“进4”（时长：1分47秒）

模仿：画一个视频中的折线图。

视频播放到6秒时出现的折线图如图6-15所示。

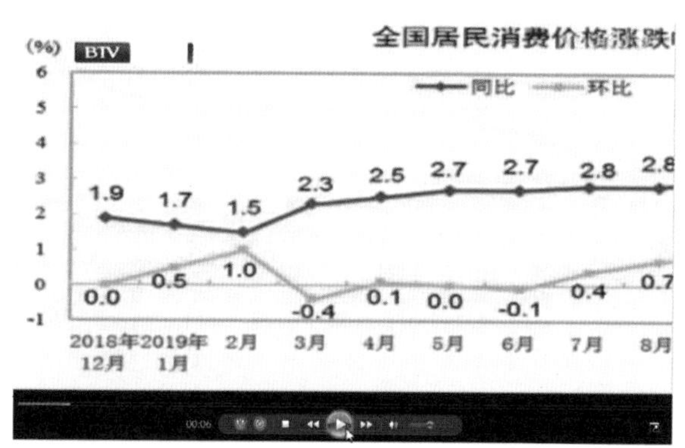

图6-15 视频中的折线图

上面是看视频画折线图的一个示例。

画折线图的统计表如图6-16所示。

	A	B	C
1	2018年12月—2019年各月中国居民消费价格涨跌幅		
2	时间	同比（%）	环比（%）
3	2018年12月	1.9	0.0
4	2019年1月	1.7	0.5
5	2月	1.5	1.0
6	3月	2.3	-0.4
7	4月	2.5	0.1
8	5月	2.7	0.0
9	6月	2.7	-0.1
10	7月	2.8	0.4
11	8月	2.8	0.7
12	9月	3.0	0.9
13	10月	3.8	0.9
14	11月	4.5	0.4
15	12月	4.5	0.0
16	来源：中国国家统计局		

图6-16 模仿画折线图用的统计表

用图6-16的数据画的折线图如图6-17所示。

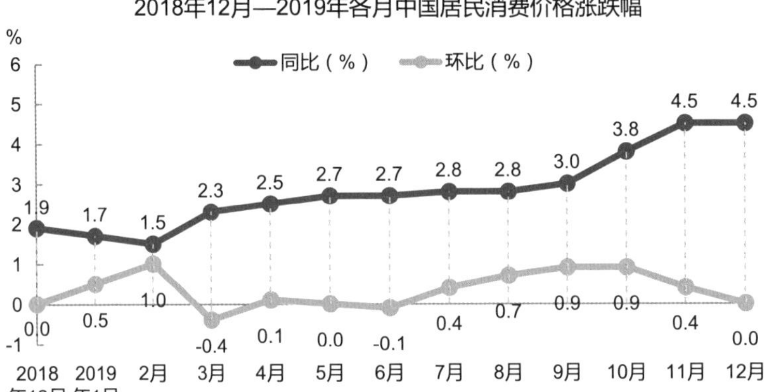

图6-17 模仿图6-15画的折线图

图6-17和图6-15相比，颜色相同，蓝色折线的RGB值为（0,112,192），黄色折线的RGB值为（255,192,0）。两张图不同的地方，主要是新图写全了标题、添加了来源区、做好了美化，还有折线加粗、数值加粗、百分号“%”不用括号。

模仿画折线图时，有以下3个画图技巧值得一记。

（1）凭经验找到画折线图的原统计表。在视频中，折线图只是露了大半个脸，由于折线没有全部呈现，所以折线上的数据也不能全部看到。找到这张折线图全图，全靠经验起作用。凭经验，这是一张具有中国国家统计局典型风格的折线图，于是到官网寻找，在其首页的搜索框中，输入“CPI”，再单击“检索”按钮，找到“2019年12月份居民消费价格同比上涨4.5%”一文，视频中的这张折线图就在这篇文章中。

启示：经验也吃香，值得平常积累。常来常往，与权威的统计图混个脸熟，关键时刻，比如此刻，熟门熟路就找到折线图的“老家”了。

（2）在电子表格中，画折线图的统计表要画好。折线图的原图在中国国家统计局的网站找到后，接下来，就是把折线图中的数值录入到电子表格中。录入数值时，一定要反复检查，确保不出错。

（3）时间的分类项往下移的方法，即双击横轴，弹出“设置坐标轴格式”对话框；在默认的“坐标轴选项”中单击“坐标轴标签”的下拉按钮，选择“低”选项；最后，单击“关闭”按钮，关闭“设置坐标轴格式”对话框。这样的设置，把时间分类的位置从紧挨横轴的地方下移到最低点。这样一来，第二根折线上的数值就可以舒舒坦坦地落脚在折线的下方，既不会跟第一根折线上的数值相碰相混，也不用跟各月的时间争地盘了。

○扫码读美文

阅读过程请留心文中数据，并试着将其落实为统计图。

第7章

玩转统计图：柱线图

Graph source：　Economist.com

7.1 柱线图简介

定义：柱线图是指用宽度相同的纵向条形的长短、曲线的波动来表示数据大小的统计图。

举例：柱线图如图7-1所示。

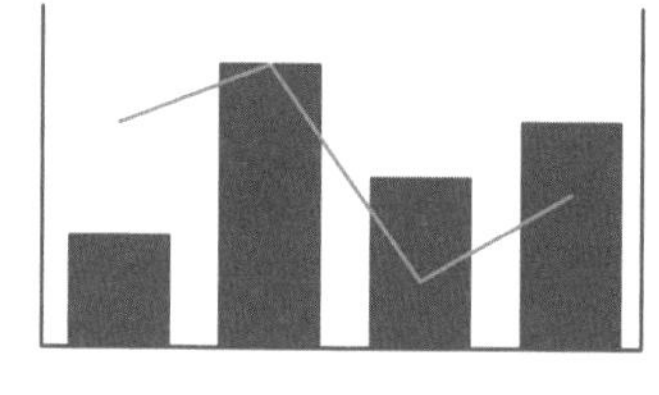

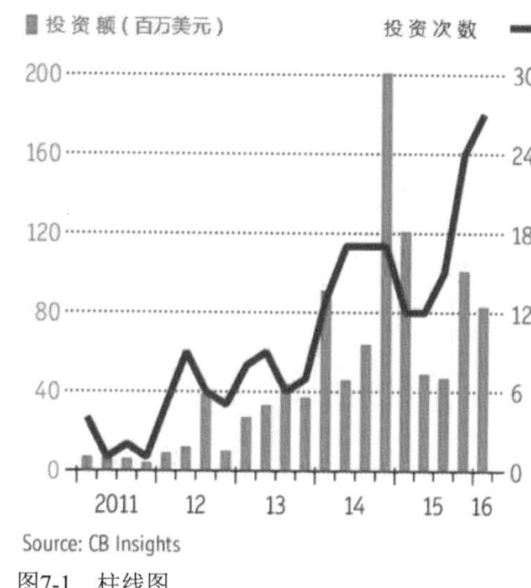

图7-1　柱线图

在图7-1中，左图是柱线图的图形，右图是用实际数据画的柱线图。

在图7-1中，左图从外观看，横轴表示分类的名称，左纵轴和右纵轴表示数值。柱子和折线的高低，分别表示两组数值的大小。

在图7-1中，右图来自英国《经济学人》杂志，标题为“越来越火的人工智能创业公司融资”，呈现的是从2011年到2016年人工智能创业公司融资的走势。横轴表示时间，左纵轴表示投资额，右纵轴表示投资次数。柱子的高低表示投资额的多少，折线的起伏表示投资次数的大小。但在柱线图中，标题区缺空间；绘图区中的图例，“投资次数”应改为“投资次数（次）”。

特点：柱线图是柱形图与折线图的组合。

- 画图空间的二维性。在一个横轴与两个纵轴围成的空间画图，横轴表示分组，纵轴表示数据。纵轴的起点值从0开始。

- 对于时间型数据，用左纵轴的数据表示总量数，用右纵轴的数据表示增长率，增长率由总量数计算得到。
- 对于非时间型数据，用左纵轴的数据表示总量数，用右纵轴的数据表示累计数，累计数由总量数计算得到。

- 呈现数据的一维性。只用两个纵轴的刻度值呈现数据的大小。
- 适用数据的广泛性。可以是数值型数据和文本型数据，也可以是时间型数据。柱子之间的间隔根据数据的类型确定，曲线上数据的连接点没有间断。如果数据为数值连续型数据，那么柱子之间没有间隔，如果是其他的数据类型，则柱子之间就有间隔。

用法：柱线图既适合呈现时间型数据的总量和增长变化，也适合呈现其他数据类型的大小和累计数的变化。

说法：用文字说明柱线图时，也就是看柱线图说话时，写作的基本套路如下。

首先，要拟好标题，写好时间、空间和统计对象，也可以提炼图中的核心内容拟好标题。

其次，开头的文字，应指出这是柱线图，图中主要说明了什么内容。

然后，中间的文字，结合具体数据说明柱线图。说明的内容，包括数据的特点，在可比性的前提下，指出最高点和最低点、起点和终点，比较大小之后，指出差异的最高点与最低点。如果是非时间型数据，就可以说明各组累计的变化趋势；如果是时间型数据，就可以说明总量的变化，以及总量之间的增长变化。

比较：柱线图、柱形图和折线图的比较如图7-2所示。

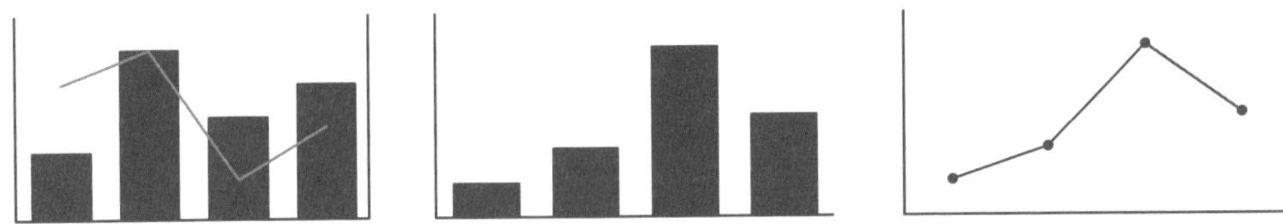

图7-2　柱线图（左）、柱形图（中）和折线图（右）的图形

柱线图由柱形图和折线图组合而成，有一个横轴和两个纵轴。画柱线图的好处，就在于一举两得，能用一张柱线图呈现出柱形图和折线图两张图的内容。

7.2　柱线图的画法

在柱线图中，从柱子的长短和折线的起伏中，可以看出数值的大小：柱子越长，数值越大；折线的波峰越高，数值越大。柱线图如图7-3所示。

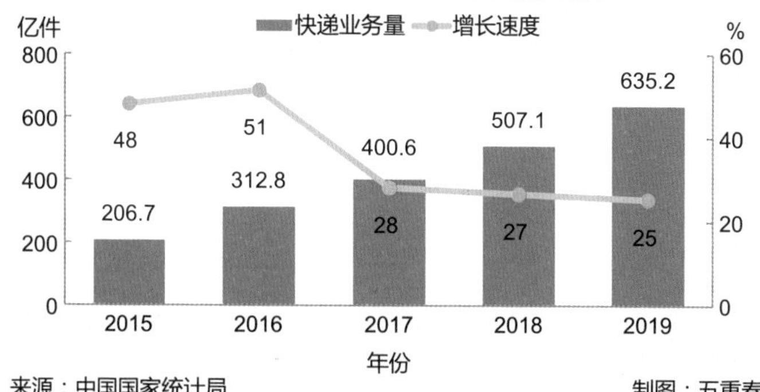

图7-3　规范的柱线图

看图说话：图7-3是柱线图，是柱形图和折线图的组合，折线图上的数据是根据柱形图的数据计算得到的。对柱线图分析，可以分别从柱形图和折线图来看。

从柱形图来看，从2015年到2019年，在这五年的时间里，中国快递业务量呈阶梯状逐年增加，由2015年的206.7亿件激增到2019年的635.2亿件，增加428.5亿件，即635.2−206.7＝428.5（亿件）。五年间，中国快递业务量的规模，每年刷新一个百亿件，跃上一个百亿件的新台阶，每年以一百亿件的级别跨年。

从折线图来看，从2015年到2019年，在这五年的时间里，中国快递业务量每年都以两位数的增长速度上升，2016年高达51.3%，增长速度最低的2019年也有25.3%，但总体增幅呈下滑趋势，由2015年的48.1%下滑到2019年的25.3%，降幅高达22.8个百分点，即25.3−48.1＝−22.8（个百分点）。

从柱线图整体来看，从2015年到2019年，在这五年的时间里，中国的快递业务量呈快速增长趋势。快递业务量每年的总量数以百亿件的规模跨年，快递业务量每年的增长速度均为两位数。总量数最高的2019年，增幅为最低。总体来看，快递业务量的总量数呈增加趋势，但增幅呈下降趋势。

接下来，以图7-3为例，详解画柱线图的步骤，即画图前的准备、柱线图的规范和美化。

7.2.1　第1步，画图前的准备

1. 审核数据

来源的审核。这组快递业务量的数据，来源权威，源自中国国家统计局发布的《2019年中国国民经济与社会发展统计公报》。

计算结果的审核。快递业务量的来源权威，审核通过。根据快递业务量的总量数，可以计算其增长速度，计算公式为：快递业务量的增长速度＝（本年的快递业务量/上一年的快递业务量）-1。

2. 选择统计图

根据数据类型，选择统计图。快递业务量为总量数，根据快递业务量计算的增长速度为相对数，数据类型为时间型数据，可以选择柱线图。

3. 画好统计表

（1）打开电子文档，在任务栏选择“插入”选项卡，在“插图”这一组选择“图表”选项，在弹出的对话框“插入图表”中选择柱形图，单击“确定”按钮，关闭“插入图表”对话框。这时，电子表格中默认的统计表和电子文档中默认的柱形图双双“一跃而出”。在电子表格中，默认的统计表如图7-4所示。

	A	B	C	D
1		系列 1	系列 2	系列 3
2	类别 1	4.3	2.4	2
3	类别 2	2.5	4.4	2
4	类别 3	3.5	1.8	3
5	类别 4	4.5	2.8	5

图7-4　默认的统计表

（2）在图7-4中，默认的画柱线图的统计表显示，有4个类别和3个系列。将系列1的数据替换成快递业务量的数据，将系列2的数据替换成快递业务量增长速度的计算结果，结果如图7-5所示。

	A	B	C
1	2015—2019年中国快递业务量及其增长速度		
2	年份	快递业务量（亿件）	增长速度（%）
3	2014	139.6	-
4	2015	206.7	48
5	2016	312.8	51
6	2017	400.6	28
7	2018	507.1	27
8	2019	635.2	25
9	来源：中国国家统计局		

图7-5　画柱线图的统计表

（3）在图7-5的电子表格中，快递业务量增长速度的计算如下：在C4单击格，输入“=（B4/B3）*100-100”，按回车键，得到48；拖动C4单击格的填充柄到C8，得到2015—2019年快递业务量的增长速度。

在图7-5中，如果电子表格中的数据有变化，那么电子文档中柱线图的大小也会跟着变化，两者是互动的关系。

7.2.2　第2步，柱线图的规范

在电子文档中，默认的柱形图如图7-6所示。

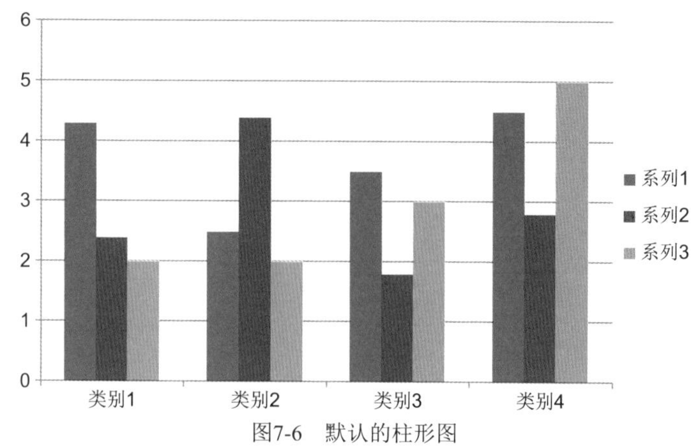

图7-6　默认的柱形图

图7-6为默认的柱形图与默认的图7-4的数据相匹配。将默认的数据替换成实际的数据，默认的柱形图就变化了。用图7-5的实际数据画的柱形图如图7-7所示。

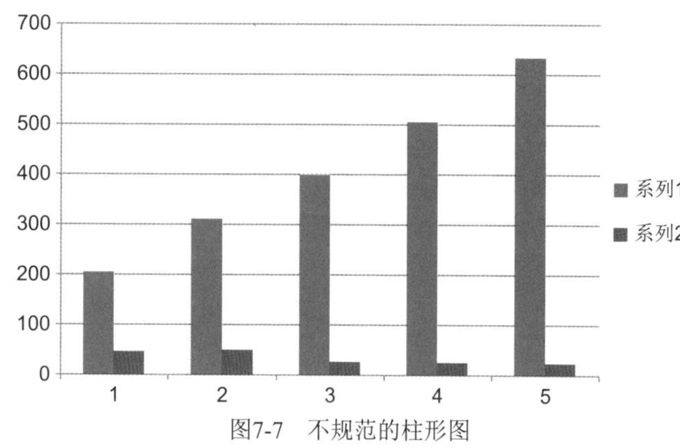

图7-7　不规范的柱形图

在图7-7中，将电子文档中的柱形图转换为柱线图。其方法是：首先，右击任意一个红柱子，也就是右击系列2的增长速度的柱形图，在弹出的快捷菜单中选择“设置数据格式”选项，在弹出的对话框“设置数据系列格式”中，在“系列绘制在”选项，单击“次坐标轴”单选按钮，单击“关闭”按钮，关闭“设置数据格式”对话框。其次，右击任意一个红柱子，在弹出的快捷菜单中选择“更改系列图表类型”选项，在弹出的对话框“更改图表类型”中选择“折线图”，单击“确定”按钮，关闭“更改图表类型”对话框。

在图7-7中，数据的重新选择、图例项的修改、年份的重新选择方法为：单击柱线图，在任务栏选择“设计”选项卡，在“数据”这一组选择“选择数据”选项，在弹出的对话框“选择数据源”中，有以下3个操作。

（1）先是数据的重新选择，即在“图表数据区域”的长方框中，选择B4:C8。

（2）然后是图例的修改，将“系列1”和“系列2”的图例文字，分别替换为

“快递业务量”和“增长速度”。即在“图例项”的方框中选择“系列1”选项，再选择“编辑”选项，在弹出的对话框“编辑数据系列”中，在“系列名称”的长方框中输入“快递业务量”，单击“确定”按钮，关闭“编辑数据系列”对话框。用同样的方法，修改“系列2”的图例文字为“增长速度”。

（3）最后是分类名称的修改，将阿拉伯数字“1、2、3、4、5”，分别替换为“2015、2016、2017、2018、2019”的方法为：在“水平（分类）轴标签”的方框中选择“编辑”选项，在弹出的对话框“轴标签”中，在“轴标签区域”的长框中输入A4:A8，单击“确定”按钮，关闭“轴标签”对话框。

最后，单击“确定”按钮，关闭 “选择数据源”对话框，得到的结果如图7-8所示。

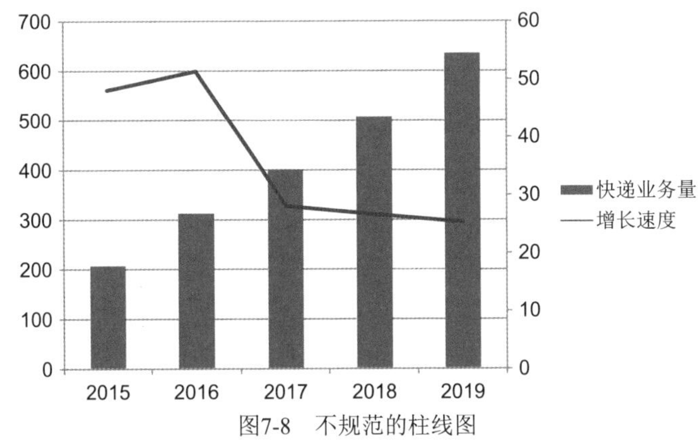

图7-8　不规范的柱线图

对图7-8进行修改，修改的结果如图7-9所示。

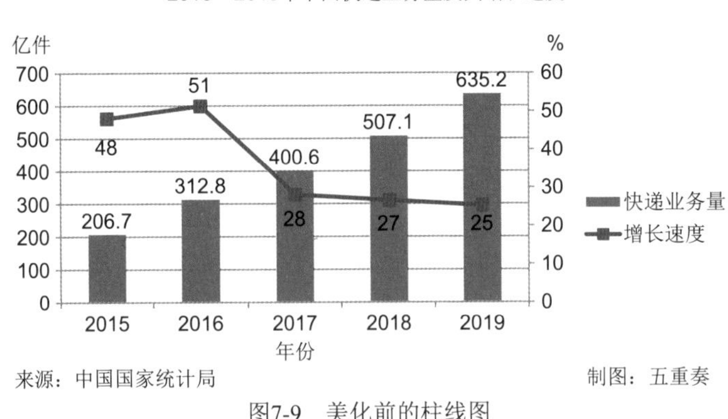

图7-9　美化前的柱线图

从不规范的图7-8到没有美化的图7-9，要在标题区、绘图区和来源区进行修改。

1. 柱线图标题区的规范

目标：写好标题。

内容：添加时间、空间和数据的名称。

操作：添加的标题为“2015—2019年中国快递业务量及其增长速度”。添加的标题具备了时间（2015—2019年）、空间（中国）、数据的名称（快递业务量）这三个基本要素。

添加标题的方法，即单击柱线图，在任务栏，单击“图片工具”中的“布局”选项卡，在“标签”这一组单击“图表标题”的下拉箭头，选择“图表上方”选项，将统计图中的“图表标题”4个字改为“2015—2019年中国快递业务量及其增长速度”。

2. 柱线图绘图区的规范

目标：添加画图元素。

内容：添加计量单位和计量形式、数值和横轴标题。

操作：

（1）添加计量单位和计量形式。在“插入”这一组选择“绘制文本框”选项，在主纵轴的上方添加计量单位“亿件”，在次纵轴的上方添加计量形式“%”。

（2）添加数值。右击柱子，在弹出的快捷菜单中选择“添加数据标签”选项，这时，在柱子上出现了相应数值。右击折线，在弹出的快捷菜单中选择“添加数据标签”选项，这时，在数据标记的右边出现了相应数值。

（3）添加横轴标题。单击柱线图，选择“图表工具-布局”选项卡，在“标签”这一组单击“坐标轴标题”的下拉箭头，在“主要横坐标轴标题”下选择“坐标轴下方标题”，将默认的文字“坐标轴标题”改为“年份”。

3. 柱线图来源区的规范

目标：添加来源区。

内容：添加数据来源和制图者的名称。

操作：

（1）单击柱形图，在任务栏的“图表工具”中选择“布局”选项卡。

（2）在“插入”这一组选择“绘制文本框”选项，在来源区的位置添加文本框，在文本框中添加文字，即在来源区的左边位置添加文字“来源：中国国家统计局”，在来源区的右边位置添加文字“制图：五重奏”。

7.2.3 第3步，柱线图的美化

从没有美化的图7-9到美化的图7-3，要在标题区、绘图区和来源区进行修改。

1. 柱线图标题区的美化

主标题“2015—2019年中国快递业务量及其增长速度”，字体为微软雅黑，字号为12磅，加粗。

2. 柱线图绘图区的美化

在柱线图中，绘图区的美化要点如图7-10所示。

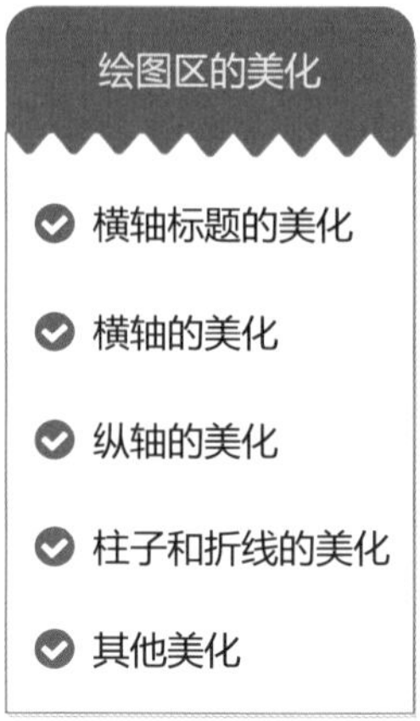

1）横轴标题的美化。横轴的标题“年份”，字体为微软雅黑，字号为10磅，不加粗。

2）横轴的美化。

（1）文字的美化。分类的文字，字体为微软雅黑，字号为10磅，不加粗。

（2）刻度线的美化。将刻度线消除的方法为：双击横轴，在弹出的对话框“设置坐标轴格式”中，将“主要刻度线类型”由“外部”改为“无”，最后单击“关闭”按钮，关闭“设置坐标轴格式”对话框。

绘图区的美化

- 横轴标题的美化
- 横轴的美化
- 纵轴的美化
- 柱子和折线的美化
- 其他美化

图7-10　柱线图绘图区的美化要点

3）纵轴的美化。

（1）文字的美化。计量单位的文字，字体为微软雅黑，字号为10磅，不加粗。

（2）数字的美化。数字的字体为Arial，字号为10磅，不加粗。

（3）刻度线和刻度值的美化。在主纵轴中，将刻度线改为向内，将最大值改为800，将刻度单位改为“200”的方法为：双击主纵轴，在弹出的对话框“设置坐标轴格式”中，将“主要刻度线类型”由“外部”改为“内部”，将“最大值”由“700”改为“800”，将“主要刻度单位”由“100”改为“200”，最后单击“关闭”按钮，关闭“设置坐标轴格式”对话框。

在次纵轴中，将刻度线改为向内，将刻度单位改为“20”的方法为：双击次纵轴，在弹出的对话框“设置坐标轴格式”中，将“主要刻度线类型”由“外部”改为“内部”，将“主要刻度单位”由“10”改为“20”，最后单击“关闭”按钮，关闭“设置坐标轴格式”对话框。

4）柱子的美化。

（1）柱子间距的美化。将两个柱子之间的距离小于柱子的宽度的方法为：双击任意一根柱子，在弹出的对话框“设置数据系列格式”中，将“分类间距”调为80%，最后单击“关闭”按钮，关闭“设置数据系列格式”对话框。

（2）数值字体的美化。数值的字体为Arial，字号为12磅，不加粗。

（3）柱子颜色的美化。对柱子默认的蓝色进行修改，双击任意一根柱子，在弹出的对话框“设置数据系列格式”中，将“填充”设置为“纯色填充”，单击“颜色”的下拉箭头，选择“其他颜色”选项，在弹出的对话框“颜色”中选择“自定义”选项卡，在“红色（R）”“绿色（G）”和“蓝色（B）”的方框中，依次填入数字0、158和219，再单击“确定”按钮，关闭“颜色”对话框，最后单击“关闭”

按钮，关闭“设置数据系列格式”对话框。

5）折线的美化。

（1）数值字体的美化。数值的字体为Arial，字号为12磅，不加粗。

（2）数值位置的美化。将数值的位置改为靠下的方法为：双击折线图上的任意一个数值，在弹出的对话框“设置数据标签格式”中，将“标签位置”由“靠右”改为“靠下”，单击“关闭”按钮，关闭“设置数据标签格式”对话框。

（3）折线颜色等的美化。对默认的折线颜色进行修改，将数据标记等进行美化的方法为：双击折线，在弹出的对话框“设置数据系列格式”中，依次单击相应的选项，其操作过程如下。

①先选择“数据标记选项”选项，单击“内置”单选按钮，选择“类型”为圆形，选择“大小”为“8”。

②再选择“数据标记填充”选项，选择“纯色填充”，单击“颜色”的下拉箭头，选择“其他颜色”选项，在弹出的对话框“颜色”中选择“自定义”选项卡，在“红色（R）”“绿色（G）”和“蓝色（B）”的方框中，依次填入数字255、192和0，最后单击“确定”按钮，关闭“颜色”对话框。

③再选择“线条颜色”选项，选择“实线”，单击“颜色”的下拉箭头，选择“其他颜色”选项，在弹出的对话框“颜色”中选择“自定义”选项卡，在“红色（R）”“绿色（G）”和“蓝色（B）”的方框中，依次填入数字162、216和255；最后单击“确定”按钮，关闭“颜色”对话框。

④再选择“线型”选项，将线型的“宽度”设为3磅。

⑤再选择“标记线颜色”选项，选择“无线条”。

⑥最后，单击“关闭”按钮，关闭“设置数据系列格式”对话框。

6）外边框、网格线和图例的美化。

（1）外边框的美化。删除外边框的方法为：双击柱形图的外边框，在弹出的对话框“设置图表区域格式”中，将“边框颜色”设置为“无线条”，单击“关闭”按钮，关闭“设置图表区域格式”对话框。

（2）网格线的美化。删除网格线的方法为：右击网格线，在弹出的快捷菜单中选择“删除”选项。

（3）移动图例位置的方法为：双击图例，在弹出的对话框“设置图例格式”中，设置“图例选项”为“靠上”，单击“关闭”按钮，关闭“设置图例格式”对话框。

3. 柱线图来源区的美化

来源和制图者名称的文字，字体为微软雅黑，字号为10磅，不加粗。

柱线图经过美化，结果如图7-3所示。

7.3 画柱线图的技巧

7.3.1 技巧1：PPT中的动态柱线图

让柱线图在演示文稿（PPT）中“舞蹈”，这就是常讲的动态柱线图。

演示文稿中的柱线图，可以在演示文稿中画，画法与在电子文档中的画法一样，也可以直接将电子文档中画好的柱线图直接复制并粘贴到演示文稿中。本节采用后面这种方法。动态柱线图的设置，可以用演示文稿现有的动画按钮进行设置，也可以用演示文稿之外的动画模板进行设置。本节介绍前一种方法。

以图7-3为例，用演示文稿现有的动画按钮设置动态柱线图，结果如图7-11所示。

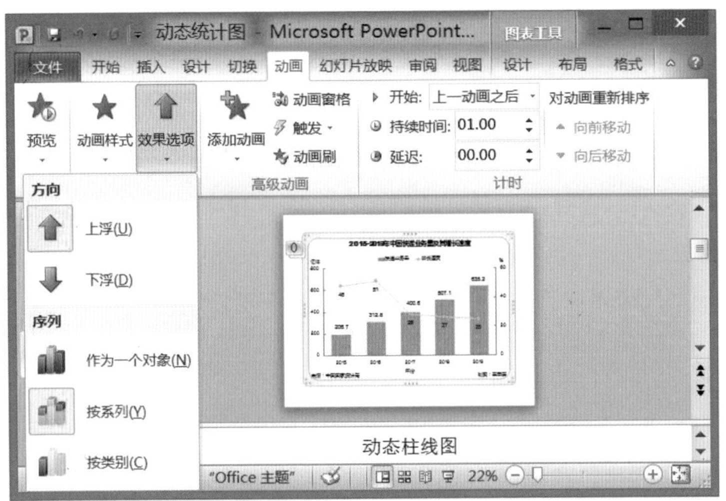

图7-11 动态柱线图的画法

结合图7-11，画动态柱线图的基本步骤如下。

第1步，准备柱线图。

右击图7-3中的柱线图，在弹出的快捷菜单中选择“复制”选项。双击打开一张空白的演示文稿，在弹出的快捷菜单中选择“粘贴选项”命令下的第二个按钮，即“保留源格式和嵌入工作簿”按钮。

为美观起见，为有更好的演示效果，对复制到演示文稿中的柱线图，可以拖动其右下角的双向箭头，把柱线图放大。同时调整文字和数字的字号。

单击演示文稿中的柱线图，任务栏会出现“图表工具”。所有画图操作，与在电子文档中的一样，比如，在电子表格中更新数值，演示文稿中的柱线图也会跟着变化。

第2步，设置柱线图的动画效果。

单击柱线图，再选择“动画”选项卡，在“高级动画”这一组单击“添加动画”的下拉按钮，选择“浮入”选项。在“动画”这一组单击“效果选项”的下拉按钮，这时，就出现了若干动画效果的按钮。

比如，设置先让柱形图由下往上升起，再让折线图由下往上升起的方法为：在默认的“上浮”方向中，单击“按系列”按钮，在“计时”这一组单击“开始”的下拉按钮，选择“上一动画之后”选项。

第3步，设置好以后，单击“幻灯片放映”按钮。这时，两个系列即柱线图和折线图，就按规定动作跳动了。

7.3.2 技巧2：让折线飞起来

在柱线图中，折线可以自由地飞上和飞下。有意思的是，折线在飞翔的时候，柱形图纹丝不动，而折线保持原有的姿势，沿着柱形图上下平移。

画柱线图的时候，一般是让折线向上飞起，这是为了让柱线图看起来更好看。

起飞前的折线图和起飞后的折线图如图7-12和图7-13所示。

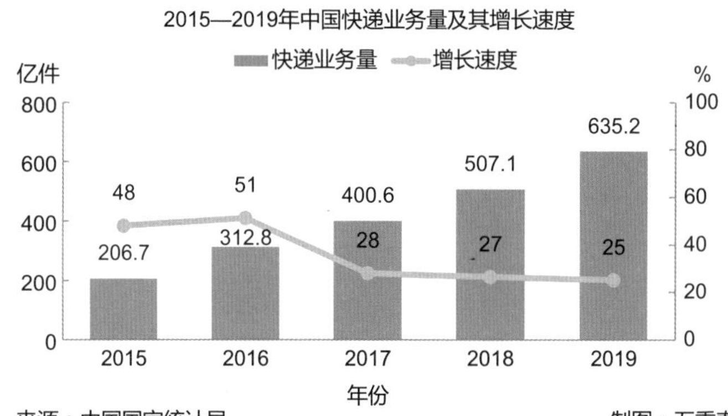

图7-12　起飞前的折线

在图7-12中，柱线图中的折线，虽然姿态放得很低，但的确不美，主要表现在以下两点。

（1）折线扎到柱形图中。

（2）图面布局的平衡失调。在绘图区中，柱子和折线上方的空闲地太多，而柱子和折线挤挤挨挨缩在横轴上方。

在柱线图中，怎样让折线展翅高飞，改变折线的低姿态所带来的不堪？其实，略施小计就可以了。

以图7-12为例，让柱线图中的折线向上飞的方法为：双击次纵轴，在弹出的对话框“设置坐标轴格式”中，将最大值由原先的“100”设置为“60”，再单击“关闭”按钮，关闭“设置坐标轴格式”对话框。

原来如此简单！只要改变次纵轴的刻度值就好了。在修改时，要注意起点值依旧为0；最大刻度值要恰当，最大刻度值要高于折线的最大值，如刻度值为60%大于折线的最大值51%；刻度值的刻度单位以5的倍数为宜；两个纵轴的刻度值，取值的形式要尽量一致，如主纵轴的刻度单位为200，次纵轴的刻度单位为20。

对图7-12中的柱线图进行设置，结果如图7-13所示。

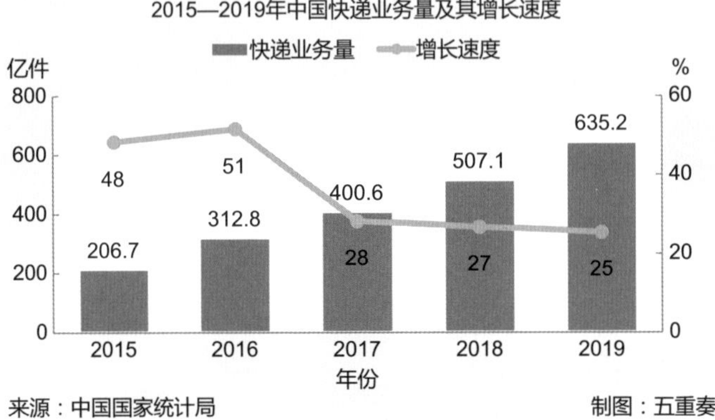

图7-13　起飞后的折线

图7-13这张柱线图，与图7-12相比，折线飞起来了。

在图7-13中，还可以进一步美化，如将计量单位和计量形式放到图例中，将两个纵轴数字的颜色改为与背景色相同，但要保留起点值为0，设置纵轴的线条颜色为“无”。简化后的柱线图结果如图7-14所示。

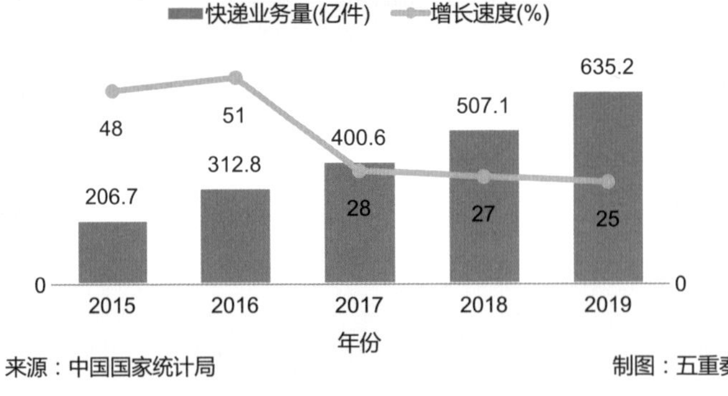

图7-14　简化后的折线

总之，要让柱线图中的折线飞起来，当右边的刻度值越小，不小于最大的百分数时，折线就起飞了。

7.4 画柱线图的误区

纵轴该从0开始的不从0开始

折线该加粗的却超细

柱子和折线上该亮出数值的不亮出数值

话说该做好的不做好就会掉进误区

柱线图是柱形图和折线图的组合图。

在柱线图的王国中，最常见的误区有以下4个。

- 主纵轴和次纵轴上的起点值没有从“0”开始，从而导致图形歪曲的结果。
- 在柱形图中，柱子的宽度要比柱子之间的距离要小，从而给人留下不美观和不专业的感觉。在折线图中，折线的线条过于纤细，给人留下柔弱无依的感觉。
- 柱子上和折线上的数值可以写而没有写，把统计图中的主角“数值”给画丢了。
- 图例摆放在图形的左边或右边，挤占了统计图形的空间，布局既不好看，也不宜于阅读。

7.4.1 画好柱线图的标准

合格柱线图的基本标准见表7-1，供画柱线图时参考。

表7-1 画好柱线图的基本标准

分类	内容
表格区	①审核数据的来源：一手数据是否准确，二手数据是否权威 ②审核数据类型是否适合画柱线图 ③审核数据是否能排序，能排序就排序
标题区	①时间要写全 ②空间要具体 ③向谁调查要写清楚
图形区	①横轴上的分类结果能排序就排序 ②横轴上的分类名称要短不要太长 ③横轴下的标题要写好 ④主纵轴和次纵轴上的刻度值要从0开始 ⑤主纵轴和次纵轴上的计量单位要写好 ⑥柱子和折线上的实际值和预测值要标明
来源区	①数据的来源要写 ②制图者的名称要写

续表

分类	内容
美化区	①统一字体和字号 ②自选颜色要选好 ③横轴上的刻度线要消除 ④纵轴上的刻度线要向内 ⑤纵轴上的刻度值为整数 ⑥柱子的宽度宜大于柱子的间距，折线宜加粗 ⑦网格线和外边框要删除 ⑧图例宜放在总标题的下方

有了画好柱线图的基本标准，画柱线图就有了基本的底气。

7.4.2 误用柱线图的实例

在以下柱线图的实例中，用画好柱线图的标准来看，请问能看到什么？

【例7-1】图7-15所示柱线图来自2013年（第二届）中国中小学生统计图表设计创意大赛获奖作品，请问还有哪些地方需要润色，以求更美?

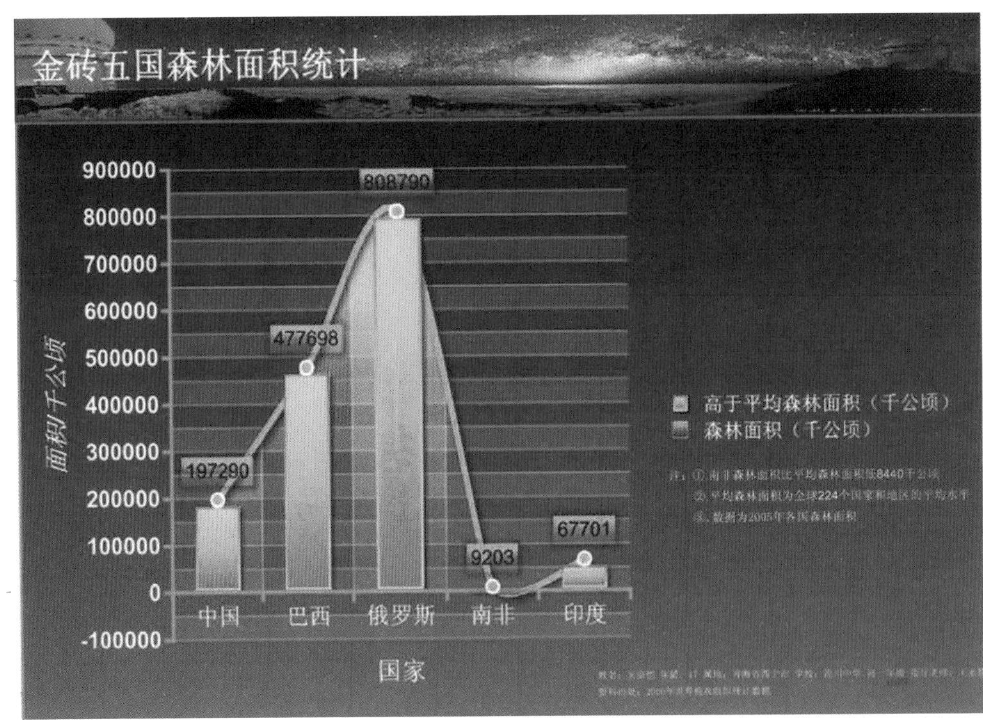

图7-15　学生画的柱线图

简析：图7-15是柱线图。这张柱线图，色彩鲜艳，充满活力。

从色彩来看，美得无可挑剔。

从统计图的规范来看，还要略加修改。

（1）在标题区，写好时间。

（2）在来源区，写好数据的来源和制图者的名称。

（3）在绘图区，数据要先排序再画图。由于按国家名称分类所统计的森林面积的数据属于文本型非顺序数据，国家名称的取值为文字，即南非、印度、中国、巴西、俄罗斯，因此，数据应按由小到大的顺序排列，柱线图的柱子由低到高排列。

（4）在美化区，总标题最好居中；柱形图的计量单位要放在纵轴的上方，不要放在纵轴的左侧，用“千公顷”来表达；计量单位最好由“千公顷”化为“亿公顷”，这样便方便阅读；横轴的刻度线可以删除，纵轴的刻度线可以向内；第一个数据系列“高于平均森林面积”的数值应显示；图例一般不带计量单位。如果删除纵轴，则图例可以带计量单位。图例的位置最好在总标题的下方。

【例7-2】图7-16所示柱线图来自中国报关协会开放经济研究院推送的文章“海关统计数据中的外资企业画像”，请问柱线图中有哪些地方要修改？

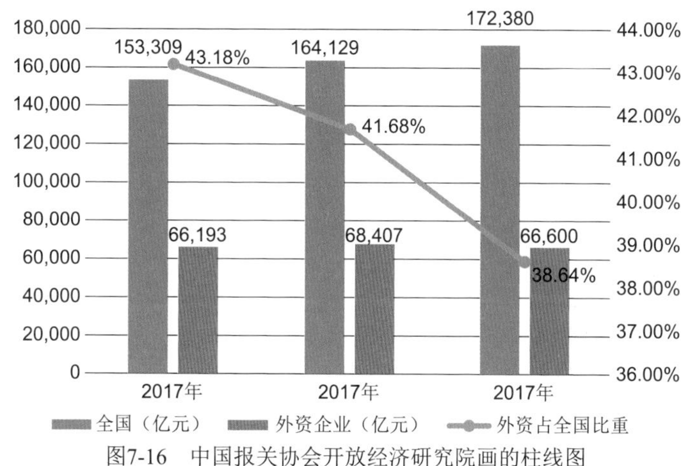

图7-16 中国报关协会开放经济研究院画的柱线图

简析：图7-16是柱线图。这张图的主要特色是颜色清爽，布局落落大方，标示的数值让人一目了然，计量单位写在图例中也很有创意。

在柱线图中，需要修改的地方主要有以下几点。

（1）在标题区，将放在柱线图外的标题“图1 2017—2019年外资企业与全国出口额对比图”放在柱线图内，标题应与柱线图合为一体。将原标题中的“全国”改为“中国”，在“外资企业”前面添加“中国”两个字。

（2）在绘图区，特别是在图例中，要把指标名称和计量单位写全，将“全国（亿元）”改为“中国出口额（亿元）”，将“外资企业”改为“中国外资企业出口额（亿元）”，将“外资占全国比重”改为“外资额占中国出口额比重（%）”。

（3）在来源区，添加数据来源和制图者名称。

（4）在美化区，网格线可以删除；柱子之间的间距可以缩小；左纵轴上的计量单位可以改为“万亿元”，数值当然也相应变化，这样更宜于阅读；右纵轴上的数字，用整数，既不要百分号，也不要保留小数。右纵轴上和折线上的两串“%”要删除，可以把一个“%”放在相应的图例中。

在柱线图内，在来源区的下面，写好标注，即“注：本文所有金额均按人民币计”。

各大媒体画的统计图，都有自己的风格。不管是怎样的风格，只要数据语言的各大要素都具备，只要阅读者能够理解和喜欢，这样就好。

○模仿秀

看视频 画柱线图

视频：BTV-春节票房背后的冷热思辨（时长：1分35秒）

模仿：画一个视频中的柱线图。

视频播放到39秒时出现的柱线图如图7-17所示。

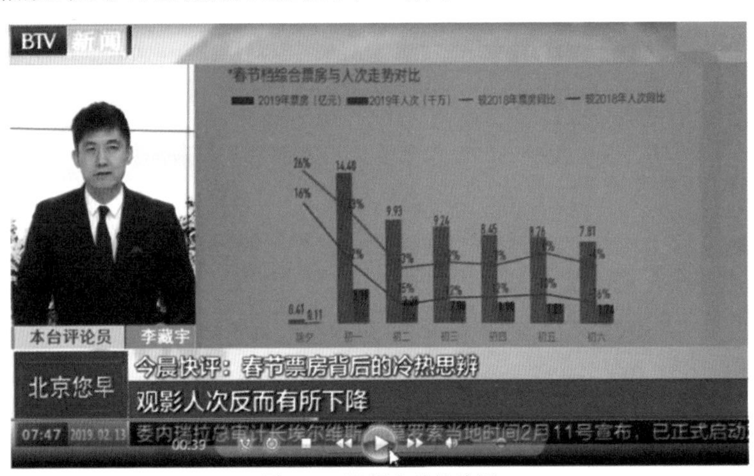

图7-17　视频中的柱线图

开工！画柱线图的统计表如图7-18所示。

	A	B	C	D	E
1	**2019年中国春节票房的统计表**				
2	时间	2019年票房(亿元)	2019年人数(千万人次)	较2018年票房同比(%)	较2018年票房环比(%)
3	除夕	0.41	0.11	26	16
4	初一	14.40	3.19	13	-2
5	初二	9.93	2.20	-3	-15
6	初三	9.24	2.05	-2	-12
7	初四	8.45	1.90	-3	-12
8	初五	8.26	1.81	0	-10
9	初六	7.81	1.74	-4	-16
10	来源：CBO中国票房				

图7-18　模仿画柱线图用的统计表

用图7-18的数据画的柱形图如图7-19所示。

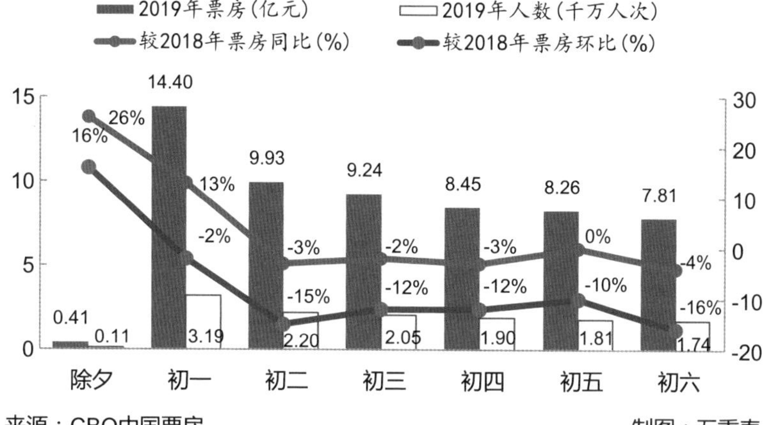

图7-19　模仿图7-15画的柱线图

图7-19是模仿图7-17画的柱线图。柱线图有4个系列，两个系列为柱形图，两个系列为折线图。新图与原图相比，颜色相同，紫色柱子的RGB值为（112,77,211），深红柱子的RGB值为（192,0,0），红色折线的RGB值为（112,77,211），紫色折线的RGB值为（192,80,77），但新图添加了标题区和来源区。

在电子表格中画好统计表。画统计表时，要按照视频中图例的先后顺序，录入数值，如第一个图例代表第一个数据系列，在表格的数据区域放在第一列，本表为B列。

在Word电子文档中画好柱线图。画柱线图时，先把4个数据系列画成4个柱形图，然后利用“设置数据系列格式”工具，将后面两个柱形图设置在“次坐标轴”上，再“更改系列图表类型”为折线图。

美化柱线图的小技巧，随记如下。

（1）图形的美化。要呈现正常的图形，就要注意刻度值的设置，不能低于实际值，也不要超过实际值太多，如果刻度值超过实际值太多，就会矮化图形。

（2）数值的美化。要呈现清晰的数值，可以将第一个柱形图的数值各自描在柱子上方的方框中，将第二个柱形图的数值各自钻进白色填充的柱形框中。

（3）纵轴的美化。如果不要纵轴出现，在白色的背景下，可以将纵轴的信息设置为白色，而使用删除命令删除纵轴会使柱线图变形。但本图最好保留纵轴，这样会让阅读更轻松。

（4）图例的美化。这个柱线图的图例有点长，如果要让4个图例在同一行呈现，则可以用调小字号的形式来实现，而如果要让4个图例分两行呈现，则可以调大字号，这样看得更清楚。

○扫码读美文

阅读过程请留心文中数据，并试着将其落实为统计图。

第8章 玩转统计图：条形图

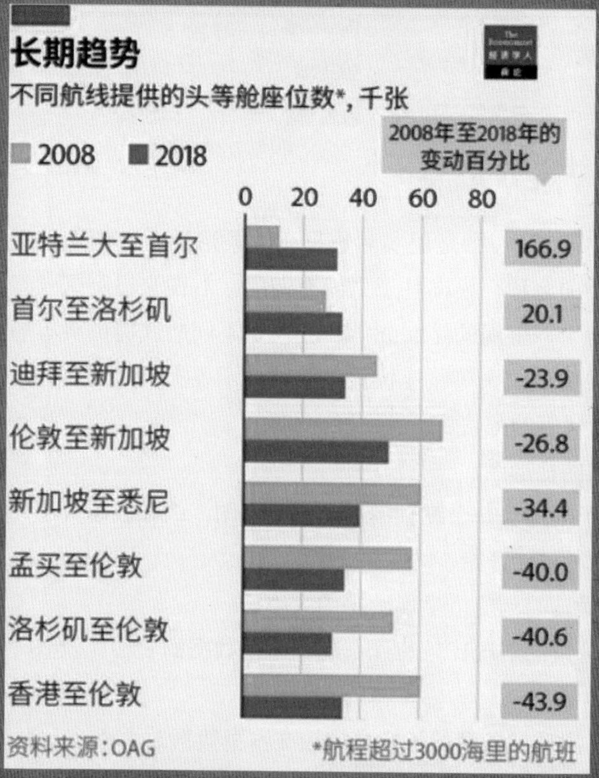

长期趋势

不同航线提供的头等舱座位数*，千张

2008 2018

0 20 40 60 80

航线	2008年至2018年的变动百分比
亚特兰大至首尔	166.9
首尔至洛杉矶	20.1
迪拜至新加坡	-23.9
伦敦至新加坡	-26.8
新加坡至悉尼	-34.4
孟买至伦敦	-40.0
洛杉矶至伦敦	-40.6
香港至伦敦	-43.9

资料来源：OAG

*航程超过3000海里的航班

The Economist 经济学人 商论

8.1 条形图简介

定义：条形图是指用横向矩形的长短来呈现数据大小的统计图，用于显示数据变化或说明各项之间的比较情况。

举例：条形图如图8-1所示。

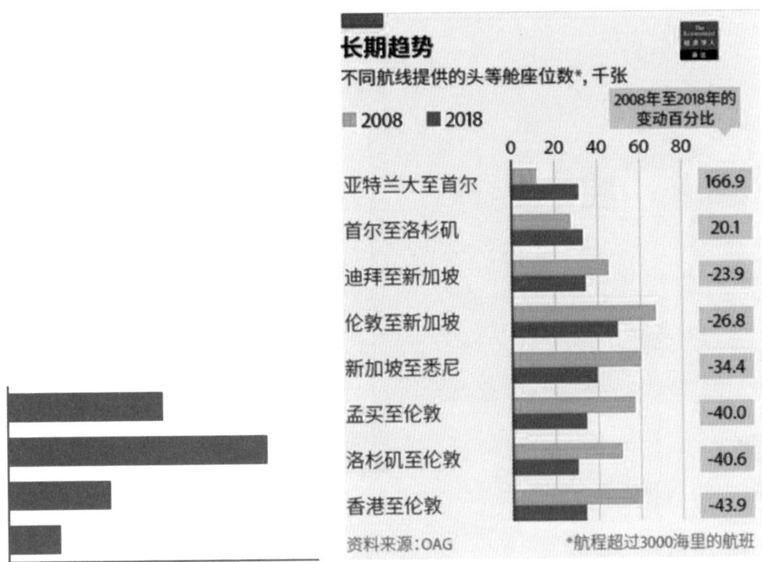

图8-1　条形图

在图8-1中，左图是条形图的图形，右图是用实际数据画的条形图。左图从外观看，横轴表示数值，纵轴表示分类的名称，横向柱子之间有间隔。右图来自英国《经济学人》杂志，标题为“长期趋势”，呈现的是2008年和2018年不同航线提供头等舱座位数的变化。横轴表示不同航线提供的头等舱座位数，纵轴表示各大航线的名称。这张条形图，最好能显示各条形所代表的数值。

特点：条形图的形状如同放倒的柱形图。

- 画图空间的二维性。在一个横轴与一个纵轴围成的空间画图，纵轴表示分组，横轴表示数据。横轴的起点值从0开始。
- 呈现数据的一维性。只用横轴的刻度值呈现数据的大小。
- 数据分组的独特性。纵轴分组的情况比较特殊，即文本型数据的名称比较长。柱子之间有间隔。

用法：用于比较数据的大小，用横向条形的长短来比较文本型数据的大小。

说法：用文字说明条形图时，也就是看条形图说话时，写作的基本套路如下。

首先，要拟好标题，写好时间、空间和统计对象，也可以提炼图中的核心内容拟好标题。

其次，开头的文字，应指出这是条形图，图中主要说明了什么内容。

然后，中间的文字，结合具体数据说明条形图。说明的内容，包括数据的特点，在可比性的前提下，指出最高点和最低点、起点和终点，比较大小之后，指出差异的最高点与最低点。

比较：条形图和柱形图的比较如图8-2所示。

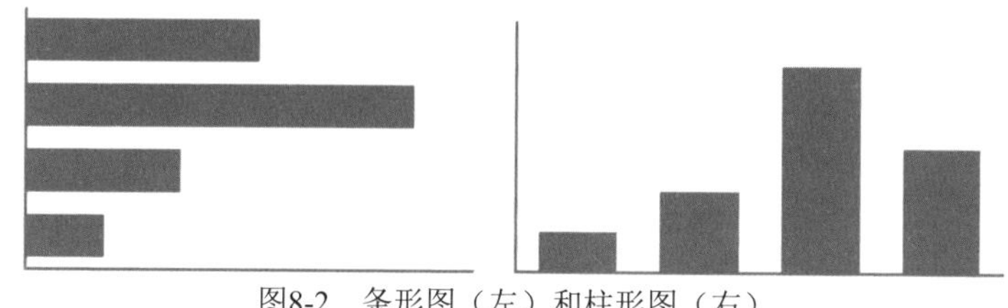

图8-2　条形图（左）和柱形图（右）

在图8-2中，左图是条形图的图形，右图是柱形图的图形。从外观看，两者神似，条形图如同柱形图倒过来的模样，条形图的横轴对应柱形图的纵轴，用于显示数值；条形图的纵轴对应柱形图的横轴，用于显示分类名称。从运用看，当柱形图的分类名称过长时，用条形图更合适，因为画面会更美。

8.2　条形图的画法

在条形图中，从柱子的长短可以看出数值的大小。柱子越长，数值越大。比较数值的大小，看出最大值和最小值，看出数值之间的关系。从外貌来看，条形图是倒放的柱形图；从运用条件来看，当分类的结果比较长时，用条形图比较适合，画出来的图更清爽。条形图如图8-3所示。

看图说话：由图8-3可见，从2015年到2019年，在这五年的时间里，5位诺贝尔文学奖得主的年事已高，平均年龄高达68岁，最小的已年过五旬，有56岁，而最大的已年过七旬，有77岁。5位获奖者，50岁以上的有1人，60岁以上和70岁以上的各有2人。

诺贝尔文学奖，由瑞典文学院颁发，由瑞典人诺贝尔于1895年设立。诺贝尔文学奖颁给“在文学方面创作出具有理想倾向的最佳作品的人”。历届诺贝尔文学奖，大多颁奖给银发老人。常言道，“艺术来源生活，又高于生活。”年长者获奖，也许他们的人生阅历更为丰富，生活更有感悟，目光更为细腻和长远，思考更为细致和深邃，所以文笔更为老道，笔力更为厚重，字里行间才更有撼动人心的力量。

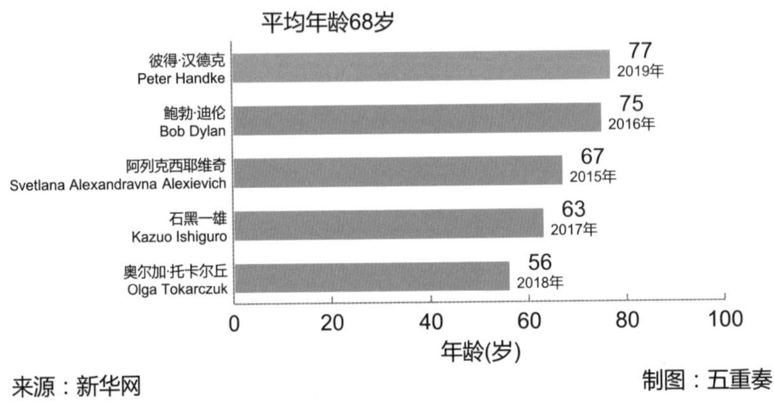

图8-3　规范的条形图

接下来，以图8-3为例，详解画条形图的步骤，即画图前的准备、条形图的规范和美化。

8.2.1　第1步，画图前的准备

1. 审核数据

来源的审核。这组年龄数据，来源权威，来源于新华网。

计算结果的审核。数据为个体数据，只有一个系列，计算结果通过审核。

2. 选择统计图

根据数据类型，选择统计图。已知2015—2019年诺贝尔文学奖获奖者的获奖年份、姓名和年龄。由于姓名比较长，所以可以选择条形图。根据条形图中柱子的长短，比较年龄的大小。

3. 画好统计表

根据画表的规则，画好统计表，再画条形图。

由于姓名为文本型非顺序数据，所以要按年龄的大小先排序，再画条形图。

打开电子文档，在任务栏选择“插入”选项卡，在“插图”这一组选择“图表”选项，在弹出的对话框“插入图表”中选择条形图，单击“确定”按钮，关闭“插入图表”对话框。这时，电子表格中默认的统计表和电子文档中默认的条形图就双双“蹦”出来了。

在电子表格中，默认的统计表如图8-4所示。

	A	B	C	D	E
1		系列 1	系列 2	系列 3	
2	类别 1	4.3	2.4	2	
3	类别 2	2.5	4.4	2	
4	类别 3	3.5	1.8	3	
5	类别 4	4.5	2.8	5	
6					

图8-4　默认的统计表

在图8-4中，默认的画条形图的统计表显示，有4个类别和3个系列。将其中统计表的数据替换成诺贝尔文学奖获奖者姓名和年龄的数据，删除多余的类别和系列，结果如图8-5所示。

	A	B	C
1	**2015—2019年世界诺贝尔文学奖5位得主获奖时的年龄**		
2	获奖年份	姓名	获奖时的年龄（岁）
3	2018	奥尔加·托卡尔丘 Olga Tokarczuk	56
4	2017	石黑一雄 Kazuo Ishiguro	63
5	2015	阿列克西耶维奇 Svetlana Alexandravna	67
6	2016	鲍勃·迪伦 Bob Dylan	75
7	2019	彼得·汉德克 Peter Handke	77
8	来源：新华网		
9		平均年龄（岁）	68

图8-5　画条形图的统计表

在图8-5中，如果电子表格中的数据有变化，那么电子文档中条形图的大小也会跟着变化，两者是互动的关系。

8.2.2　第2步，条形图的规范

在电子文档中，默认的条形图如图8-6所示。

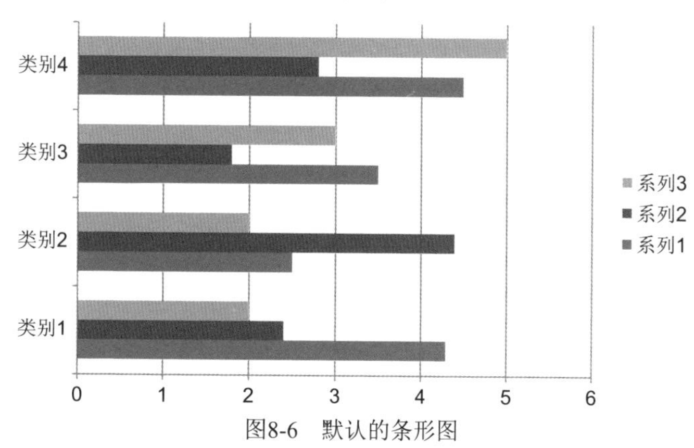

图8-6　默认的条形图

图8-6为默认的条形图，与默认的图8-4的数据相匹配。将默认的数据替换成实际的数据，默认的条形图就变化了。用图8-5的实际数据画的条形图，结果如图8-7所示。

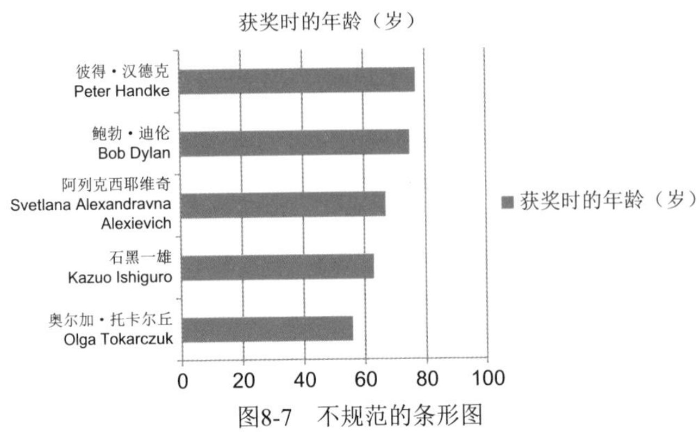

图8-7　不规范的条形图

图8-7为不规范的条形图。这张图看起来是条形图的模样，但离有模有样的要求相差太远。这张统计图，不规范的地方，可以说是从上到下、从左到右、从里到外，都触犯了统计图的基本规范，也就是说，如同没有写对字一样，这张条形图也没有画对。哪些地方没有画对呢？添加统计图的基本要素后，结果如图8-8所示。

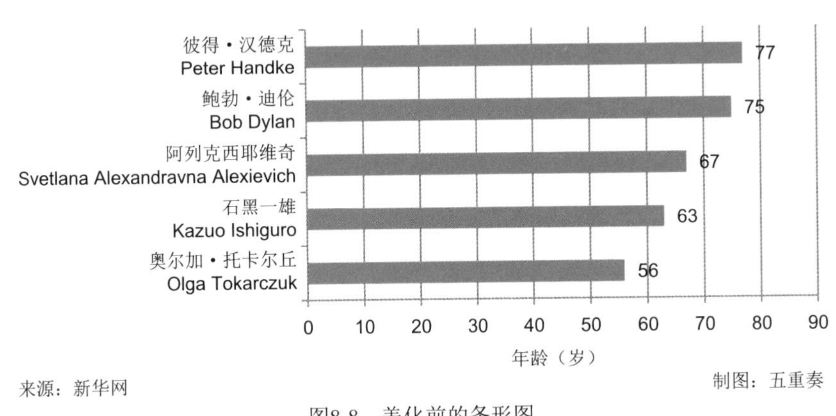

图8-8　美化前的条形图

从不规范的图8-7到没有美化的图8-8，要在标题区、绘图区和来源区进行修改。

1. 条形图标题区的规范

目标：写好标题。

内容：添加时间、空间和数据的名称。

操作：将原标题“获奖时的年龄（岁）”改为“2015—2019年世界诺贝尔文学奖5位得主获奖时的年龄偏高”。新标题具备了时间（2015—2019年）、空间（世界）、数据的名称（年龄）这三个基本要素，“偏高”是对这组数据特点的文字提炼。为了对年龄“偏高”有具体印象，在正标题的下方，添加文字“平均年龄68岁”，文字的字号为10磅，不加粗。

2. 条形图绘图区的规范

目标：添加画图元素。

内容：删除图例，添加数值、年份和横轴标题。

操作：

（1）删除图例。右击图例，在弹出的快捷菜单中选择“删除”选项。本例只有一个系列的统计图，图例的存在成为了多余，因为图中对“获奖时的年龄（岁）”有了说明，如标题中显示了“获奖时的年龄”，坐标轴标题上显示了计量单位“岁”。

（2）添加数值。右击任意一个柱子，在弹出的快捷菜单中选择“添加数据标签”选项，这时，所有条形柱子右侧的数值就齐整地出现了。

（3）添加年份。单击任意一个数值，单独选中这个数值，按回车键，输入相应的获奖年份，字号为8磅。单击任意一个数值，在工具栏，在“段落”这一组单击“段落”的下拉箭头，在弹出的对话框“段落”中，在“行距”中选择“固定值”，“设置值”为10磅，最后单击“确定”按钮，关闭“段落”对话框。

（4）添加横轴标题。单击条形图，选择“图表工具-布局”选项卡，在“标签”这一组单击“坐标轴标题”的下拉箭头，在“主要横坐标轴标题”下选择“坐标轴下方标题”，将默认的文字“坐标轴标题”改为“年龄（岁）”。

3. 条形图来源区的规范

目标：添加来源区。

内容：添加数据来源和制图者的名称。

操作：

（1）单击条形图，在任务栏的“图表工具”中选择“布局”选项卡。

（2）在“插入”这一组选择“绘制文本框”选项，在来源区的位置添加文本框，在文本框中添加文字，即在来源区的左边位置添加文字“来源：新华社”，在来源区的右边位置添加文字“制图：五重奏”。

8.2.3 第3步，条形图的美化

主标题“2015—2019年世界诺贝尔文学奖5位得主获奖时的年龄偏高”，字体为微软雅黑，字号为12磅，加粗。

1. 条形图标题区的美化

主标题“2015—2019年世界诺贝尔文学奖5位得主获奖时的年龄偏高”，字体为微软雅黑，字号为12磅，加粗。

2. 条形图绘图区的美化

在条形图中，绘图区的美化要点如图8-9所示。

绘图区的美化

横轴标题的美化

横轴的美化

纵轴的美化

横向柱子的美化

其他美化

图8-9 条形图绘图区的美化要点

1）横轴标题的美化。横轴的标题“年龄（岁）”，字体为微软雅黑，字号为10磅，不加粗。

2）横轴的美化。

（1）数字的美化。数字的字体为Arial，字号为10磅，不加粗。

（2）刻度线和刻度值的美化。将刻度线改为向内，将最大值改为100，将刻度单位改为20的方法为：双击横轴，在弹出的对话框“设置坐标轴格式”中，将“主要刻度线类型”由“外部”改为“内部”，将“最大值”由“90”改为“100”，将“主要刻度单位”由“10”改为“20”，最后单击“关闭”按钮，关闭“设置坐标轴格式”对话框。

3）纵轴的美化。

（1）文字的美化。分类的文字，字体改为微软雅黑，字号为10磅，不加粗。

（2）刻度线的美化。消除刻度线的方法为：双击纵轴，在弹出的对话框“设置坐标轴格式”中，将“主要刻度线类型”由“外部”改为“无”，最后单击“关闭”按钮，关闭“设置坐标轴格式”对话框。

4）横向柱子的美化。

（1）柱子间距的美化。将两个柱子之间的距离小于柱子的宽度的方法为：双击任意一根柱子，在弹出的对话框“设置数据系列格式”中，将“分类间距”调为80%，最后单击“关闭”按钮，关闭“设置数据系列格式”对话框。

（2）数值字体的美化。数值的字体为Arial，字号为12磅，不加粗。

（3）柱子颜色的美化。对默认的蓝色柱子进行修改；双击任意一根柱子，在弹出的对话框“设置数据系列格式”中，将“填充”设置为“纯色填充”，单击“颜色”的下拉箭头，选择“其他颜色”选项，在弹出的对话框“颜色”中选择“自定义”选项卡，在“红色（R）”“绿色（G）”和“蓝色（B）”的方框中，依次填入数字0、158和219，再单击“确定”按钮，关闭“颜色”对话框，最后单击“关闭”按钮，关闭“设置数据系列格式”对话框。最上面这根柱子的RGB值设置为（232,149,124）。

5）其他的美化。

（1）外边框的美化。删除外边框的方法为：双击条形图的外边框，在弹出的对话框“设置图表区域格式”中，将“边框颜色”设置为“无线条”，最后单击“关闭”按钮，关闭“设置图表区域格式”对话框。

（2）网格线的美化。删除网格线的方法为：右击网格线，在弹出的快捷菜单中选择“删除”选项。

3. 条形图来源区的美化

来源和制图者名称的文字，字体为微软雅黑，字号为10磅，不加粗。

条形图经过美化，结果如图8-3所示。

8.3 画条形图的技巧

8.3.1 技巧1：PPT中的动态条形图

让条形图在演示文稿（PPT）中跳舞，这就是常讲的动态条形图。

演示文稿中的条形图，可以在演示文稿中画，画法与在电子文档中的画法一样，也可以直接将电子文档中画好的条形图直接复制并粘贴到演示文稿中。本节采用后面这种方法。

动态条形图的设置，可以用演示文稿现有的动画按钮进行设置，也可以用演示文稿之外的动画模板进行设置。这里推送前一种方法。

以图8-3为例，用演示文稿现有的动画按钮设置动态条形图，结果如图8-10所示。

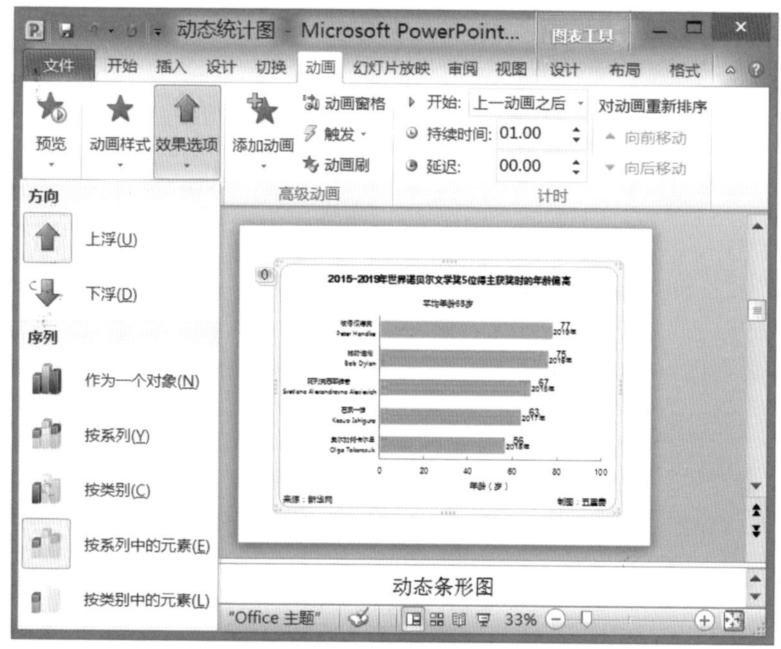

图8-10　动态条形图的画法

结合图8-10，画动态条形图的基本步骤如下。

第1步，准备条形图。

右击图8-3中的条形图，在弹出的快捷菜单中选择“复制”选项，双击打开一张空白的演示文稿，在弹出的快捷菜单中单击“粘贴选项”命令下的第二个按钮，即“保留源格式和嵌入工作簿”按钮。

为美观起见，为有更好的演示效果，对复制到演示文稿中的条形图，可拖动其右下角的双向箭头，把条形图放大。同时调整文字和数字的字号。

单击演示文稿中的条形图，任务栏会出现“图表工具”。所有画图操作，与在电子文档中的一样。比如，在电子表格中更新数值，演示文稿中的条形图也会跟着变化。

第2步，设置条形图的动画效果。

单击条形图，再选择“动画”选项卡，在“高级动画”这一组单击“添加动画”的下拉按钮，选择“浮入”选项。在“动画”这一组单击“效果选项”的下拉按钮，这时，就出现了若干动画效果的按钮。

比如，设置每根柱子从下往上升起的方法，即在默认的“上浮”方向中，单击“按系列中的元素”按钮，在“计时”这一组单击“开始”的下拉按钮，选择“上一动画之后”选项。

第3步，设置好以后，单击“幻灯片放映”按钮。这时，条形图中的每一根柱子，就按捺不住地开始“表演”了。

8.3.2 技巧2：旋风图的画法

旋风图属于条形图，因两个数据系列的条形图共用一根纵轴，一个数据系列向左，一个向右，形貌如同鸟儿迎风张开双翼，所以人称“旋风图”。

旋风图可以用来比较多个主体的两类构成比。比如，比较多个公司男女人数的构成比，比较多国男女人数的构成比，如果要画饼图，那么就要画多个图，但是如果用旋风图来画，就能一图完成，清爽呈现。旋风图如图8-11所示。

中国六次人口普查的男女人数构成

	男性占比(%)	女性占比(%)
第一次1953年	52	48
第二次1964年	51	49
第三次1982年	51	49
第四次1990年	52	48
第五次2000年	52	48
第六次2010年	51	49

来源：中国国家统计局　　制图：五重奏

图8-11　旋风图

画图8-11的基本步骤如下。

第1步，插入条形图。打开电子文档，在任务栏选择“插入”选项卡，在“插图”这一组单击“图表”按钮，在弹出的“插入图表”对话框中选择第一款“条形图”，单击“确定”按钮，关闭“插入图表”对话框。

第2步，录入数据。与电子文档中的统计图同时蹦出来的，还有电子表格中的统计表。

在电子表格中，录入数据的结果如图8-12所示。

	A	B	C
1	中国六次人口普查的男女人数构成		
2	序次	女性	男性
3	第六次 2010年	49	51
4	第五次 2000年	48	52
5	第四次 1990年	48	52
6	第三次 1982年	49	51
7	第二次 1964年	49	51
8	第一次 1953年	48	52
9	来源：中国国家统计局		

图8-12　画旋风图的统计表（左）和宣传画（右）

画条形图时，请注意画条形图的统计表的布局。在图8-12的统计表中，“第六次2010年”是分类项的第一项，在条形图中是最后一项。

默认的条形图也随录入的数据变化，结果如图8-13所示。

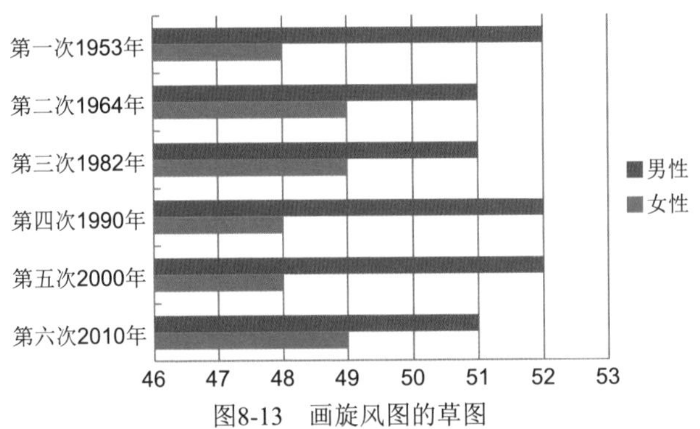

图8-13　画旋风图的草图

第3步，关闭电子表格，在电子文档中，修改图8-13。

（1）在标题区，添加标题。

（2）在来源区，添加来源。

（3）在绘图区，走稳以下4步。

①设置次坐标轴。双击任意一根红色柱子，即男性占比的数据系列，在“设置数据系列格式”对话框中选择“次坐标轴”单选按钮，单击“关闭”按钮，关闭对话框。

②选择“逆序刻度值”，修改刻度值。双击上面的横轴，在“设置坐标轴格式”对话框中，将最小值和最大值分别设置为“-100”和“100”，选择“逆序刻度值”复选按钮，单击“关闭”按钮，关闭对话框。

③修改刻度值。双击下面的横轴，在“设置坐标轴格式”对话框中，将最小值和最大值分别设置为“-100”和“100”，单击“关闭”按钮，关闭对话框。

④美化条形图。将上面的横轴删除，将下面的横轴设置为白色，消除刻度线，删除网格线和外边框，将柱子的间距设置为60%，将柱子的填充色改为白色，将柱子的边框颜色改为绿色，改变默认的颜色、字体和字号。同时，删除图例，将“坐标轴标题”的文字改为“男性占比（%） 女性占比（%）”，并移到标题区和绘图区之间。

设置好以后，结果如图8-11所示。

8.4　画条形图的误区

数据该排序的不排序
横轴该从0开始的不从0开始
柱子上该亮出数值的不亮出数值
话说该做好的不做好就会掉进误区

条形图是倒着放的柱形图，与柱形图相近，在条形图的世界中，最常见的误区也有以下4个。

- 能排序而没有先排序，导致不能顺畅地呈现。对于文本型非顺序的数据，要先按由小到大的升序排列，然后再画图。
- 横轴上的起点值没有从“0”开始，从而导致图形歪曲的结果。
- 柱子的宽度要比柱子之间的距离还小，从而给人留下不美观和不专业的感觉。
- 柱子上的数值没有写，把统计图中的主角“数值”给画丢了。

除了这4个误区，一不留神，还会跌入其他误区中。

8.4.1 画好条形图的标准

面对条形图，不仅要自己会画，还要会评判别人的画作。评判标准见表8-1。

表8-1 画好条形图的基本标准

分类	内容
表格区	①审核数据的来源：一手数据是否准确，二手数据是否权威 ②审核数据类型是否适合画条形图 ③审核数据是否能排序，能排序就排序
标题区	①时间要写全 ②空间要具体 ③向谁调查要写清楚
绘图区	①纵轴上的分类结果能排序就排序 ②纵轴上的分类名称要短而不要太长 ③横轴下的计量单位要写好 ④横轴上的刻度值要从0开始 ⑤横向柱子上的实际值和预测值要标明
来源区	①数据的来源要写 ②制图者的名称要写
美化区	①统一字体和字号 ②自选颜色要选好 ③横轴上的刻度线要向内 ④纵轴上的刻度线要消除 ⑤横轴上的刻度值为整数 ⑥横向柱子的宽度宜大于柱子的间距 ⑦网格线和外边框要删除 ⑧只有一个数据系列时，图例要删除；有多个数据系列时，要写好图例

8.4.2 误用条形图的实例

在以下条形图的实例中，用画好条形图的标准来看，请问能看到什么？

【例8-1】图8-14所示条形图来自2011年（第一届）中国中小学生统计图表设计创意大赛获奖作品，请问还有哪些地方需要润色，以求更美?

图8-14　学生画的条形图

简析：图8-14是条形图。这张条形图，想象丰富，动感十足。

从美观来看，养眼怡人。在标题区，标题与刻度值彼此呼应；在绘图区，条形图的条形指向为红色箭头，用相应车辆和行人表示出行方式等，构思巧妙。颜色深浅相宜，给人美感。

从统计图的规范来看，可略加修改。

（1）在标题区，写好调查的时间和空间。

（2）在来源区，写好数据的来源和制图者的名称。

（3）在绘图区，数据要先排序再画图。由于按出行方式所统计的人数属于文本型非顺序数据，出行方式的取值为文字，即出租车、私家车、公共交通、步行、自行车等，因此，数据应按由小到大的顺序排列，条形图的条形由低到高排列。同时，数值是主角，数值写大一点可以看得更清楚。条形的长短代表数值的大小，在手动绘画时，一定要把稳量尺，把数值的大小按标准刻度画准确。

【例8-2】图8-15所示条形图来自新京报网，请问要怎么看?

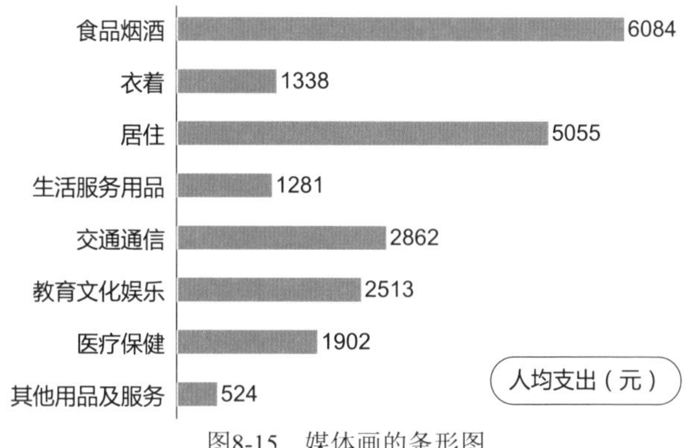

图8-15　媒体画的条形图

简析：图8-15是条形图。这张条形图的颜色淡雅，RGB值为（214,147,120）；文字和数值的设置大方得体，整体给人以一种清爽的感觉。

从统计图的规范来看，以下地方需要修改。

（1）数据要先排序再画图。由于分类数据为文本型非顺序数据，所以要先对数据排序。在条形图中，横向的柱子应这样排列，从上往下，依次为食品烟酒（6084）、居住（5055）、交通通信（2862）、教育文化娱乐（2513）、医疗保健（1902）、衣着（1338）、生活用品及服务（1281）、其他用品及服务（524）。

（2）在标题区，标题要写。条形图所在的原文，虽然有大标题，但每个统计图的标题也要有，不能省略。根据图意，标题可为“2019年中国居民人均消费支出”。

（3）在来源区，添加数据的来源“中国国家统计局”和制图者的名称“新京报”。

○模仿秀

看视频　画条形图

视频：WHO-COVID-19病毒是如何传播的？如何防范（时长：1分30秒）

模仿：图8-13所示是与视频内容相配的条形图。这张条形图与视频一样，均来自世界卫生组织官网。

Source: World Health Organization

图8-16　供模仿的条形图

上面是看视频画条形图的一个示例。

画条形图的统计表如图8-17所示。

	A	B
1	**2020年世界卫生组织区域新冠肺炎疫情累计确诊病例情况比较 截至北京时间：2020年5月23日15时32分**	
2	区域	累计确诊病例（万例）
3	非洲	7.4256
4	西太平洋	17.2667
5	东南亚	17.5521
6	东地中海	38.9588
7	欧洲	196.6244
8	美洲	228.2488
9	总计	506.0764
10	来源：世界卫生组织	

图8-17　模仿画条形图用的统计表

用图8-17的数据画出的条形图如图8-18所示。

2020年世界卫生组织区域新冠肺炎疫情累计确诊病例的分布图

截至欧洲中部时间:2020年5月23日9时32分(北京时间15时32分)

计量单位：万例

来源：世界卫生组织　　　　制图：五重奏

图8-18　模仿图8-16画的条形图

图8-18与图8-16相比，条形图的颜色一样，6根横向柱子的颜色从上往下，其RGB值依次为（255,187,48）、（200,214,91）、（0,174,143）、（82,0,174）、（193,37,146）和（67,137,198）。

图8-18与图8-16相比，两图不一样的地方，主要是将图面文字由英文译成了中文，计量单位由“例”改为“万例”，时间由欧洲中部时间换算成了北京时间，标示了“全球确诊病例累计超过五百万例”，删除了每个数值下面的文字“confirmed cases”即“确诊病例”。

○扫码读美文

阅读过程请留心文中数据，并试着将其落实为统计图。

第9章 玩转统计图：直方图

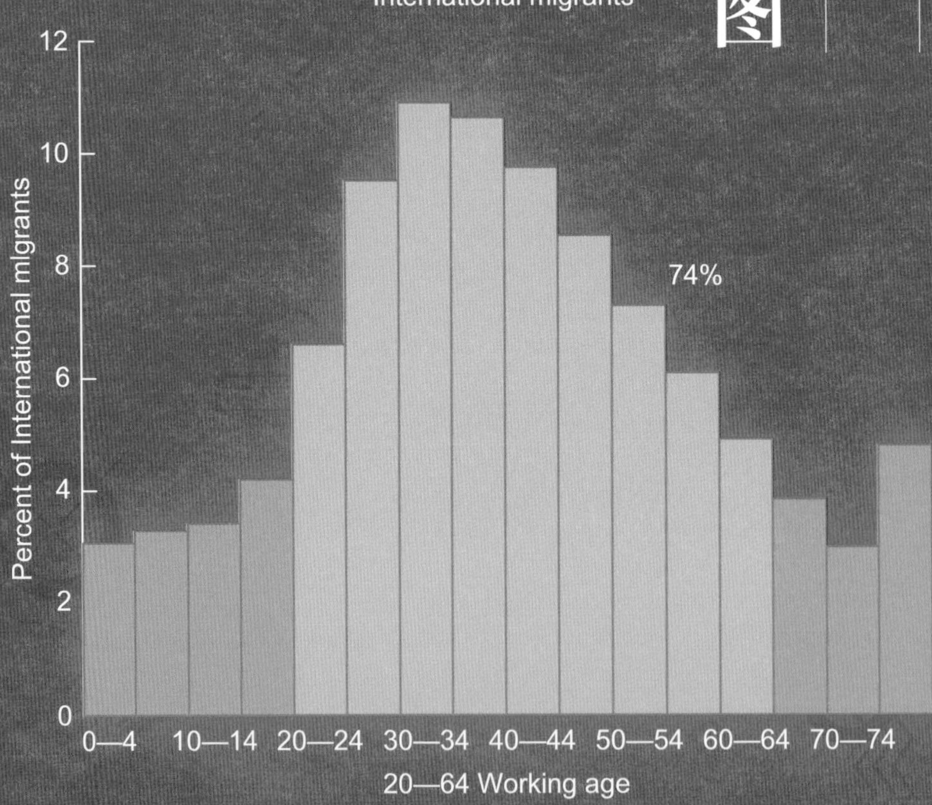

9.1 直方图简介

定义： 直方图是指用宽度相同的纵向条形的长短来表示数据大小的统计图。纵向条形之间没有间隔。

举例： 直方图如图9-1所示。

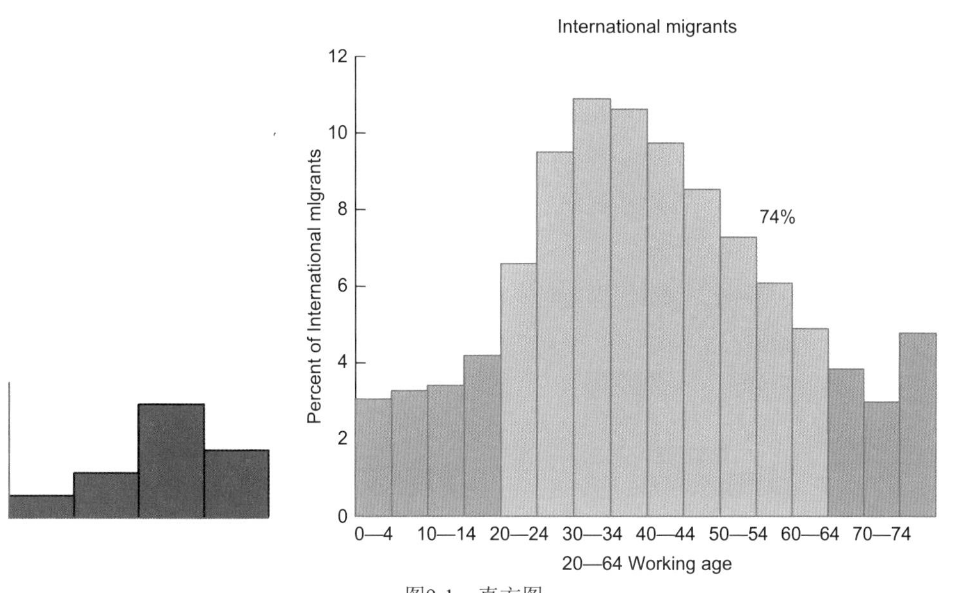

图9-1　直方图

在图9-1中，左图是直方图的图形，右图是用实际数据画的直方图。左图从外观看，横轴表示分类的名称，纵轴表示数值，纵向柱子之间没有间隔。

在图9-1中，左图呈现的是直方图的图形框架。从外观看，横轴上呈现分类的名称，纵轴上呈现数值，纵向矩形之间没有间隔。右图来自搜狐一文“2019全球移民报告出炉！这些数据告诉你移民都偏爱哪里”，数据来源于联合国国际移民组织（IOM，United Nations International Organization for migration）发布的《2018世界移民报告》。这张直方图，标题为“国际移民”，横轴表示“年龄”，纵轴表示“国际移民百分比”，图中的“74%”表示“74%的国际移民正处于20—64岁的工作年龄”。这张直方图，在标题区要写好时间；要添加来源区；在绘图区，要添加百分号“%”等。

特点：

- 画图空间的二维性。在一个横轴与一个纵轴围成的空间画图，横轴表示分组，纵轴表示数据。纵轴的起点值从0开始。

- 呈现数据的一维性。只用纵轴的刻度值呈现数据的大小。
- 适用数据的单一性。适用于数值型连续数据。柱子之间没有间隔。

用法：用于比较数据的大小，用纵向条形的长短来比较数值连续型数据的大小。用于呈现数据分布的状态，可将直方图各条形顶点的中间点相连，画出数据分布的曲线图。

说法：用文字说明直方图，也就是看直方图说话的套路如下。

要拟好标题，写好时间、空间和统计对象，也可以提炼图中的核心内容拟好标题。

开头的文字，应指出这是直方图，图中主要说明了什么内容。

中间的文字，结合具体数据说明直方图。说明的内容，包括数据的特点，在可比性的前提下，指出最高点和最低点、起点和终点。还可以将直方图各条形的顶点的中间点相连，画出分布曲线图，既可以用目测法，直观地看出数据的分布形态，也可以用计算法，计算出偏度和峰度，准确地判断数据的分布形态。数据的分布形态，以正态分布曲线为标准，从偏度来看，有左偏和右偏之分；从峰度来看，有尖峰和平峰之分。

比较：直方图和柱形图的比较如图9-2所示。

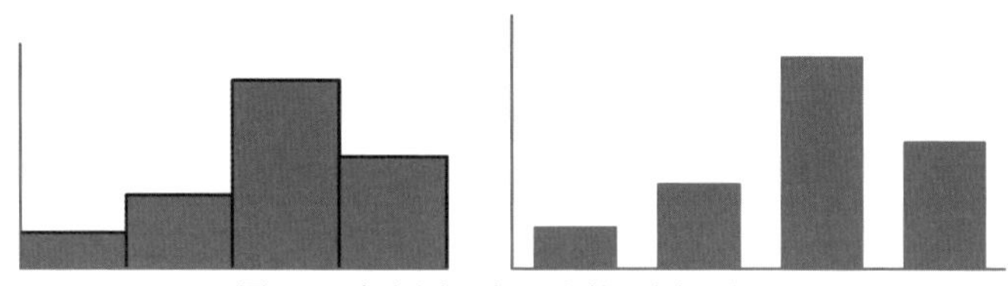

图9-2　直方图（左）和柱形图（右）

在图9-2中，左图是直方图的图形，右图是柱形图的图形。从外观看，两者最明显的区别，就是柱子之间有没有距离。直方图的柱子之间没有距离，柱形图的柱子之间有距离。从选数画图来看，两者的区别也很明显，画直方图的数据只有一类，只能是数值型顺序数据，而画柱形图的数据有多类，唯独不适合画数值型顺序数据。在统计图世界，柱形图总是排第一，这与它的运用广分不开，而直方图排在后，这与它只专情于一类数据有关。

9.2　直方图的画法

在直方图中，从柱子的长短，可以看出数值的大小。柱子越长，数值越大。比较数值的大小，可以看出最大值和最小值，可以看出数值之间的关系。直方图与柱形图的唯一区别，就是柱子之间为零距离。适合画直方图的条件是数值型连续变量。

直方图如图9-3所示。

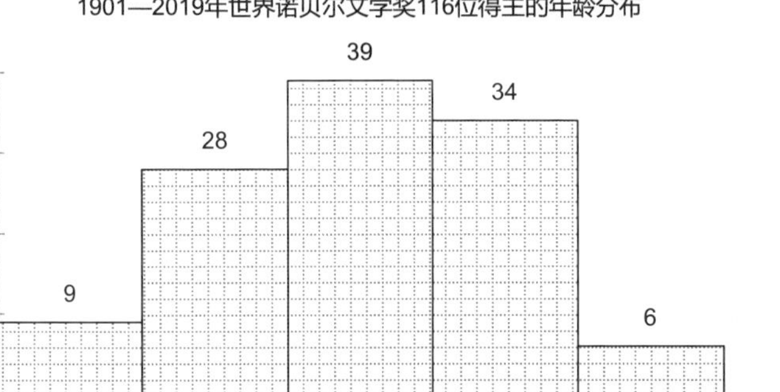

图9-3　规范的直方图

看图说话：由图9-3可见，从1901年到2019年，在这119年的时间里，共有116位作家摘取诺贝尔文学奖的桂冠。在这116位获奖者中，从四五十岁到八九十岁，各个年龄段的都有，但年长者居多，50岁以下的不到一成，50岁以上的超过九成，60岁以上的近七成。具体来看，50岁以下的只有9人，占8%，而60岁以上的有79人，占68%。由此可见，119年，诺贝尔文学奖的116位获奖者，九成以上都是年过半百才获得此殊荣。

接下来，以图9-3为例，详解画直方图的步骤，即画图前的准备、直方图的规范和美化。

9.2.1　第1步，画图前的准备

1. 审核数据

来源的审核。这组年龄数据，来源权威，源于新华网综合。

计算结果的审核。数据为个体数据，只有一个系列，计算结果通过审核。

2. 选择统计图

根据数据类型，选择统计图。1901—2019年世界诺贝尔文学奖获奖者的年龄，年龄为数值型数据，只能选择直方图。

3. 画好统计表

根据画表的规则，画好统计表。

先按年龄分组，将各组的人数排好，再画直方图。

打开电子文档，在任务栏选择“插入”选项卡，在“插图”这一组选择“图表”选项，在弹出的对话框“插入图表”中选择柱形图，单击“确定”按钮，关闭“插入图表”对话框。这时，电子表格中默认的统计表和电子文档中默认的柱形图就双双“跃”出来了。

在电子表格中，默认的统计表如图9-4所示。

在图9-4中，默认的画柱形图的统计表显示，有4个类别和3个系列。将其中统计表的数据替换成诺贝尔文学奖获奖者年龄的分组数据，删除多余的类别和系列，结果如图9-5所示。

	A	B	C	D
1		系列 1	系列 2	系列 3
2	类别 1	4.3	2.4	2
3	类别 2	2.5	4.4	2
4	类别 3	3.5	1.8	3
5	类别 4	4.5	2.8	5

图9-4　默认的统计表

	A	B
1	1901—2019年世界诺贝尔文学奖116位得主的年龄分布	
2	年龄（岁）	人数（人）
3	40—50	9
4	50—60	28
5	60—70	39
6	70—80	34
7	80—90	6
8	总计	116
9	来源：新华网综合	

图9-5　画柱形图的统计表

在图9-5中，如果电子表格中的数据有变化，那么电子文档中柱形图的大小也会跟着变化，两者是互动的关系。

9.2.2　第2步，直方图的规范

在电子文档中，默认的柱形图如图9-6所示。

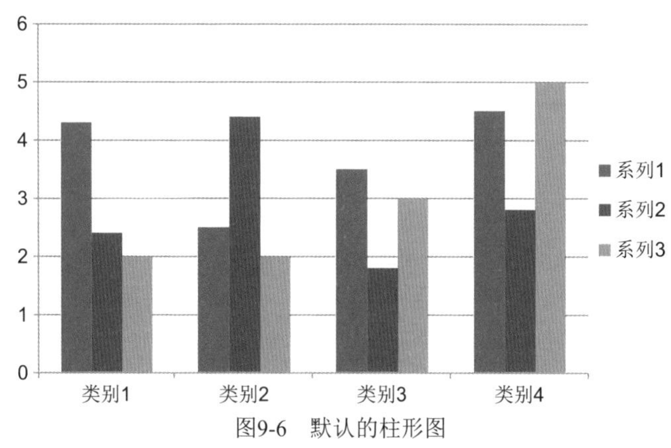

图9-6　默认的柱形图

图9-6为默认的柱形图，与默认的图9-4的数据相匹配。将默认的数据替换成实际的数据，默认的柱形图就变化了。用图9-5的实际数据画的柱形图，结果如图9-7所示。

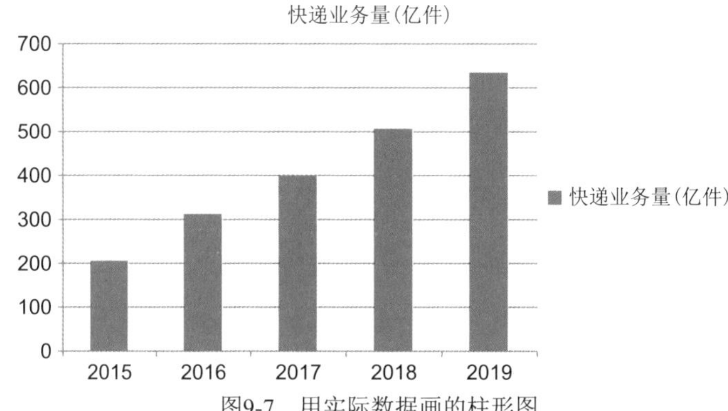

图9-7　用实际数据画的柱形图

在图9-7中，将柱形图改为直方图，方法为：在电子文档中，双击柱形图中的任意一根柱子，在弹出的快捷菜单中选择“设置数据系列格式”选项，在弹出的对话框“设置数据系列格式”中，将“分类间距”设置为0%，最后单击“关闭”按钮，关闭“设置数据系列格式”对话框。这一波的操作结果如图9-8所示。

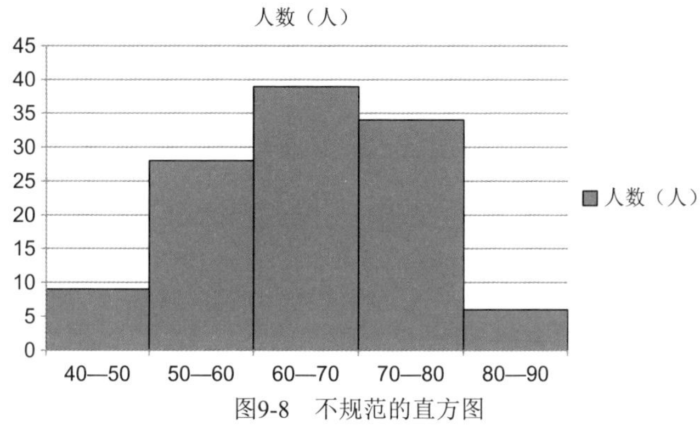

图9-8　不规范的直方图

对图9-8进行修改，添加统计图的基本要素，修改的结果如图9-9所示。

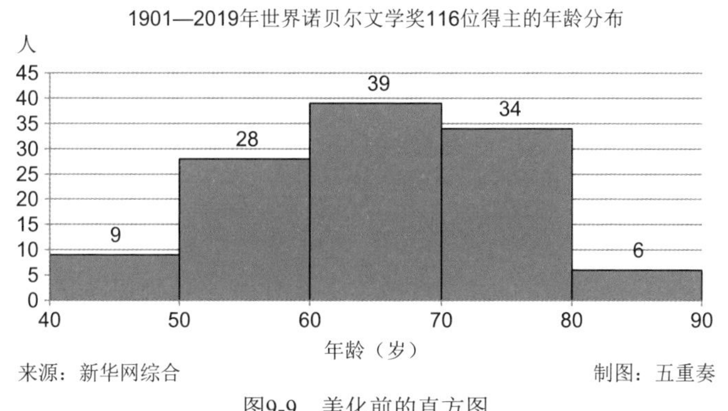

图9-9　美化前的直方图

从不规范的图9-8到没有美化的图9-9，要在标题区、绘图区和来源区进行修改。

1.直方图标题区的规范

目标：写好标题。

内容：添加时间、空间和数据的名称。

操作：将原标题“获奖时的年龄（岁）”改为“1901—2019年世界诺贝尔文学奖116位得主的年龄分布”。新标题具备了时间（1901—2019年）、空间（世界）、数据的名称（年龄）这三个基本要素。

2.直方图绘图区的规范

目标：添加画图元素。

内容：删除图例，添加计量单位、数值和横轴标题，调整横轴的分类名称。

操作：

（1）删除图例。右击图例，在弹出的快捷菜单中选择“删除”选项。由于只有一个系列的统计图，因此图例的存在成为了多余，因为图中对“人数（人）”有了说明，如标题中显示了“10位得主”，纵轴标题上显示了计量单位“人”。

（2）添加计量单位。单击直方图，在任务栏的“图表工具”中选择“布局”选项卡，在“插入”这一组选择“绘制文本框”选项，在纵轴的上方添加文本框，在文本框中添加计量单位“人”。

（3）添加数值。右击任意一个柱子，在弹出的快捷菜单中选择“添加数据标签”选项，这时，所有柱子上的数值就齐整地站上去了。

（4）添加横轴标题。单击直方图，选择“图表工具-布局”选项卡，在“标签”这一组单击“坐标轴标题”的下拉箭头，在“主要横坐标轴标题”下选择“坐标轴下方标题”，将默认的文字“坐标轴标题”改为“年龄（岁）”。

（5）调整横轴的分类名称。单击“水平（类别）”轴，在工具栏的“字体”这一组，将“字体”的颜色改为白色；用添加来源的手法，也就是用文本框的形式，在横轴下方的相应位置添加“40、50、60、70、80、90”。

3.直方图来源区的规范

目标：添加来源区。

内容：添加数据来源和制图者的名称。

操作：

（1）单击柱形图，在任务栏的“图表工具”中选择“布局”选项卡。

（2）在“插入”这一组选择“绘制文本框”选项，在来源区的位置添加文本框，在文本框中添加文字，即在来源区的左边位置添加文字“来源：新华社综合”，在来源区的右边位置添加文字“制图：五重奏”。

9.2.3 第3步，直方图的美化

从没有美化的图9-9到美化的图9-3，要在标题区、绘图区和来源区进行修改。

1. 直方图标题区的美化

主标题“1901—2019年世界诺贝尔文学奖116位得主的年龄分布”，字体为微软雅黑，字号为12磅，加粗。

2. 直方图绘图区的美化

在直方图中，绘图区的美化要点如图9-10所示。

绘图区的美化

- 横轴标题的美化
- 横轴的美化
- 纵轴的美化
- 纵向柱子的美化
- 其他美化

图9-10 直方图绘图区的美化要点

1）横轴标题的美化。横轴的标题“年龄（岁）”，字体为微软雅黑，字号为10磅，不加粗。

2）横轴的美化。

（1）数字的美化。分类的数字，字体为Arial，字号为10磅，不加粗。

（2）刻度线的美化。消除刻度线的方法为：双击横轴，在弹出的对话框“设置坐标轴格式”中将“主要刻度线”类型由“外部”改为“无”，单击“关闭”按钮，关闭“设置坐标轴格式”对话框。

3）纵轴的美化。

（1）文字的美化。计量单位的文字，字体为微软雅黑，字号为10磅，不加粗。

（2）数字的美化。数字的字体为Arial，字号为10磅，不加粗。

（3）刻度线和刻度值的美化。将刻度线改为向内，即双击纵轴，在弹出的对话框“设置坐标轴格式”中，将“主要刻度线类型”由“外部”改为“内部”，将“最大值”由“45”改为“40”，将“主要刻度单位”由“5”改为“10”，单击“关闭”按钮，关闭“设置坐标轴格式”对话框。

4）纵向柱子的美化。

（1）数值字体的美化。数值的字体为Arial，字号为12磅，加粗。

（2）柱子颜色的美化。对默认的蓝色柱子进行修改：双击任意一根柱子，在弹出的对话框“设置数据系列格式”中，将“填充”设置为“图案填充”，选择“虚线网格”选项，单击“前景色”的下拉箭头，选择“其他颜色”选项，在弹出的对话框“颜色”中选择“自定义”选项卡，在“红色（R）”“绿色（G）”和“蓝色（B）”的方框中依次填入数字0、158和219，再单击“确定”按钮，关闭“颜色”对话框，再选择“边框颜色”选项，将“边框颜色”改为“实线”，单击“颜色”的下拉箭头，选择“黑色”，最后单击“关闭”按钮，关闭“设置数据系列格式”对话框。

5）其他美化。

（1）外边框的美化。删除外边框的方法为：双击柱形图的外边框，在弹出的对话框“设置图表区域格式”中，将“边框颜色”设置为“无线条”，单击“关闭”按钮，关闭“设置图表区域格式”对话框。

（2）网格线的美化。删除网格线的方法为：右击网格线，在弹出的快捷菜单中选择“删除”选项。

3. 直方图来源区的美化

数据来源和制图者名称的文字，字体设置为微软雅黑，字号为10磅，不加粗。

直方图经过美化，结果如图9-3所示。

9.3 画直方图的技巧

9.3.1 技巧1：PPT中的动态直方图

让直方图在演示文稿（PPT）中“跳舞”，这就是常讲的动态直方图。

演示文稿中的直方图，可以在演示文稿中画，画法与在电子文档中的画法一样，也可以直接将电子文档中画好的直方图直接复制并粘贴到演示文稿中。本节采用后面这种方法。

动态直方图的设置，可以用演示文稿现有的动画按钮进行设置，也可以用演示文稿之外的动画模板进行设置。这里推送前一种方法。

以图9-3为例，用演示文稿现有的动画按钮设置动态直方图，结果如图9-11所示。

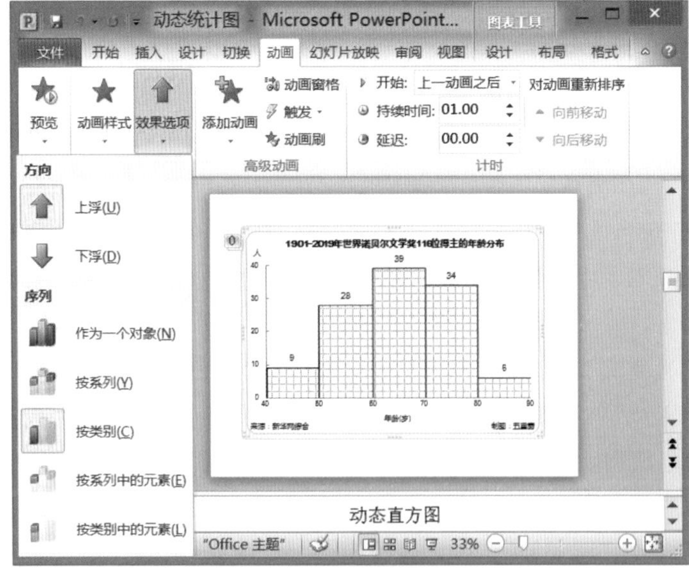

图9-11　动态直方图的画法

结合图9-11，画动态直方图的基本步骤如下。

第1步，准备直方图。

右击图9-3中的直方图，在弹出的快捷菜单中选择“复制”选项。双击打开一张空白的演示文稿，在弹出的快捷菜单中单击“粘贴选项”命令下的第二个按钮，即“保留源格式和嵌入工作簿”按钮。

为了有更好的演示效果，对复制到演示文稿中的直方图，可拖动其右下角的双向箭头，把直方图放大。同时调整文字和数字的字号。

单击演示文稿中的直方图，任务栏会出现“图表工具”。所有画图操作，与在电子文档中的一样，比如，在电子表格中更新数值，演示文稿中的直方图也会跟着变化。

第2步，设置直方图的动画效果。

单击直方图，再选择“动画”选项卡，在“高级动画”这一组单击“添加动画”的下拉按钮，选择“浮入”选项。在“动画”这一组单击“效果选项”的下拉按钮，这时，就出现了若干动画效果的按钮。

比如，设置每根柱子从左往右升起的方法为：在默认的“上浮”方向中，单击“按类别”按钮，在“计时”这一组单击“开始”的下拉按钮，选择“上一动画之后”选项。

第3步，设置好以后，单击“幻灯片放映”按钮。这时，直方图中的每一根柱子，就按捺不住地开始“表演”了。

9.3.2 技巧2：画分布曲线

正态分布曲线的样子，大家都见到过，它如同一个倒扣的锅，两边是对称的。这样的分布曲线，就是在直方图的基础上画出来的。

图9-12所示是一张由图9-10的直方图蜕变而成的分布曲线。

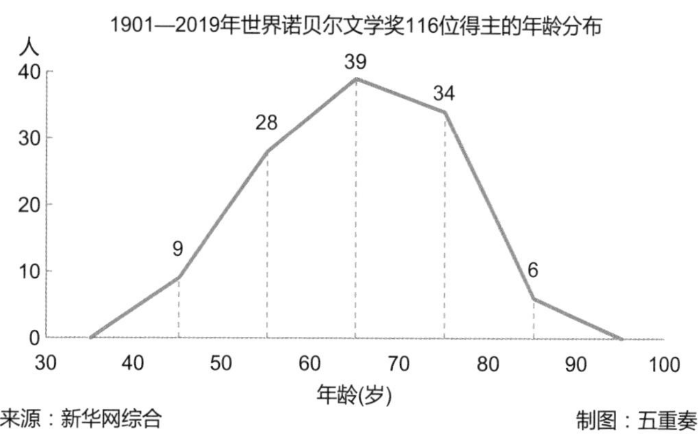

图9-12　直方图蜕变成的分布曲线

画图9-12分布曲线的统计表如图9-13所示。

1901—2019年世界诺贝尔文学奖116位得主的年龄分布	
年龄（岁）	人数（人）
30—40	0
40—50	9
50—60	28
60—70	39
70—80	34
80—90	6
90—100	0
总计	116

来源：新华网综合

图9-13　画分布曲线的统计表

用图9-13中的数据画的直方图如图9-14所示。

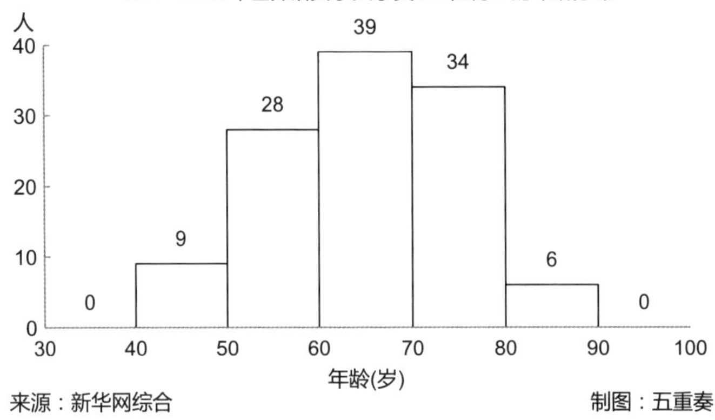

图9-14　直方图蜕变的过程

画图9-12分布曲线的基本步骤如下。

第1步，在图9-13的统计表中，将第一组和最后一组的人数设置为0。这样做是为了让曲线的两端有两个落脚点。在图9-14中，选择的数据区域为B3：B9。把各个柱子顶端的中间点连接成线，就成了一条曲线。

第2步，转换图形。单击直方图，再选择“图表工具”下的“设计”选项卡，在“类型”这一组单击“更改图表类型”按钮，在弹出的“更改图表类型”对话框中选择折线图中的第一款，最后单击“确定”按钮，关闭“更改图表类型”对话框。

第3步，美化。将折线图两端的0删除。经过美化，结果如图9-12所示。

9.4　画直方图的误区

纵轴该从0开始的不从0开始

相邻柱子的间距该为0的不为0

柱子上该亮出数值的不亮出数值

话说该做好的不做好就会掉进误区

在直方图的世界中，最常见的误区有以下3个。

- 相邻柱子之间的间距不为0，会给人留下不专业的感觉。对于数值型连续的数据，只能画直方图，而不能画柱形图。
- 纵轴上的起点值没有从“0”开始，从而导致图形歪曲的结果。
- 柱子上的数值没有写，把统计图中的主角“数值”给画丢了。

9.4.1 画好直方图的标准

画直方图，一不留神，就会跌入误区。怎样防跌？表9-1可供画直方图时参考。

表9-1 画好直方图的基本标准

分类	内容
表格区	①审核数据的来源：一手数据是否准确，二手数据是否权威 ②审核数据类型是否为数值型顺序数据
标题区	①时间要写全 ②空间要具体 ③向谁调查要写清楚
绘图区	①横轴上的分类结果能排序就排序 ②横轴上的分类名称要短而不要太长 ③横轴下的标题要写好 ④纵轴上的刻度值要从0开始 ⑤纵轴上的计量单位要写好 ⑥纵向柱子上的实际值和预测值要标明
来源区	①数据的来源要写 ②制图者的名称要写
美化区	①统一字体和字号 ②自选颜色要选好 ③横轴上的刻度线要消除 ④纵轴上的刻度线要向内 ⑤纵轴上的刻度值为整数 ⑥纵向柱子之间的间距为0 ⑦网格线和外边框要删除 ⑧只有一个数据系列时，图例要删除

9.4.2 误用直方图的实例

在以下直方图的实例中，用画好直方图的标准来看，请问能看到什么？

【例9-1】图9-15所示直方图来自2019年（第五届）中国中小学生统计图表设计创意大赛获奖作品，请问还有哪些地方需要润色，以求更美？

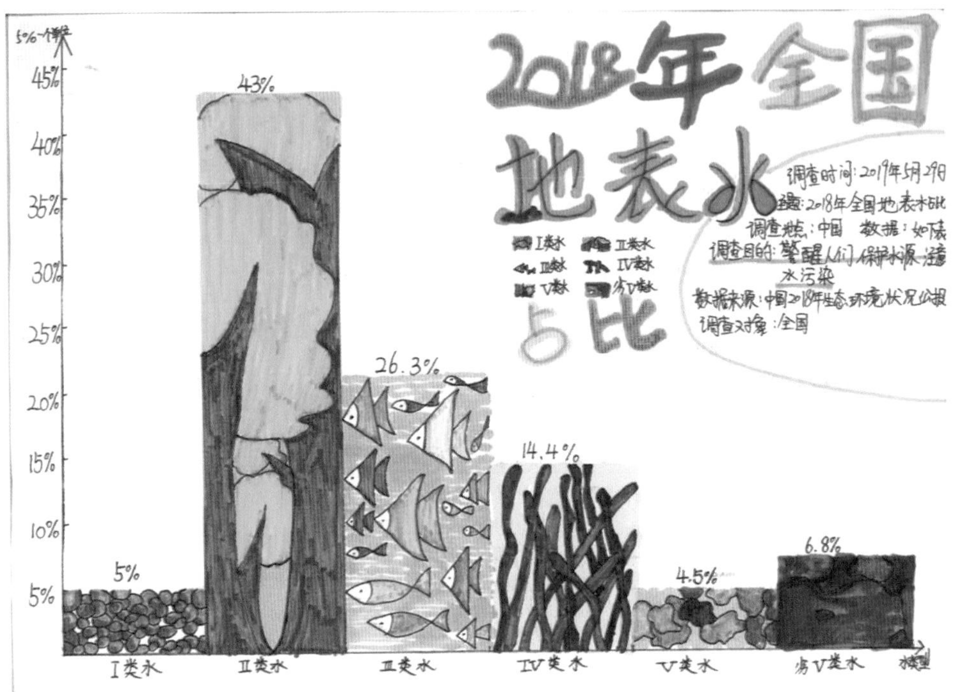

图9-15　学生画的伪直方图

简析：一眼望去，图9-15画得很美，标题文字的写法很艺术，柱子里头画了很多有意思的风物，而且左上角还写明了调查的时间、地点、目的和来源，这真的非常好。

但是，从统计图形来看，这是一张伪直方图。为何这么讲？因为直方图只适合用数值型顺序数据来画，而地表水分类的数据属于文本型顺序数据。因此，地表水分类的数据，不能画直方图，但可以画柱形图。从统计图的规范来看，还要略加修改。

（1）根据数据，选好图形。改直方图为柱形图。

（2）在标题区，将“全国”改为“中国”。

（3）在来源区，写好制图者的名称。

（4）在绘图区，纵横的起点值从0开始，要添加“0”；纵轴上的一串“%”显得多余，都要删除，只要把一个“%”写在纵轴上方就可以了。图例要删除，因为只有一个数据系列。数值和分类文字还可以写得更大气一点，这样既符合画图的基本要求，也与图中标题文字的气魄相匹配。

【例9-2】图9-16所示的伪直方图来自网络，请问这张统计图画得怎么样？

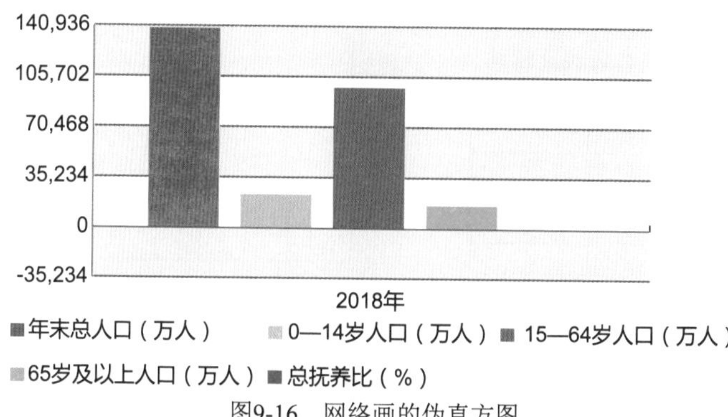

图9-16　网络画的伪直方图

简析：图9-16这张图，色彩鲜美，柱子与对应的图例文字同色。但这是一张伪直方图，因为从表面来看，这是一张柱形图，而从实质来看，这组年龄分组的数据不适合画柱形图，而只能画直方图。本该是直方图，却被画成了柱形图，以假乱真，当然只能冠以“伪”字的标签了。

这张伪直方图，要修改的地方如下。

（1）在标题区，缺省标题。应添加标题“2018年中国各年龄段的人口数”。

（2）在来源区，应添加数据来源“中国国家统计局”和制图者名称。

（3）在绘图区。

（4）把柱形图的形式改为直方图。柱子之间不应该存在距离，应将柱子之间的距离调为0。

（5）删除两个数据。第一个数据“年末总人口数（万人）”和最后一个数据“总抚养比（%）”，两者不符合标题内容，可以删除。

（6）图例中的文字“人口”改为“人口数”。

（7）数值要一律站在柱子上。

（8）纵轴上不必出现负刻度值。

（9）纵轴上要写好计量单位“万人”。

○模仿秀

看视频　画直方图

视频：直方图的教学视频（时长：2分49秒）。

模仿：画一个视频中的直方图。

视频播放到23秒时出现的直方图如图9-17所示。

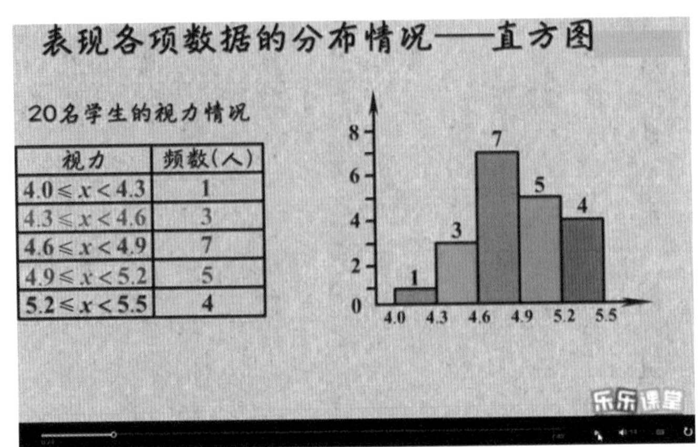

图9-17　视频中的直方图

上面是看视频画直方图的一个示例。

画直方图的统计表如图9-18所示。

	A	B
1	20名学生的视力情况统计表	
2	视力	人数（人）
3	4.0—4.3	1
4	4.3—4.6	3
5	4.6—4.9	7
6	4.9—5.2	5
7	5.2—5.5	4
8	5.5—5.8	0
9	总计	20
10	来源：校园调查	

图9-18　模仿画直方图用的统计表

用图9-18的数据画的直方图如图9-19所示。

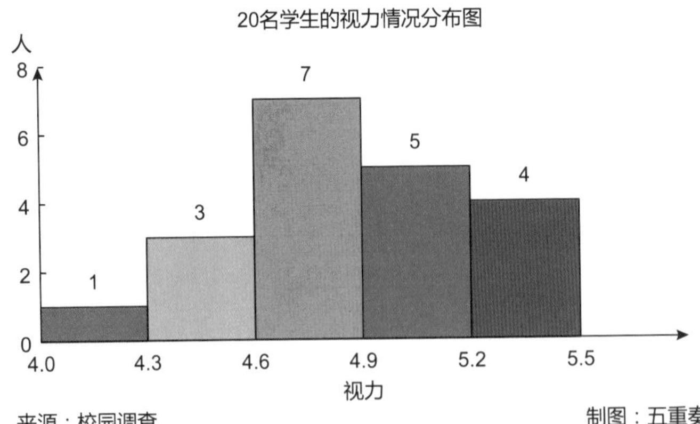

图9-19　模仿图9-17画的直方图

图9-19和图9-17相比，颜色相同。直方图中的5个柱子，从左往右，其RGB

值依次为（79,129,189）、（140,200,40）、（247,150,70）、（49,133,156）和（128,100,162）。

在数学中，数字可以是单纯的数字，可以不问时间和空间等其他要素，比如1+1=2。但在统计学中，数值不是单纯的数字，而是具有语言规范的数值，必须具备时间、空间、来源、制图者名称等基本要素。

在图9-17中，直方图在标题区要添加时间和空间，在来源区要添加数据来源和制图者名称。

在画图9-19时，为了画好横轴的箭头，在统计表中增设了最后一组。设置横轴箭头的方法为：双击横轴，在弹出的对话框“设置坐标轴格式”中选择“线型”选项，在“箭头设置”中选择“后端类型”和“后端大小”选项，再单击“关闭”按钮，关闭对话框。设置纵轴箭头的方法与设置横轴箭头的方法一样，选项也一样。同时，将“线型”设置为1.25磅，将“线条颜色”设置为黑色。

○扫码读美文

阅读过程请留心文中数据，并试着将其落实为统计图。

第10章 玩转统计图：饼图

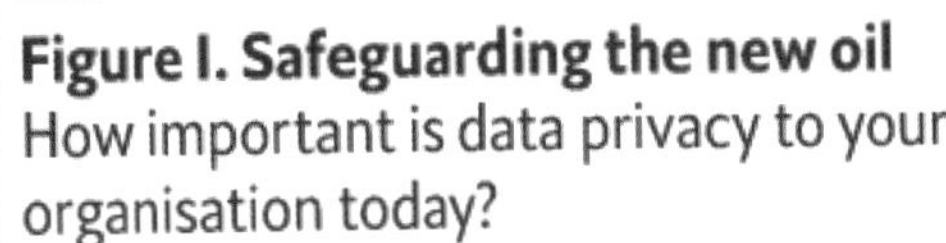

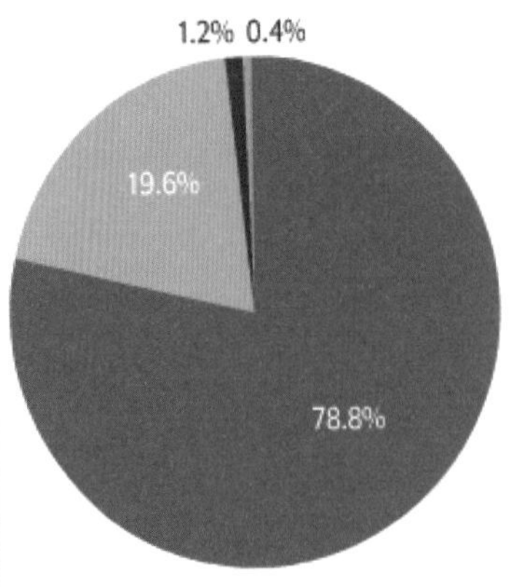

Graph source： Economist.com

10.1 饼图简介

定义：饼图是用整个圆表示总量，用圆内各扇形的大小呈现各部分数量占总量的构成比。

举例：饼图如图10-1所示。

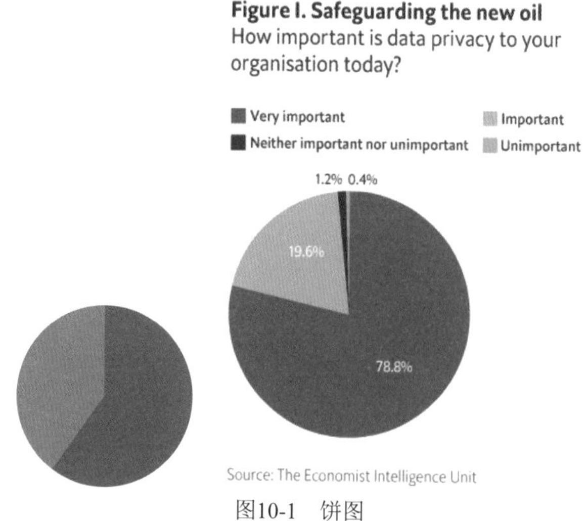

图10-1　饼图

在图10-1中，左图是饼图的图形，右图是用实际数据画的饼图。左图从外观看，第一组数据从正12点的位置开始，如果各组数据可以排序，数据要由大到小，依照顺时针的方向排列。画饼图时，要同时列出总量数和相对数。右图来自英国《经济学人》杂志，标题为“图1.保护新的石油——今天，数据隐私对您的组织有多重要？”饼图中的4个“饼子”，从正12点的位置出发，按重要程度的高低，顺时针分布统计结果的构成比。这张饼图，还应列出时间、空间和调查的总数。

特点：

- 画图空间不具有二维性。不是在一个横轴与一个纵轴围成的空间画图。扇形的起点值从正12点的位置开始，按扇形的大小呈顺时针排列。

扇形面积与其对应的圆心角的关系是：扇形面积越大，圆心角的度数越大；扇形面积越小，圆心角的度数越小。扇形所对应的圆心角的度数与百分比的关系是：圆心角的度数=构成比×360度。

- 呈现数据的同一性。都用扇形的大小呈现数据的大小。
- 适用数据类型的单一性。只适合呈现构成比类型的数据，但要呈现各部分的总量数。

用法： 用于比较各部分数据同总数之间构成比的关系。

说法： 用文字说明饼图时，也就是看饼图说话时，写作的基本套路如下。

首先，要拟好标题，写好时间、空间和统计对象，也可以提炼图中的核心内容拟好标题。

其次，开头的文字，应指出这是饼图，图中主要说明了什么内容。

然后，中间的文字，结合具体数据说明饼图。说明的内容，包括数据的特点，在可比性的前提下，指出最大的扇形和最小的扇形，各扇形之间的变化。

比较： 饼图和复合圆饼图的比较如图10-2所示。

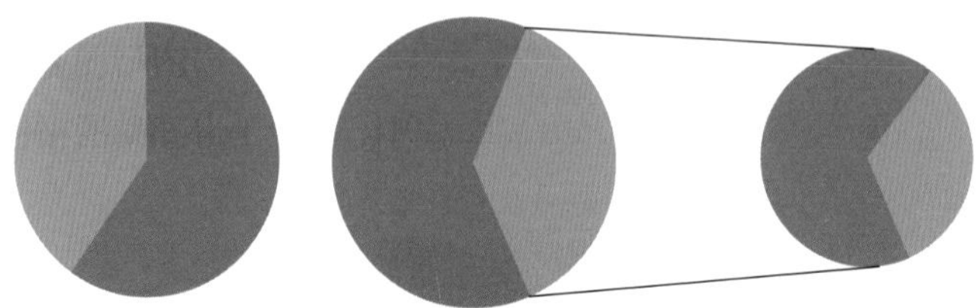

图10-2　饼图（左）和复合圆饼图（右）

饼图可以显示每个数值占总数值的大小。复合饼图是从主饼图提取部分数值，并将其组合到另一个饼图中。使用该图可以提高小百分比的可读性，或者强调一组数值。当画饼图的数据超过5个时，适合画复合圆饼图。

10.2　饼图的画法

饼图如图10-3所示。

2010—2019年世界诺贝尔文学奖10位得主的性别分布

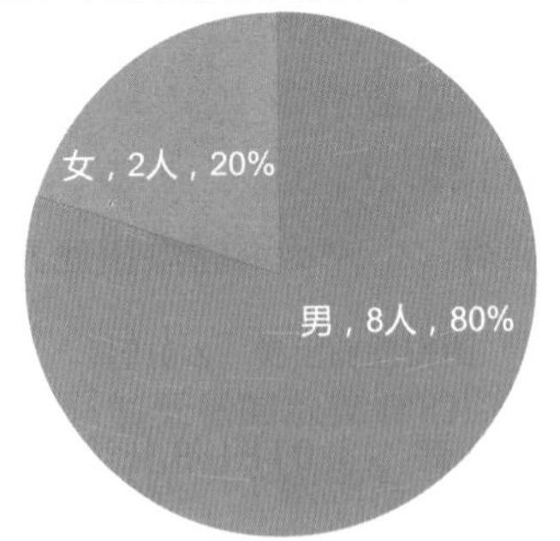

来源：新华社　　制图：五重奏

图10-3　规范的饼图

看图说话：由图10-3可见，从2010年到2019年，在这10年的时间里，10位诺贝尔文学奖得主男多女少，男作家8人，女作家2人，男女各占80%和20%。

接下来，以图10-3为例，详解画饼图的步骤，即画图前的准备、饼图的规范和美化。

10.2.1 第1步，画图前的准备

1. 审核数据

来源的审核。这组性别的数据，来源权威，源于新华网。

计算结果的审核。根据获奖男女的人数，可以计算出男女所占的构成比。

2. 选择统计图

根据数据类型，选择统计图。描画2010—2019年诺贝尔文学奖获得者男性和女性各占的构成比，呈现构成比的统计图，最佳的选择为饼图。根据饼图中扇形的大小，比较构成比的大小。

3. 画好统计表

根据画表的规则，画好统计表。

先按性别人数由大到小排序，再画饼图。

打开电子文档，在任务栏选择“插入”选项卡，在“插图”这一组选择“图表”选项，在弹出的对话框“插入图表”中选择饼图，单击“确定”按钮，关闭“插入图表”对话框。这时，电子表格中默认的统计表和电子文档中默认的饼图就双双“飞”出来了。

在电子表格中，默认的统计表如图10-4所示。

在图10-4中，将统计表中的数据替换成诺贝尔文学奖获奖者男女人数的数据，结果如图10-5所示。

	A	B
1		销售额
2	第一季度	8.2
3	第二季度	3.2
4	第三季度	1.4
5	第四季度	1.2

图10-4 默认的统计表

	A	B
1	2010-2019年世界诺贝尔文学奖得主男女人数分布	
2	性别	人数（人）
3	男	8
4	女	2
5	总计	10
6	来源：新华网	

图10-5 画饼图的统计表

在图10-5中，如果电子表格中的数据有变化，那么电子文档中饼图的大小也会跟着变化，两者是互动的关系。

10.2.2 第2步，饼图的规范

在电子文档中，默认的饼图如图10-6所示。

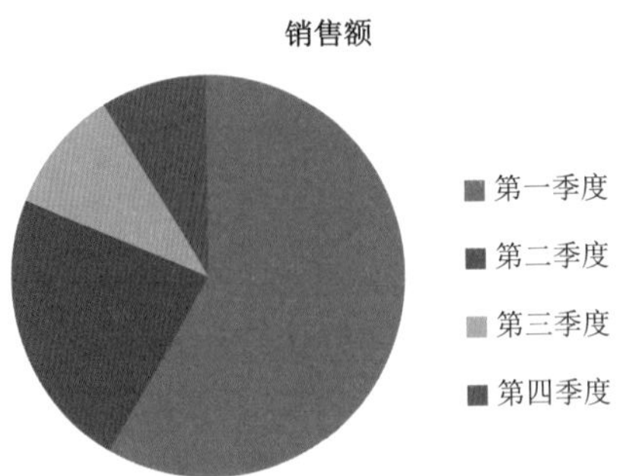

图10-6　默认的饼图

图10-6为默认的饼图，与默认的图10-4的数据相匹配。将默认的数据替换成实际的数据，默认的饼图就变化了。用图10-5的实际数据画出的饼图如图10-7所示。

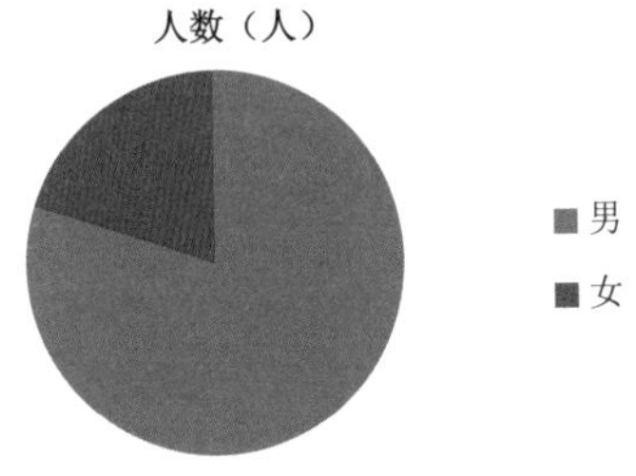

图10-7　不规范的饼图

图10-7为不规范的饼图。哪些地方没有画对呢？添加统计图的基本要素后，结果如图10-8所示。

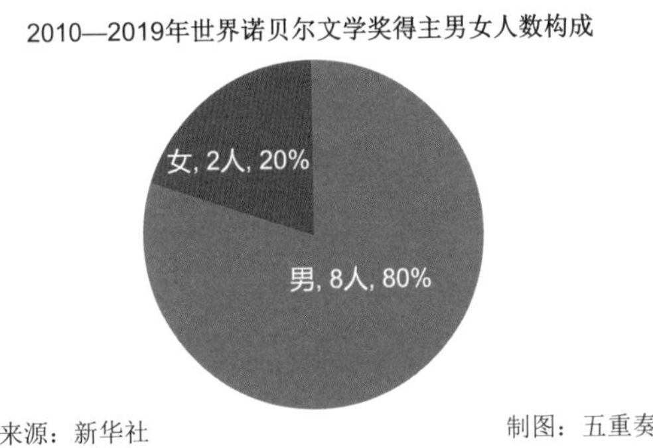

图10-8　美化前的饼图

从不规范的图10-7到没有美化的图10-8，要在标题区、绘图区和来源区进行修改。

1. 饼图标题区的规范

目标：写好标题。

内容：添加时间、空间和数据的名称。

操作：将原标题“人数（人）”改为“2010—2019年世界诺贝尔文学奖得主男女

人数构成”。新标题具备了时间（2010—2019年）、空间（世界）、数据的名称（性别）这三个基本要素。

2. 饼图绘图区的规范

目标：添加画图元素。

内容：删除图例，添加数值。

操作：

（1）删除图例。右击图例，在弹出的快捷菜单中选择“删除”选项。因为图例中的文字“男”和“女”已经在饼图上显示了，为避免重复，也为了更容易识读，所以图例可以省略。

（2）添加数值。右击任意一个扇形，在弹出的快捷菜单中选择“添加数据标签”选项，这时，两个扇形上的数值8和2就站上去了。双击任意一个数值，如8这个数值，在弹出的对话框“设置数据标签格式”中，在“标签选项”勾选“百分比”选项，这时，两个扇形上的构成比80%和20%就站上去了，再勾选“类别名称”选项，这时，两个扇形上“男”和“女”的文字就出现了，最后单击“关闭”按钮，关闭“设置数据标签格式”对话框。在饼图上，在数值2和8的后面，分别添上计量单位“人”。

3. 饼图来源区的规范

目标：添加来源区。

内容：添加数据来源和制图者的名称。

操作：

（1）单击饼图，在任务栏的“图表工具”中选择“布局”选项卡。

（2）在“插入”这一组选择“绘制文本框”选项，在来源区的位置添加文本框，在文本框中添加文字，即在来源区的左边位置添加文字“来源：新华社”，在来源区的右边位置添加文字“制图：五重奏”。

10.2.3 第3步，饼图的美化

从没有美化的图10-8到美化的图10-3，要在标题区、绘图区和来源区进行修改。

1. 饼图标题区的美化

主标题“2010—2019年世界诺贝尔文学奖10位得主的性别分布”，字体为微软雅黑，字号为12磅，加粗。

2. 饼图绘图区的美化

在饼图中，绘图区的美化要点如图10-9所示。

1）扇形的美化。

（1）数值字体的美化。数值的字体为Arial，字号为12磅，不加粗。

（2）扇形颜色的美化。单击默认的蓝色扇形，停顿一下，再单击蓝色扇形，表示单独选中蓝色扇形；双击蓝色扇形，在弹出的对话框“设置数据点格式”中，将“填充”设置为“纯色填充”，单击“颜色”的下拉箭头，选择“其他颜色”选项，在弹出的对话框“颜色”中选择“自定义”选项卡，在“红色（R）”“绿色（G）”和“蓝色（B）”的方框中，依次填入数字0、158和219，再单击“确定”按钮，关闭“颜色”对话框，最后单击“关闭”按钮，关闭“设置数据点格式”对话框。

绘图区的美化

扇形的美化

其他美化

图10-9　饼图绘图区的美化要点

用同样的方法，将扇形由默认的红色进行修改，在“红色（R）”“绿色（G）”和“蓝色（B）”的方框中依次填入数字232、149和124。

2）其他美化。

外边框的美化。删除外边框的方法为：双击饼图的外边框，在弹出的对话框“设置图表区域格式”中，将“边框颜色”设置为“无线条”，再单击“关闭”按钮。

3. 饼图来源区的美化

来源和制图者名称的文字，字体为微软雅黑，字号为10磅，不加粗。

饼图经过美化，结果如图10-3所示。

10.3　画饼图的技巧

10.3.1　技巧1：PPT中的动态饼图

让饼图在演示文稿（PPT）中“跳舞”，这就是常讲的动态饼图。

演示文稿中的饼图，可以在演示文稿中画，画法与在电子文档中的画法一样，也可以直接将电子文档中画好的饼图直接复制并粘贴到演示文稿中。本节采用后面这种方法。

动态饼图的设置，可以用演示文稿现有的动画按钮，也可以用演示文稿之外的动画模板。这里推荐前一种方法。

以图10-3为例，用演示文稿现有的动画按钮设置动态饼图，结果如图10-10所示。

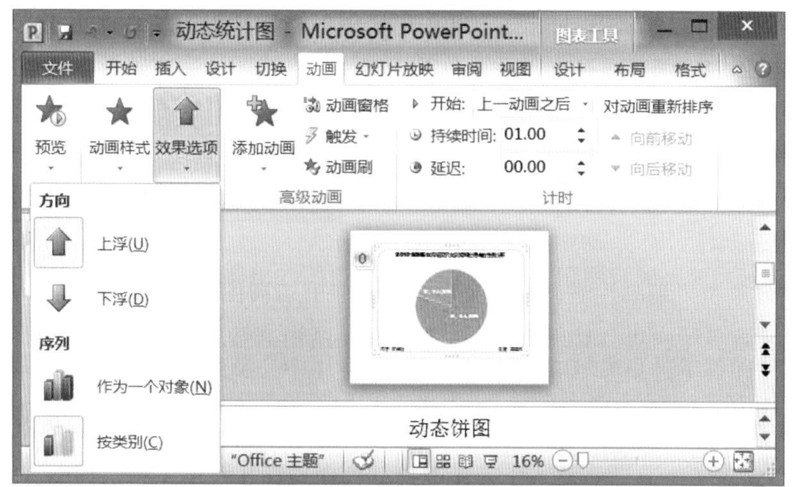

图10-10　动态饼图的画法

结合图10-10，画动态饼图的基本步骤如下。

第1步，准备饼图。

右击图10-3中的饼图，在弹出的快捷菜单中选择“复制”选项。双击打开一张空白的演示文稿，在弹出的快捷菜单中单击“粘贴选项”命令下的第二个按钮，即“保留源格式和嵌入工作簿”按钮。

为了有更好的演示效果，对复制到演示文稿中的饼图，可以拖动其右下角的双向箭头，把饼图放大。同时调整文字和数字的字号。

单击演示文稿中的饼图，任务栏会出现“图表工具”。所有画图操作，与在电子文档中的一样，比如，在电子表格中更新数值，演示文稿中的饼图也会跟着变化。

第2步，设置饼图的动画效果。

单击饼图，再选择“动画”选项卡，在“高级动画”这一组单击“添加动画”的下拉按钮，选择“浮入”选项。在“动画”这一组单击“效果选项”的下拉按钮，这时，就出现了若干动画效果的按钮。

比如，设置每块扇形从右往左升起的方法为：在默认的“上浮”方向中单击“按类别”按钮，在“计时”这一组单击“开始”的下拉按钮，选择“上一动画之后”选项。

第3步，设置好以后，单击“幻灯片放映”按钮。这时，饼图中的每一块扇形，就按捺不住地开始“表演”了。

10.3.2 技巧2：复合饼图的画法

当画饼图的分类有多个时，更适合画复合饼图。复合饼图如图10-11所示。

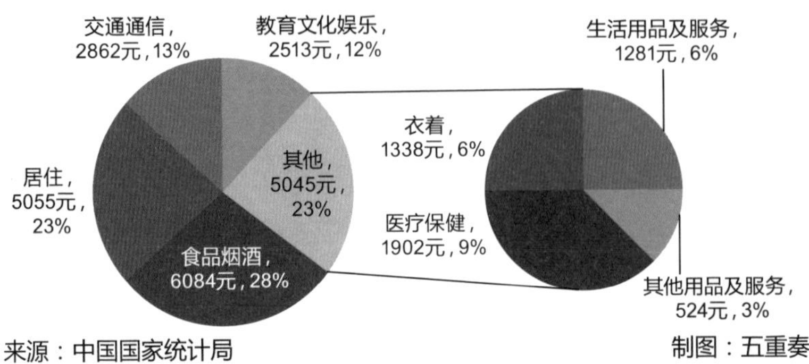

图10-11　复合圆饼图

图10-11是复合圆饼图，这张图是怎么画出来的？

第1步，选择图形。在电子文档中，在任务栏选择“插入”选项卡，在“插图”这一组单击“图表”按钮，在弹出的对话框“插入图表”中选择“饼图”中的“复合圆饼图”，单击“确定”按钮，关闭“插入图表”对话框。

第2步，录入数据。在与电子文档同时弹出来的电子表格中，修改默认的数据，结果如图10-12所示。

	A	B	C
1	2019年中国居民人均消费支出及其构成		
2	分类	支出额（元）	支出额占比（%）
3	食品烟酒	6084	28
4	居住	5055	23
5	交通通信	2862	13
6	教育文化娱乐	2513	12
7	医疗保健	1902	9
8	衣着	1338	6
9	生活用品及服务	1281	6
10	其他用品及服务	524	3
11	总计	21559	100
12	来源：中国国家统计局		

图10-12　画复合圆饼图的统计表

在图10-12中，数据来自中国国家统计局。计算支出额占比的方法，即在C3单元格输入“=（B3/21559）*100”，按回车键，再拖动C3右下角的填充柄到C10。将“其他用品及服务的支出额占比”由2.4%调为3%，八大类支出额占比的总和为100%。

第3步，选择数据区域。在电子文档中，单击默认的复合圆饼图，在任务栏的

"图表工具"中选择"设计"选项卡，在"数据"这一组选择"选择数据"选项，选择数据区域为A2：C10。

第4步，选择绘图区的值。双击复合圆饼图，在弹出的对话框"设置数据系列格式"中，将"第二绘图区包含最后一个值"设置为4，单击"关闭"按钮，关闭"设置数据系列格式"对话框。

将"第二绘图区包含最后一个值"设置为4，表示在支出额的八大类中，统计表中排在前四大类的为第一绘图区，画大饼图，而排在后四大类的为第二绘图区，画小饼图。将八大类一分为二，是基于前四大类的占比都在两位数以上，将占比大的画在大饼图中。

第5步，设置数据标签。先添加数据标签，再双击任意一个数据标签，在弹出的对话框"设置数据标签格式"中，分别勾选"类别名称"和"百分比"的复选框，单击"关闭"按钮，关闭"设置数据标签格式"对话框。

第6步，美化。单击复合圆饼图，在任务栏的"图表工具"中选择"设计"选项卡，在"图表样式"这一组选择其中一款。经过美化，结果如图10-11所示。

10.4 画饼图的误区

数据该排序的不排序
最大值该从正12点开始的不从正12点开始
饼图上该亮出数值的不亮出数值
话说该做好的不做好就会掉进误区

在饼图的世界中，最常见的误区有以下4个。

- 能排序而没有先排序，导致不能顺畅地呈现。对于文本型非顺序的数据，要先按由大到小的降序排列，然后再画图。
- 最大值没有从正12点钟的位置开始，数值没有按由大往小、呈顺时针方向依次排列，从而导致图形排序紊乱，不利于阅读。
- 饼图的饼子分得太多，从而给人留下太杂的感觉。饼图的"饼子"最好控制在五个以内，如有更多的可以画复合圆饼图。
- 只有构成比，没有总量数，从而让人不能正确地认识总体的构成。

10.4.1 画好饼图的标准

为了成功避开画饼图的误区，表10-1可供参考。

表10-1 画好饼图的基本标准

分类	内容
表格区	①审核数据的来源：一手数据是否准确，二手数据是否权威 ②审核数据类型是否适合画饼图 ③审核数据是否能排序，能排序就排序
标题区	①时间要写全 ②空间要具体 ③向谁调查要写清楚
绘图区	①饼图的“饼子”一般不多于5个。多于5个时，可以选择画复合饼图 ②第一个数值从正12点开始，呈顺时针方向排列。对于能排序的数据，要按由大到小的顺序排列 ③分类名称、数值、计量单位要同时呈现，三者之间，可以用逗号分开，也可以单列行分开，三者可显示在扇形内部或外部
来源区	①数据的来源要写 ②制图者的名称要写
美化区	①统一字体和字号 ②自选颜色要选好 ③删除外边框 ④删除图例

10.4.2 误用饼图的实例

在以下饼图的实例中，用画饼图的基本标准来看，请问能看到什么？

【例10-1】图10-13所示的饼图来自2019年第五届中国中小学生统计图表设计创意大赛获奖作品，请问还有哪些地方需要润色，以求更美？

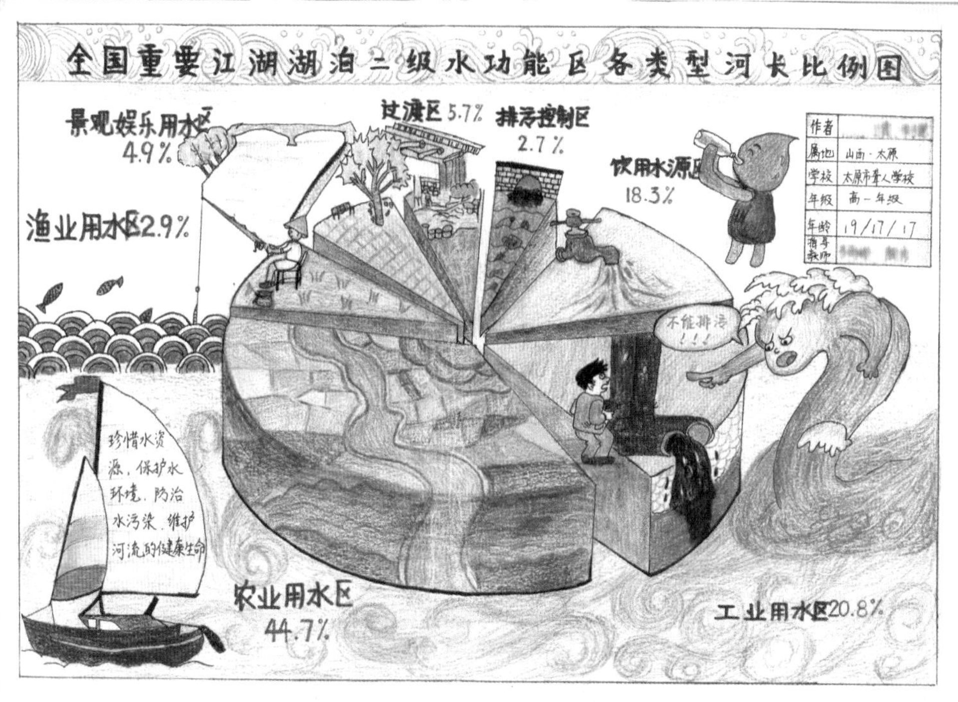

图10-13 学生画的饼图

简析：图10-13是饼图。这张三维饼图，想象丰富，层次清楚，内容丰富，字体娟秀，所用色彩恰到好处。尤其是右上角的作者信息栏，这样的设计非常好。

从美观来看，完美无缺。但是从统计图的规范来看，还要略加修改。

（1）在标题区，要添加时间，空间“全国”要改为“中国”。

（2）在来源区，要写好数据的来源。

（3）在绘图区，数据要先排序再画图。由于按各类用水区所统计的构成比数据属于文本型非顺序数据，各类用水区的取值为文字，即农业用水区、工业用水区、饮用水源区、过渡区、景观娱乐用水区、渔业用水区、排污控制区，因此，画在饼图上的数据应按由大到小的顺序排列，即按44.7%、20.8%、18.3%、5.7%、4.9%、2.9%、2.7%的顺序排列。

饼图的扇形从正12点的位置开始，按顺时针方向排列。农业用水区占比44.7%最大，稳坐第一块扇形的位置，接下来是工业用水区、饮用水源区、过渡区、景观娱乐用水区、渔业用水区、排污控制区各自的占比，占比最小的为排污控制区的2.7%，所以它排在这个序列的最后，是饼图中的最后一块扇形。

【例10-2】图10-14所示饼图来自中国国家统计局发布的《2019年中国国民经济与社会发展统计公报》，请问有哪些地方画得不规范？有哪些地方画得不美观？

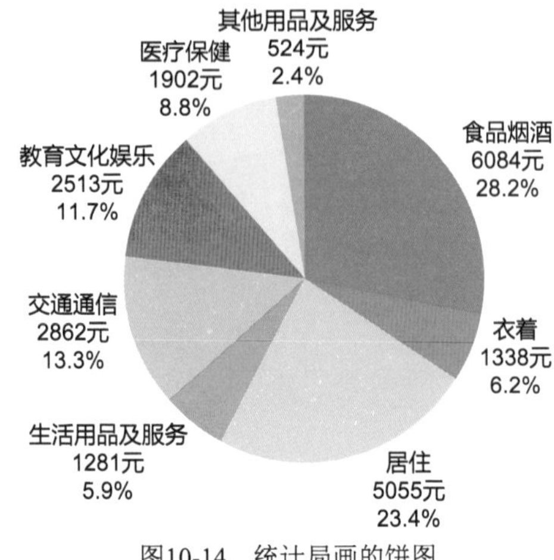

图10-14 统计局画的饼图

简析：图10-14是饼图，如同一个彩色圆盘。需要修改的地方如下。

（1）在表格区。

①将数据按由大到小的顺序排列。按支出分类的数据属于文本型非顺序数据。由于支出有八大类，在统计图款式的选择上，复合圆饼图比饼图更合适。

②核算八大类各构成比的计算是否正确，即构成比之和是否为100%。经验算，构成比之和为99.9%。当构成比之和不为100%时，要用文字进行说明或调整为100%。在这份统计公报的“注释”中，有相应的文字说明：“本公报中数据均为初步统计数。部分数据因四舍五入的原因，存在总计与分项合计不等的情况。”这样的文字说明，就是专业的态度，专业的表达。

（2）在标题区，空间“全国”的表达不规范，应将“全国”改为“中国”。

（3）在来源区，没有来源，缺省来源和制图者名称。应添加“来源：中国国家统计局”，添加“制图：中国国家统计局”。

（4）在绘图区，数据没有按由大到小的顺序，从正12点的位置开始，进行顺时针排列。

（5）在美化区，颜色过于斑斓。

这张饼图，如果改画条形图或复合条饼图，模样会更好看。但不管选择画哪一款统计图，由于这组数据属于文本型非顺序数据，所以都要先排序，再画图。

○模仿秀

看视频 画饼图

视频：上海卫视STV-2010年第六次中国人口普查（时长：1分27秒）。

模仿：画一个视频中的饼图。

视频播放到33秒时出现的饼图如图10-15所示。

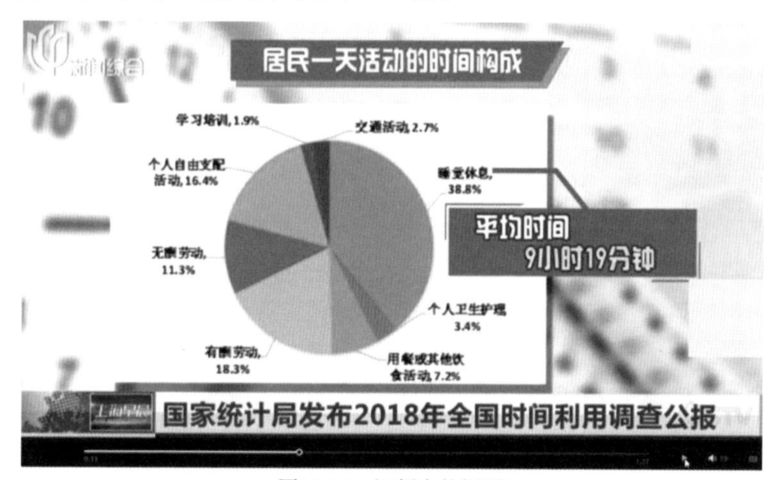

图10-15　视频中的饼图

上面是看视频画饼图的一个示例。

画饼图的统计表如图10-16所示。

	A	B
1	2018年中国居民一天活动的时间构成	
2	分类	时间构成（%）
3	睡觉休息	38.8
4	有酬劳动	18.3
5	个人自由支配活动	16.4
6	无酬劳动	11.3
7	用餐或其他饮食活动	7.2
8	个人卫生护理	3.4
9	交通活动	2.7
10	学习培训	1.9
11	总计	100.0
12	来源：中国国家统计局	

图10-16　模仿画饼图用的统计表

用图10-16的数据画出的饼图如图10-17所示。

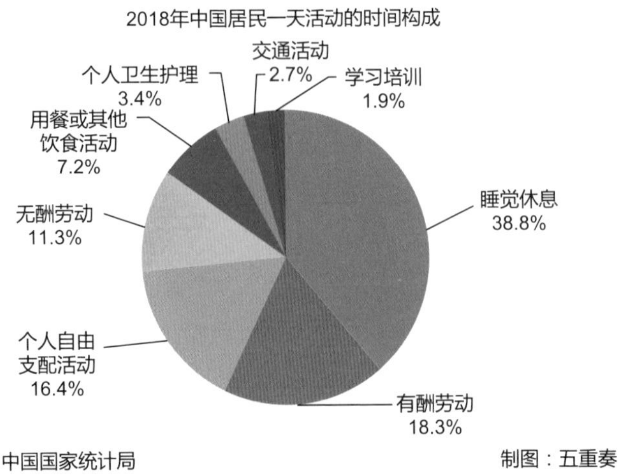

2018年中国居民一天活动的时间构成
交通活动
2.7%
学习培训
1.9%
个人卫生护理
3.4%
用餐或其他
饮食活动
7.2%
睡觉休息
38.8%
无酬劳动
11.3%
个人自由
支配活动
16.4%
有酬劳动
18.3%
来源：中国国家统计局
制图：五重奏

图10-17　模仿图10-15画的饼图

图10-17和图10-15相比，先给数据排序再画饼图，在标题区添加了标题“2018年中国居民一天活动的时间构成”，在绘图区，删除外边框，在来源区添加来源和制图者“中国国家统计局”。这一组数据，因多达8个，所以更适合画复合圆饼图或条形图。

用图10-16中的数据画的复合圆饼图如图10-18所示。

2018年中国居民一天活动的时间构成
无酬劳动
11.3%
交通活动
2.7%
个人自由
支配活动
16.4%
有酬劳动
18.3%
其他
15.2%
个人
卫生护理
3.4%
用餐或其他
饮食活动
7.2%
睡觉休息
38.8%
学习培训
1.9%
来源：中国国家统计局
制图：五重奏

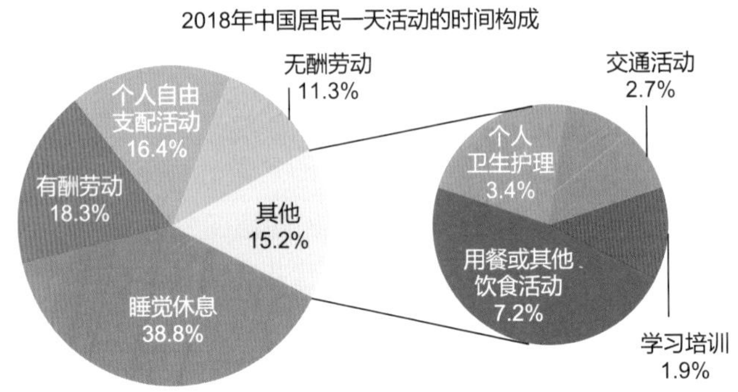

图10-18　用图10-16的数据画的复合圆饼图

用图10-16中的数据画的条形图如图10-19所示。

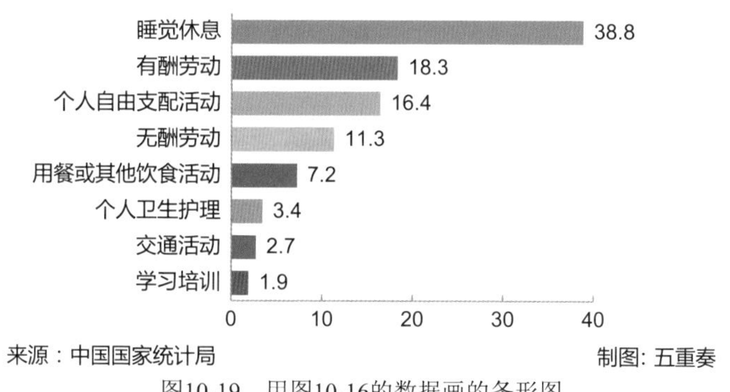

图10-19　用图10-16的数据画的条形图

在图10-19中，从上往下，柱子的RGB值分别为（80,146,207）、（228,108,10）、（168,168,170）、（255,192,0）、（0,112,192）、（102,165,61）、（0,112,192）和（192,80,77）。

图10-17的饼图、图10-18的复合圆饼图和图10-19的条形图都是用同一组数据画的。显然，与饼图对照，用复合圆饼图和条形图来呈现这组数据更清楚。

○扫码读美文

阅读过程请留心文中数据，并试着将其落实为统计图。

第11章 玩转统计图：散点图

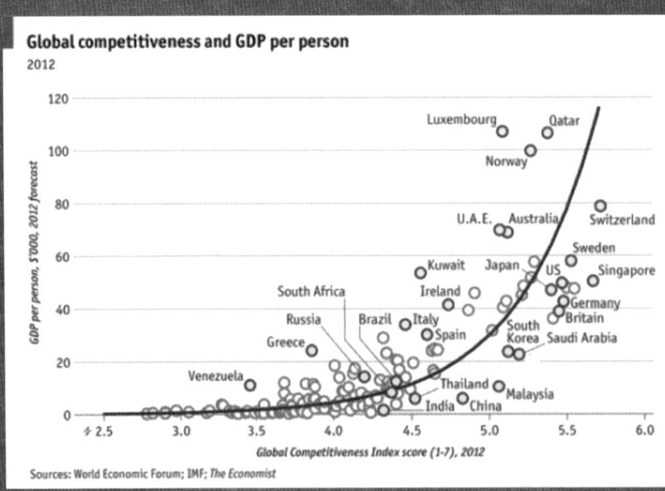

Graph source： Economist.com

11.1 散点图简介

定义：散点图是指用点的形式呈现数据分布的统计图。散点图中的每个点由成对的数据描画。

举例：散点图如图11-1所示。

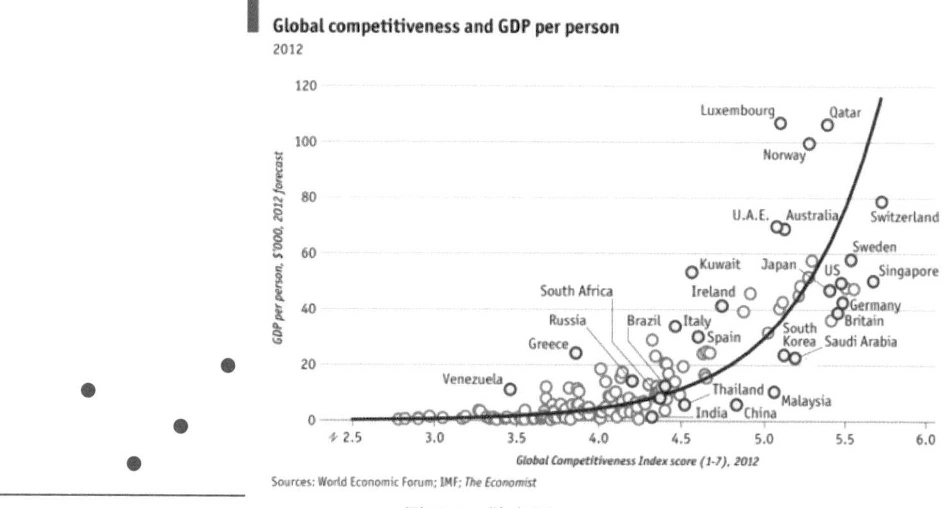

图11-1　散点图

在图11-1中，左图是散点图的图形，右图是用实际数据画的散点图。

在图11-1中，左图从外观看，横轴表示自变量的值，纵轴表示因变量的值，散点的分布状态可以反映两个相关变量的相关方向等。

在图11-1中，右图来自英国《经济学人》杂志，标题为“国家竞争力与人均国内生产总值（GDP）”，呈现的是国家竞争力与国民富有程度的关系。横轴表示一国竞争力的得分，数值越大表示该国竞争力越强，纵轴表示一国的人均GDP。一串散点由左下往右上分布，表示一国竞争力与该国居民富有程度这两个变量的相关方向为正相关，即国家竞争力越强，国民越富有。

特点：散点图是用两个有联系变量的数据画的图形。

- 画图空间有二维性。是在一个横轴与一个纵轴围成的空间画图。横轴和纵轴的起点值均从0开始。
- 呈现数据的同一性。都用相同大小的标记呈现数据在图中的位置。
- 适用数据类型的单一性。只适合呈现具有相关关系的两个变量的数据。

- 呈现散点分布的特点。可以从散点的分布中，读取数据相关的方向、程度和形式。
- 具有预测性。如果散点之间的相关程度高，则可以画出预测线，配合回归模型，并进行预测。

用法：用于呈现两个变量的关系。

说法：用文字说明散点图时，也就是看散点图说话时，写作的基本套路如下。

首先，要拟好标题，写好时间、空间和统计对象，也可以提炼图中的核心内容拟好标题。

其次，开头的文字，应指出这是散点图，图中主要说明了什么内容。

然后，中间的文字，结合具体数据说明散点图。说明的内容，包括数据的特点，在可比性的前提下，指出散点的“方、程、式”，即说明散点分布的方向、程度和形式。如果散点之间的相关程度高，则还可以建立回归模型以进行预测。

比较：散点图和饼图的比较如图11-2所示。

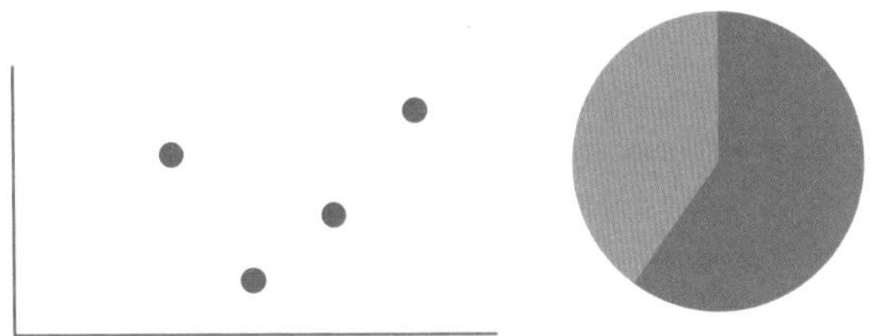

图11-2　散点图（左）和饼图（右）

在图11-2中，左图是散点图的图形，它是将两个变量分布在横轴和纵轴上，在它们的交叉位置绘制出点的统计图；右图是饼图的图形，它是以圆的中心为点，将数值呈现在扇形上。从外观来看，散点图的数值分布在横轴和纵轴中，饼图的数值没有分布在横轴和纵轴中。从数据的类型看，散点图适合呈现两个有联系变量成对数据点的分布，而饼图适合呈现一组数据的结构分布。画散点图需要两组有联系的数值，而画饼图只需要一组构成比之和为100%的数值。

11.2　散点图的画法

在散点图中，从散点的分布，可以看出散点的关系。散点越密，表示两个相关变量的相关值关系越紧密，散点越松散，表示两个相关变量的相关值关系越疏远。散点图如图11-3所示。

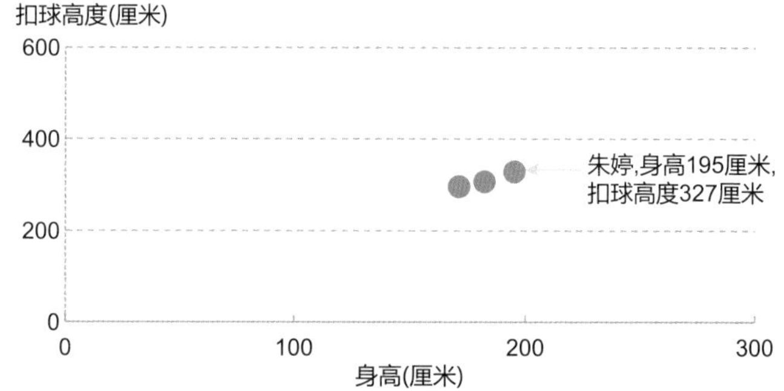

来源：中国排球协会官方网站　　　　　　　　　　　　　　制图：五重奏

图11-3　规范的散点图

看图说话：由图11-3可见“方、程、式”。2016年巴西奥运会3名中国女排运动员的身高和扣球高度的关系，可以从散点图上略见一斑。

从相关的方向看，身高和扣球高度呈现同升同降的正相关关系，因为3个散点的方向是由左下往右上延伸，这样的相关方向，表示身高越高，扣球高度也越高。

从相关的程度看，身高和扣球高度呈高度相关，因为3个散点的分布很集中，所以说明它们之间的关系很紧密。

从相关的形式看，身高和扣球高度的回归模型适合配置回归直线模型，因为3个散点的分布呈带状分布。

接下来，以图11-3为例，详解画散点图的步骤，即画图前的准备、散点图的规范和美化。

11.2.1　第1步，画图前的准备

1. 审核数据

来源的审核。这组年龄数据，来源权威，源于中国排球协会官方网站。

计算结果的审核，没有需要根据原始数据进行计算的数据。

2. 选择统计图

根据数据类型，选择统计图。呈现身高和扣球高度这两个变量之间的相互关系，画散点图是最佳选择也是唯一的选择。

3. 画好统计表

根据画表的规则，画好统计表，再画散点图。

打开电子文档，在任务栏选择“插入”选项卡，在“插图”这一组选择“图表”选项，在弹出的对话框“插入图表”中选择散点图，单击“确定”按钮，关闭“插入图表”对话框。这时，电子表格中默认的统计表和电子文档中默认的散点图

就双双“弹”出来了。

在电子表格中，默认的统计表如图11-4所示。

在图11-4中，默认的画散点图的统计表显示，系列1为“X值”，系列2为“Y值”。由于扣球高度受身高的影响，所以，X值为“身高”，Y值为“扣球高度”。将默认统计表的数据替换成女排运动员身高和扣球高度的数据，由于扣球高度受身高的影响，所以可以先将身高的数据排序，结果如图11-5所示。

H11

	A	B
1	X 值	Y 值
2	0.7	2.7
3	1.8	3.2
4	2.6	0.8

图11-4　默认的统计表

	A	B	C
1	2016年巴西奥运会中国女排运动员的身高与扣球高度一览		
2	姓名	身高（厘米）	扣球高度（厘米）
3	林莉	171	294
4	魏秋月	182	305
5	朱婷	195	327
6	来源：中国排球协会官方网站		

图11-5　画散点图的统计表

在图11-5中，如果电子表格中的数据有变化，那么散点图中散点的位置也会跟着变化，两者是互动的关系。

11.2.2　第2步，散点图的规范

在电子文档中，默认的散点图如图11-6所示。

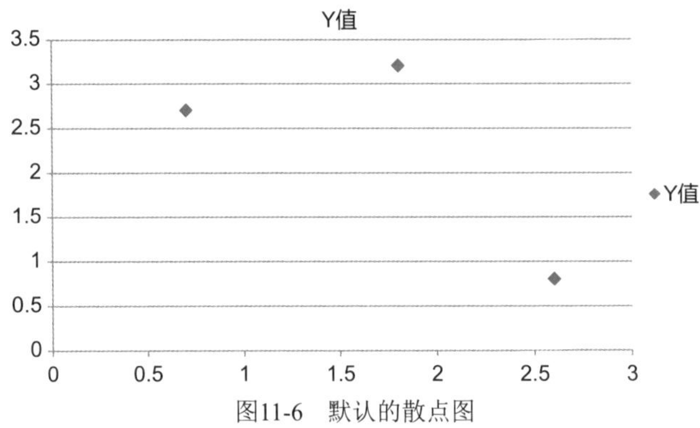

图11-6　默认的散点图

图11-6为默认的散点图，与默认的图11-4的数据相匹配，将默认的数据替换成实际的数据，默认的散点图就变化了。用图11-5的实际数据画的散点图，结果如图11-7所示。

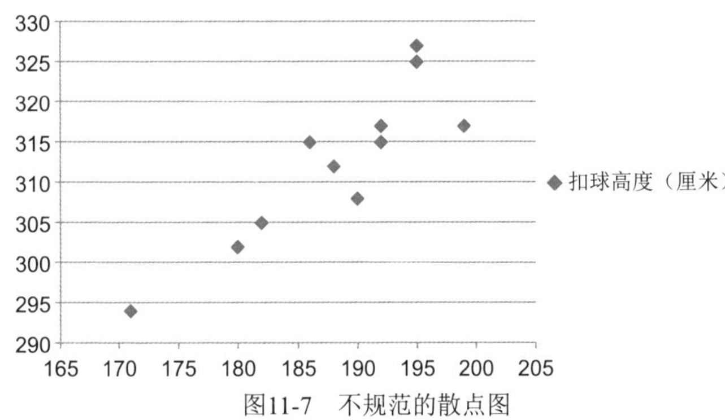

图11-7　不规范的散点图

图11-7为不规范的散点图。哪些地方没有画对呢？添加统计图的基本要素后，结果如图11-8所示。

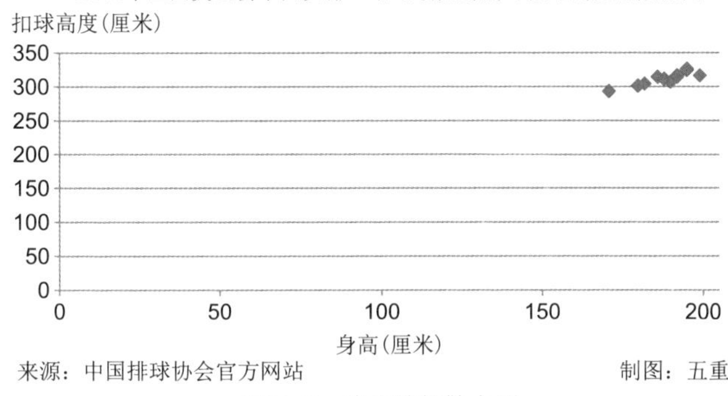

图11-8　美化前的散点图

从不规范的图11-7到没有美化的图11-8，要在标题区、绘图区和来源区进行修改。

1. 散点图标题区的规范

目标：写好标题。

内容：添加时间、空间和数据的名称。

操作：将原标题“扣球高度（厘米）”改为“2016年巴西奥运会中国女排12名运动员身高与扣球高度的散点图”。新标题具备了时间（2016年）、空间（巴西）、数据的名称（身高、扣球高度）这三个基本要素。

2. 散点图绘图区的规范

目标：添加画图元素。

内容：删除图例，添加起点值0、计量单位和横轴标题。

操作：

（1）删除图例。右击图例“扣球高度（厘米）”，在弹出的快捷菜单中选择

“删除”选项。

（2）添加起点值0。将纵轴的起点值设置为0的方法为：双击纵轴，在弹出的对话框“设置坐标轴格式”中将“最小值”设置为0，单击“关闭”按钮，关闭“设置坐标轴格式”对话框。双击横轴，用同样的方法，将横轴的起点值设置为0。

（3）添加计量单位。在“插入”这一组选择“绘制文本框”选项，在纵轴的上方添加文本框，在文本框中添加计量单位“扣球高度（厘米）”。

（4）添加横轴标题。单击散点图，选择“图表工具-布局”选项卡，在“标签”这一组单击“坐标轴标题”的下拉箭头，在“主要横坐标轴标题”下选择“坐标轴下方标题”，将默认的文字“坐标轴标题”改为“身高（厘米）”。

3. 散点图来源区的规范

目标：添加来源区。

内容：添加数据来源和制图者的名称。

操作：

（1）单击散点图，在任务栏“图表工具”中选择“布局”选项卡。

（2）在“插入”这一组选择“绘制文本框”选项，在来源区的位置添加文本框，在文本框中添加文字，即在来源区的左边位置添加文字“来源：中国排球协会官方网站”，在来源区的右边位置添加文字“制图：五重奏”。

11.2.3 第3步，散点图的美化

从没有美化的图11-8到美化的图11-3，要在标题区、绘图区和来源区进行修改。

1. 散点图标题区的美化

主标题“2016年巴西奥运会中国女排12名运动员身高与扣球高度的散点图”，字体为微软雅黑，字号为12磅，加粗。

2. 散点图绘图区的美化

在散点图中，绘图区的美化要点如图11-9所示。

图11-9 散点图绘图区的美化要点

1）横轴标题的美化。横轴的标题“身高（厘米）”，字体为微软雅黑，字号为10磅，不加粗。

2）横轴的美化。

（1）数字的美化。分类的数字，字体为Arial，字号为10磅，不加粗。

（2）刻度线和刻度值的美化。将刻度线改为向内，将刻度单位改为“100”的方法为：双击横轴，在弹出的对话框“设置坐标轴格式”中，将“主要刻度线类型”由“外部”改为

“内部”，将“最大值”由“200”改为“300”，将“主要刻度单位”由“50”改为“100”，最后单击“关闭”按钮，关闭“设置坐标轴格式”对话框。

3）纵轴的美化。

（1）文字的美化。计量单位的文字，字体为微软雅黑，字号为10磅，不加粗。

（2）数字的美化。数字的字体为Arial，字号为10磅，不加粗。

（3）刻度线和刻度值的美化。将刻度线改为向内，将刻度单位改为“200”的方法为：双击纵轴，在弹出的对话框“设置坐标轴格式”中，将“主要刻度线类型”由“外部”改为“内部”，将“最大值”由“350”改为“600”，将“主要刻度单位”由“50”改为“200”，最后单击“关闭”按钮，关闭“设置坐标轴格式”对话框。这波操作，可以让散点的位置从散点图的右侧往中间移动。

4）散点的美化。

（1）散点颜色和数据标记的美化。对默认的蓝色散点进行修改：双击任意一个散点，在弹出的对话框“设置数据系列格式”中单击“数据标记选项”，选择“类型”为圆形，选择“大小”为18，单击“数据标记填充”，将“填充”设置为“纯色填充”，再单击“颜色”的下拉箭头，选择“其他颜色”选项，而在弹出的对话框“颜色”中选择“自定义”选项卡，然后在“红色（R）”“绿色（G）”和“蓝色（B）”的方框中，依次填入数字0、158和219，再单击“确定”按钮，关闭“颜色”对话框，最后单击“关闭”按钮，关闭“设置数据系列格式”对话框。

（2）添加数据标签。两次单击最下面一个相关点，单独选中这个相关点后，再右击这个相关点，在弹出的快捷菜单中选择“添加数据标签”选项。再两次单击最下面这个相关点，单独选中这个相关点后，右击这个相关点，在弹出的快捷菜单中选择“设置数据标签格式”选项，在弹出的对话框“设置数据标签格式”中勾选“系列名称”和“X值”复选框，再单击“关闭”按钮，关闭“设置数据标签格式”对话框。在数据标签里，手动添加文字“朱婷”。

（3）美化数据标签。单击数据标签，在“图表工具”中选择“格式”选项卡，在“形状样式”这一组的“形状填充”中选择第二行的第一款，在“形状效果”中选择“棱台”效果的第一款。

（4）箭头的设置。选择“插入”选项卡，在“插图”这一组单击“形状”的下拉按钮，再选择带箭头的形状插入到散点图中。

5）其他美化。

（1）外边框的美化。删除外边框的方法为：双击散点图的外边框，在弹出的对话框“设置图表区域格式”中，将“边框颜色”设置为“无线条”，单击“关闭”按钮，关闭“设置图表区域格式”对话框。

（2）网格线的美化。设置网格线为虚线的方法为：双击网格线，在弹出的对话框“设置主要网格线格式”中选择“线型”选项，在“短画线类型”中选择“短画线”，最后单击“关闭”按钮，关闭“设置主要网格线格式”对话框。

3. 散点图来源区的美化

来源和制图者名称的文字，字体为微软雅黑，字号为10磅，不加粗。

规范的散点图经过美化，结果如图11-3所示。

11.3 画散点图的技巧

11.3.1 技巧1：PPT中的动态散点图

让散点图在演示文稿（PPT）中“跳舞”，这就是常讲的动态散点图。

演示文稿中的散点图，可以在演示文稿中画，画法与在电子文档中的画法一样，也可以直接将电子文档中画好的散点图直接复制并粘贴到演示文稿中。本节采用后面这种方法。

动态散点图的设置，可以用演示文稿现有的动画按钮进行设置，也可以用演示文稿之外的动画模板进行设置。这里推送前一种方法。

以图11-3为例，用演示文稿现有的动画按钮设置动态散点图，结果如图11-10所示。

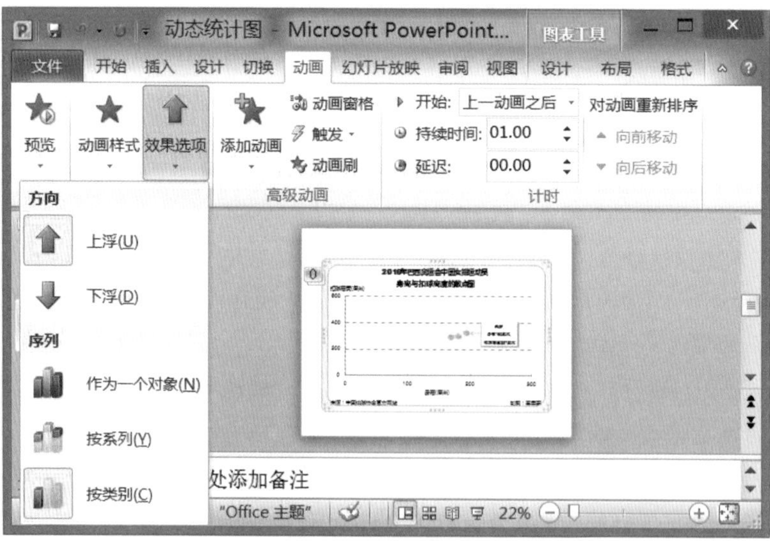

图11-10　动态散点图的画法

结合图11-10，画动态散点图的基本步骤如下。

第1步，准备散点图。

右击图11-3中的散点图，在弹出的快捷菜单中选择“复制”选项。双击打开一张空白的演示文稿，在弹出的快捷菜单中单击“粘贴选项”命令下的第二个按钮，即“保留源格式和嵌入工作簿”按钮。

为了有更好的演示效果，对复制到演示文稿中的散点图，可以拖动其右下角的双向箭头，把散点图放大。同时调整文字和数字的字号。

单击演示文稿中的散点图，任务栏会出现“图表工具”。所有画图操作，与在电子文档中的一样，比如，在电子表格中更新数值，演示文稿中的散点图也会跟着变化。

第2步，设置散点图的动画效果。

单击散点图，再选择“动画”选项卡，在“高级动画”这一组单击“添加动画”的下拉按钮，选择“浮入”选项。在“动画”这一组单击“效果选项”的下拉按钮，这时，就出现了若干动画效果的按钮。

比如，设置每个散点从左往右升起的方法为：在默认的“上浮”方向中，单击“按类别”按钮，在“计时”这一组单击“开始”的下拉按钮，选择“上一动画之后”选项。

第3步，设置好以后，单击“幻灯片放映”按钮。这时，散点图中的每一个散点，就从空中飘来，开始“表演”了。

11.3.2 技巧2：十字形平均线的画法

在画好的散点图内，找到一个中心点，穿过这个中心点，向横轴画一根平行的横线，向横轴画一根垂直的竖线。横线和竖线相交，就形成了十字线。这根十字线，将第一象限划分为四个区域。带十字形平均线的散点图，如图11-11所示。

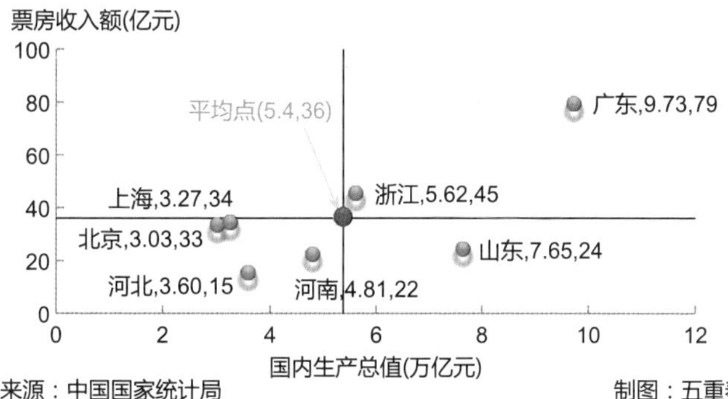

图11-11 带十字形平均线的散点图

在图11-11中，就是带十字形平均线的散点图，这条线是怎么画出来的？

第1步，画好相关表，求出两个变量的均值，求出两个均值的2倍。

准备数据，查找2018年7省市CDP的数据。以北京市为例：查找数据的路径一为在各大搜索引擎，在搜索框中输入“北京的GDP”，这种方法不可取，即搜即有；查找数据的路径二为在中国国家统计局网站首页“统计数据”栏目中，单击“数据查询”；在打开的网页中，在搜索框中输入“2018年 北京 GDP”，单击“搜索”按钮；在“筛选栏目”的下拉按钮中，选择“分省年度数据”，单击“刷新”按钮；在列表数据中，找到2018年北京市GDP的数据。用同样方法，可以查找到其他6省市GDP的数据。

求出中心点（5.4,36）。中心点就是平均点，经过计算，GDP的均值为5.4万亿元，票房收入额的均值为36亿元。

求出两个均值的2倍，以平均分配散点图中四个象限的区域。GDP均值的两倍为10.8万亿元，票房收入额均值的两倍为72亿元。相关表的结果如图11-12所示。

	A	B	C	D
1	2018年中国七省市国内生产总值（GDP）与票房收入额的相关表			
2	序号	省市名称	国内生产总值（万亿元）x	票房收入额（亿元））y
3	1	北京	3.03	33
4	2	上海	3.27	34
5	3	河北	3.60	15
6	4	河南	4.81	22
7	5	浙江	5.62	45
8	6	山东	7.65	24
9	7	广东	9.73	79
10	来源：中国国家统计局			
11		均值	5.4	36.0
12		两倍的均值	10.8	72.0

图11-12　画带十字形平均线的散点图的统计表

第2步，画出平均点。

先画好一张不带十字形平均线的散点图，再单击这张散点图。

平均点的画法：首先，在“图表工具”下选择“设计”选项卡，在“数据”这一组选择“选择数据”选项，在弹出的对话框“选择数据源”中的“图例项”下，选择“添加”选项，在弹出的对话框“编辑数据系列”中，依次在“系列名称”方框中输入“均值”，在“X轴系列值”方框中输入C12：D12，在“Y轴系列值”方框中清除默认值并输入D12，单击“确定”按钮，关闭“编辑数据系列”对话框，单击“确定”按钮，关闭“选择数据源”对话框。

第3步，添加十字形平均线。

画出经过平均点的横线。单击平均点，再单击“图表工具-布局”选项卡。在“分析”这一组单击“误差线”的下拉按钮，在下拉列表中选择“标准误差误差线”选项。在“当前所选内容”这一组单击方框的下拉按钮，在下拉列表中选择“系列‘均值’X误差线”选项。再回到“分析”这一组，单击“误差线”的下拉按钮，在下拉列表中选择“其他误差线选项”，在弹出的对话框“设置误差线格式”中单击“误差量”中的“自定义”单选按钮，单击“指定值”，在弹出的“自定义错误栏”对话框中，在“正错误值”和“负错误值”的方框中，将方框中的内容分别替换为“10.8”，然后单击“确定”按钮，关闭对话框，再单击“关闭”按钮，关闭“设置误差线格式”对话框。

画出经过平均点的竖线。单击平均点，再单击“图表工具-布局”选项卡。在“当前所选内容”这一组单击方框的下拉按钮；在下拉列表中选择“系列‘均值’Y误差线”选项。再回到“分析”这一组，单击“误差线”的下拉按钮，在下拉列表中选择“其他误差线选项”，在弹出的对话框“设置误差线格式”中单击“误差量”中的“自定义”单选按钮，单击“指定值”，在弹出的“自定义错误栏”对话框中，在“正错误值”和“负错误值”的方框中，将方框中的内容分别替换为“72”，然后单击“确定”按钮，关闭对话框，最后再单击“关闭”按钮，关闭“设置误差线格式”对话框。

第4步，调整与美化。

平均点的美化。将平均点的形状由默认的小方块改为圆形。将平均点的颜色改为玫红色。将平均点的大小调到“10”。添加数据标签的选项。

数据标签的美化。在“设置数据标签格式”对话框中，将纯色填充设置为浅灰色，将“三维格式”设置为“棱台”的第一款。

图表样式的美化。选择“图表工具”中的“设计”选项卡，在“图表样式”这一组选择“样式27”；双击“图表区”，在弹出的对话框“设置图表区格式”中，将边框颜色设置为“无线条”，将“边框样式”设置为“圆角”，将“三维格式”设置为“棱台”第一款，再单击“关闭”按钮，关闭“设置图表区格式”对话框。

经过字体和字号等调整，带十字形平均线的散点图就画好了。

这种带十字线的散点图，有什么好处呢？好处显而易见，它可以直观地图示“物以类聚，人以群分”这样古朴的道理，可以使读者直观地看到各类散点的分布，看到高出这个中心点的散点有哪些，低于这个中心点的散点有哪些，落在这个中心点的散点有哪些。

在散点图中画十字线，主要优势有以下几点。

（1）不怕数据多。一般的统计图，画图的数据要有所控制，比如画饼图，五个左右的数据就比较合适。不然的话，把太多的数据堆到统计图中，就会画成一张“麻花脸”。这样的统计图，只有一团零乱袭来，让人看了直呼扫兴，没有半点清爽怡人的姿色。

而散点图就不同，画图的数据点可以不限。数据点越多，越能看出数据点的走势，用十字线划分为四个相同的方块，就能看出各类数据点在每个方块的特点。

（2）算出的均值能派上用场。一般的统计图，还是以饼图为例，就算求出了均值，就算用均值画出了十字线，但这十字线也没有意义，也不能说明什么问题。

在散点图上的所有数据点，都是成对的相关点，用于呈现两个相关变量的数据点的分布，其他的统计图没有这个功能。用两个变量的数据可以计算出两个均值，两个均值组成的一个点就是平均点，这个平均点可以画在散点图上。

11.4 画散点图的误区

画散点图的两个变量毫无关系
起点值该从0开始而没有从0开始
过散点图画的趋势线画成了实线
话说该做好的不做好就会掉进误区

在散点图的世界中，最常见的误区有以下3个。

- 画散点图的两个变量之间没有关系，这样画出来的图便是在做无用功。
- 横轴和纵轴的起点值没有从0开始，从而导致散点的分布偏离了原形。
- 过散点图画的趋势线画成了实线，正确的做法是应该用虚线表示趋势线。

11.4.1 画好散点图的标准

画散点图时，为了避免种种误区，可参考表11-1的相关内容。

表11-1　画好散点图的基本标准

分类	内容
表格区	①审核数据的来源：一手数据是否准确，二手数据是否权威 ②审核数据类型是否适合画散点图
标题区	①时间要写全 ②空间要具体 ③向谁调查要写清楚
绘图区	①横轴上的刻度值要从0开始 ②横轴上的刻度值表示自变量的数值 ③横轴下的数据的名称和计量单位要写好 ④纵轴上的刻度值要从0开始 ⑤纵轴上的刻度值表示因变量的数值 ⑥纵轴上数据的名称和计量单位要写好 ⑦散点多，可标示主要数值

续表

分类	内容
来源区	①数据的来源要写 ②制图者的名称要写
美化区	①统一字体和字号 ②自选颜色要选好 ③横轴上的刻度线要向内 ④纵轴上的刻度线要向内 ⑤纵轴上的刻度值为整数 ⑥网格线和外边框要删除

有了画好散点图的基本标准，画散点图就顺手了。

11.4.2 误用散点图的实例

下面有两个实例。例子中的散点图，用画散点图的基本标准来看，请问能看到什么？

【例11-1】图11-13所示散点图来自《经济学人》杂志，请问蓝色的散点画得好吗？

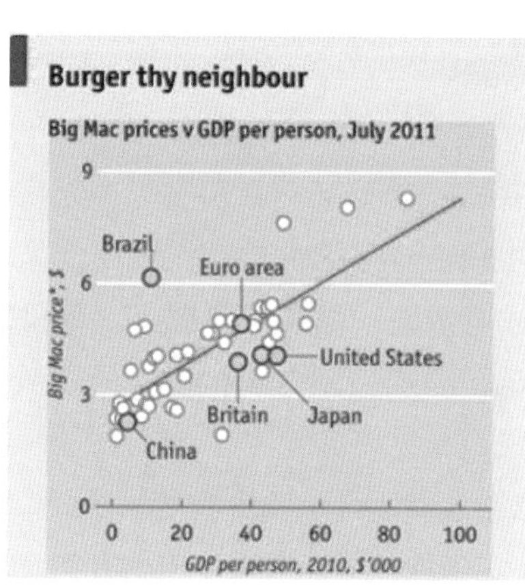

图11-13　杂志画的散点图

简析：图11-13中的蓝色散点，从外表看很漂亮也很醒目，但这样的表达不规范。因为蓝色的散点与其他白色的散点相比，个头明显要大一些，而正常的散点图，所有散点的大小都应该一样。显然，在这一群白色的散点中，为了突出关键的散点，可以将这些散点改为蓝色，但散点的大小不能改变。当然，这张散点图还要添加来源区。

【例11-2】图11-14所示散点图来自腾讯网《2018中国电影市场年报（地域篇）》，请问还有哪些地方需要润色，以求更美?

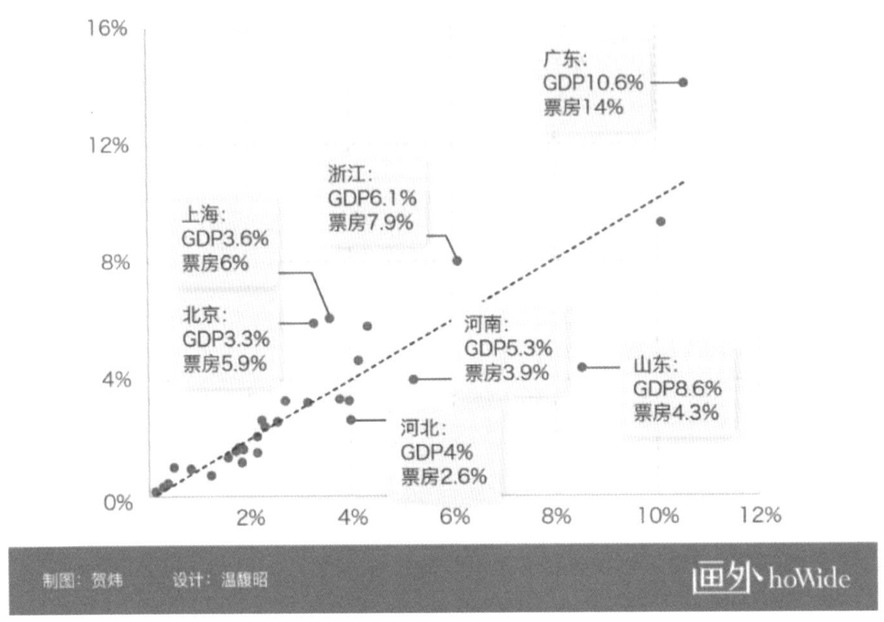

图11-14　媒体画的散点图

简析：图11-14是散点图。经济好坏与票房高低关系密切。这张散点图，在横轴上，呈现变量中国各省份GDP占全国的份额；在纵轴上呈现变量各省份票房占全国的份额。各省两个变量的成对数值，画在散点图上，就呈现为一个一个的相关点。比如，当北京的GDP为3.3%，票房份额为5.9%时，画在散点图上，就呈现为一个相关点。

从美观来看，这张散点图重点醒目，风格淡雅。

从统计图的规范来看，这张散点图需要修改的地方如下。

（1）在标题区，添加时间和空间，不要用缩写语“GDP”。将原标题“各省GDP份额与票房份额的相关性”改为“2018年中国各省国内生产总值份额与票房份额的相关性”。

（2）在来源区，要写好数据的来源。

（3）在绘图区，添加坐标轴标题。在横轴上和纵轴上，刻度值所带的“%”可省略。同时，在横轴下，添加横轴标题“国内生产总值份额（%）”；在纵轴上，添加纵轴标题“票房份额（%）”。

○模仿秀

看视频 画散点图

视频：网易公开课：线性相关与回归（时长：1分21秒）。

模仿：画一个视频中的散点图。

视频播放到1分6秒时出现的散点图如图11-15所示。

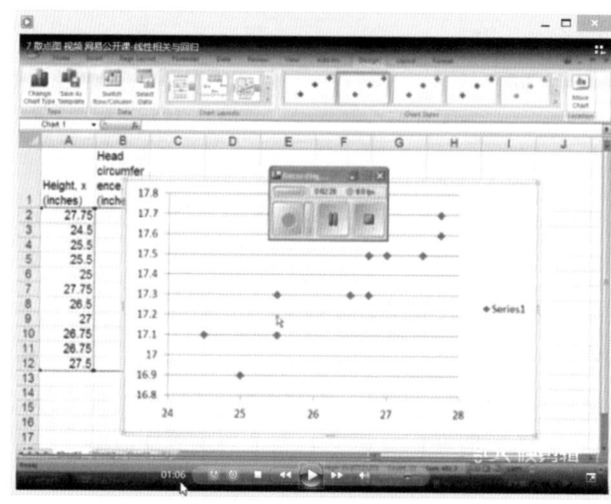

图11-15 视频中的散点图

上面是看视频画散点图的一个示例。

画散点图的统计表如图11-16所示。

	A	B	C
1	11名儿童身高和头围的相关表		
2	序号	身高(英寸)	头围(英寸)
3	1	27.75	17.7
4	2	24.50	17.1
5	3	25.50	17.1
6	4	25.50	17.3
7	5	25.00	16.9
8	6	27.75	17.6
9	7	26.50	17.3
10	8	27.00	17.5
11	9	26.75	17.3
12	10	26.75	17.5
13	11	27.50	17.5
14	来源：医学调查		

图11-16 模仿画散点图用的统计表

用图11-16的数据画的散点图如图11-17所示。

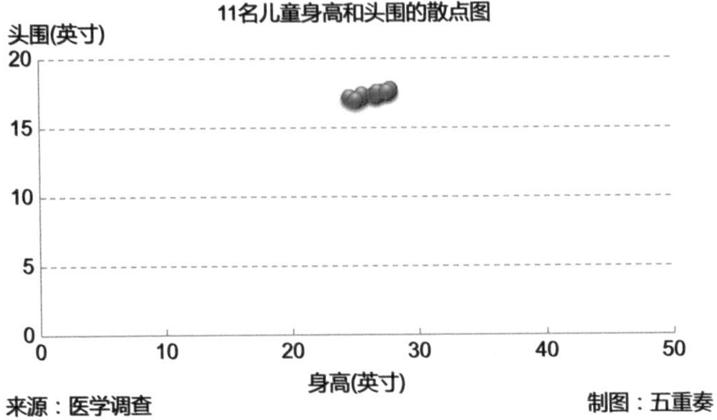

图11-17　模仿图11-15画的散点图

图11-17和图11-15相比，有以下修改。

（1）在标题区，添加标题。可惜原视频没有提供时间和空间，所以不得不空缺。

（2）在来源区，添加来源和制图者名称。原视频没有提供具体来源，因此只能暂时写“医学调查”。

（3）在绘图区，横轴和纵轴的起点值都为0，横轴和纵轴的刻度值都向内，横轴下和纵轴上都要标明变量名称和计量单位，纵轴的刻度值取整数，改变默认的颜色，删除图例，删除外边框，网络线可为虚线，统一用专业的字体和字号。

○扫码读美文

阅读过程请留心文中数据，并试着将其落实为统计图。

第12章

玩转统计图：气泡图

Graph source：BBC

12.1 气泡图简介

定义：气泡图是指用大小不同的点呈现数据分布与大小的统计图。在气泡图中，每个点的位置由横轴和纵轴上两个变量的数值决定，而每个点的大小，由第三个变量的数值大小决定。

举例：气泡图如图12-1所示。

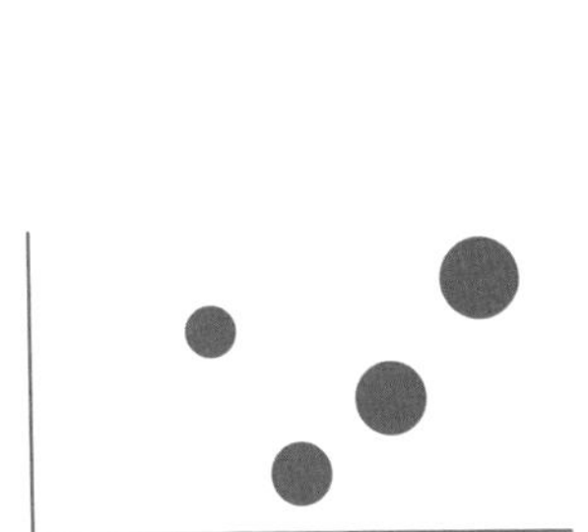

图12-1　气泡图

在图12-1中，左图是气泡图的图形，右图是用实际数据画的气泡图。

在图12-1中，左图从外观看，横轴表示一个变量的值，纵轴表示另一个变量的值，这两个变量的值定格第三个变量的位置，气泡的大小显示第三个变量的大小。

在图12-1中，右图来自英国广播公司，呈现的是健康、财富与人口规模的关系。气泡图中有3个变量，一个变量代表健康，用人均预期寿命（years）表示，分布在纵轴上；另一个变量代表财富，用人均收入（income）表示，分布在横轴上。这两个变量的成对取值，定位了第三个变量即人口数量（population）的位置。人口数量用圆点表示，圆点的大小代表人口数量的多少，圆点越大，表示人口数量越多。这张在三维空间画的气泡图，炫酷力十足，美化区的设计极富韵味，但应添加标题区和来源区，而在绘图区，可以将主要的气泡用数值标示大小。横轴和纵轴的起点值“0”要标示出来。

特点：气泡图是用3个有联系的变量的数据画的图形。

- **画图空间具有三维性。**它是在一个横轴与一个纵轴围成的空间画图。横轴和纵轴的起点值均从0开始。
- **呈现数据的同一性。**它是用不同大小的标记呈现数据在图中的位置，只呈现第三个变量数值的大小。
- **适用数据类型的单一性。**它只适合呈现具有相关关系的3个变量的数据。

用法：用于呈现3个变量的关系，用两个变量的数值给第三个变量定位，用于呈现第三个变量的数值的大小。

说法：用文字说明气泡图时，也就是看气泡图说话时，写作的基本套路如下。

首先，要拟好标题，写好时间、空间和统计对象，也可以提炼图中的核心内容拟好标题。

其次，开头的文字，应指出这是气泡图，图中主要说明了什么内容。

然后，中间的文字，结合具体数据说明气泡图。说明的内容，包括数据的特点，在可比性的前提下，指出气泡的位置和大小。

比较：气泡图和散点图的比较。其示意图如图12-2所示。

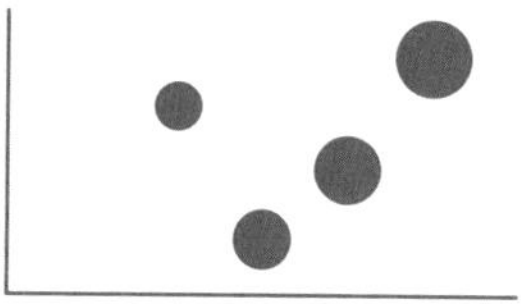

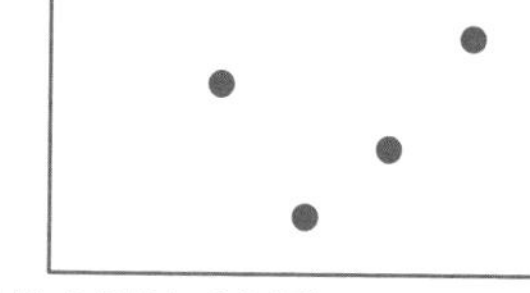

图12-2　气泡图和散点图的示意图

在图12-2中，气泡图和散点图都是用圆圈来画图，横轴和纵轴的起点值都为0。

气泡图的圆圈有大有小，气泡图用于比较3个变量成组的数值，第三个变量的数值大小确定气泡数据点的大小。散点图中的所有圆圈大小都一样，散点图用于比较两个变量成对的数值。

12.2　气泡图的画法

在气泡图中，从气泡的大小，可以看出数值的大小；从气泡的分布，可以看出变量之间的关系。气泡越大，表示第三个变量的数值越大。气泡图如图12-3所示。

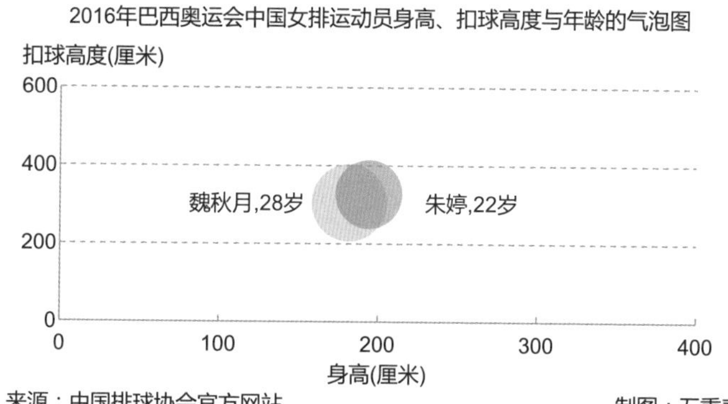

图12-3　规范的气泡图

看图说话：由图12-3可见，两个气泡，一大一小，大的黄色气泡表示魏秋月的年龄28岁，小的蓝色气泡表示朱婷的年龄22岁。这张气泡图，对两位运动员的身高、扣球高度和年龄进行了比较，年龄的大小决定了气泡的大小。

接下来，以图12-3为例，详解画气泡图的步骤，即画图前的准备、气泡图的规范和美化。

12.2.1 第1步，画图前的准备

1. 审核数据

来源的审核。两个运动员的出生年份、身高和扣球高度数据，其来源权威，源于中国排球协会官方网站。

计算结果的审核。根据奥运会的年份和运动员的出生年计算年龄，年龄的计算准确无误。

2. 选择统计图

根据数据类型，选择统计图。呈现身高、扣球高度和年龄这3个变量之间的相互关系，并以年龄为第三个变量，用圆的大小呈现年龄的大小，最佳选择也是唯一的选择，就是画气泡图。

3. 画好统计表

根据画表的规则，画好相关表，再画气泡图。

打开电子文档，在任务栏选择"插入"选项卡，在"插图"这一组选择"图表"选项，在弹出的对话框"插入图表"中选择气泡图，单击"确定"按钮，关闭"插入图表"对话框。这时，电子表格中默认的统计表和电子文档中默认的气泡图就双双"跳"出来了。

在电子表格中，默认的统计表如图12-4所示。

在图12-4中，默认的画气泡图的统计表显示，系列1为"X值"，系列2为"Y值"，系列3为"大小"。由于扣球高度受身高的影响，所以，X值为"身高"，Y值为"扣球高度"，而预设目标显示数值大小的为"年龄"。将默认统计表的数据替换成女排运动员身高、扣球高度和年龄的数据，结果如图12-5所示。

	A	B	C
1	X值	Y值	大小
2	0.7	2.7	10
3	1.8	3.2	4
4	2.6	0.8	8

图12-4 默认的统计表

	A	B	C	D
1	2016年巴西奥运会中国女排运动员的身高、扣球高度和年龄一览			
2	姓名	身高（厘米）	扣球高度（厘米）	年龄（岁）
3	魏秋月	182	305	28
4	朱婷	195	327	22
5	来源：中国排球协会官方网站			

图12-5 画气泡图的统计表

在图12-5中，如果电子表格中的数据有变化，那么电子文档中气泡图的大小也会跟着变化，两者是互动的关系。

12.2.2 第2步，气泡图的规范

在电子文档中，默认的气泡图如图12-6所示。

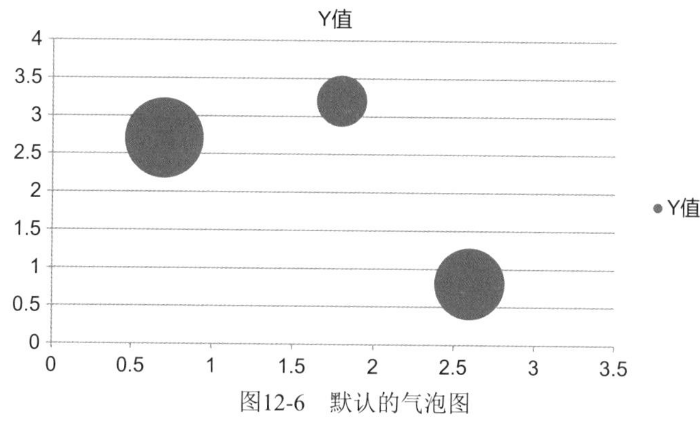

图12-6　默认的气泡图

图12-6为默认的气泡图，与默认的图12-4的数据相匹配。将默认的数据替换成实际的数据，默认的气泡图就变化了。用图12-5的实际数据画的气泡图，结果如图12-7所示。

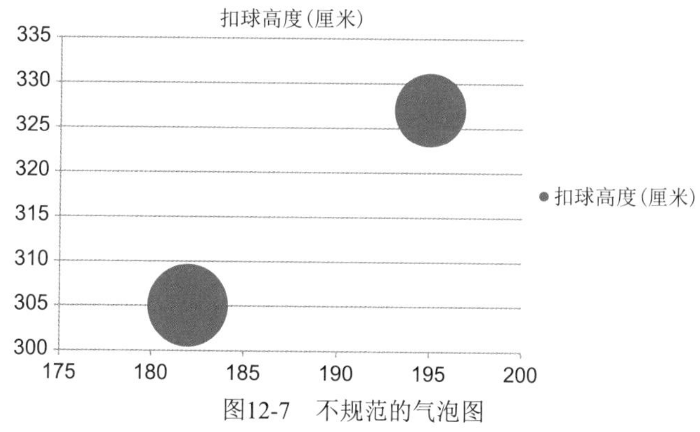

图12-7　不规范的气泡图

图12-7为不规范的气泡图，添加统计图的基本要素后，结果如图12-8所示。

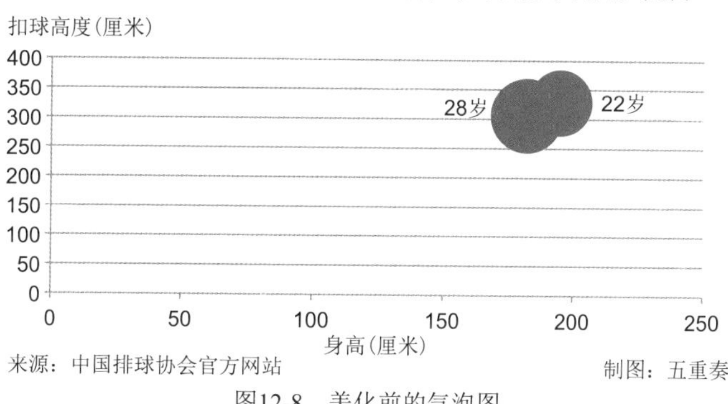

图12-8　美化前的气泡图

从不规范的图12-7到没有美化的图12-8，要在标题区、绘图区和来源区进行修改。

1. 气泡图标题区的规范

目标：写好标题。

内容：添加时间、空间和数据的名称。

操作：将原标题“扣球高度（厘米）”改为“2016年巴西奥运会中国女排运动员身高、扣球高度与年龄的气泡图”。新标题具备了时间（2016年）、空间（巴西）、数据的名称（年龄、身高、扣球高度）这3个基本要素。

2. 气泡图绘图区的规范

目标：添加画图元素。

内容：删除图例，添加起点值0、计量单位、数值和横轴标题。

操作：

（1）删除图例。右击图例“扣球高度（厘米）”，在弹出的快捷菜单中选择“删除”选项。

（2）添加起点值0。将纵轴的起点值设置为0的方法为：双击纵轴，在弹出的对话框“设置坐标轴格式”中，将“最小值”设置为0，单击“关闭”按钮，关闭“设置坐标轴格式”对话框。双击横轴，用同样的方法，将横轴的起点值设置为0。

（3）添加计量单位。单击气泡图，选择“图表工具-布局”选项卡，在“插入”这一组选择“绘制文本框”选项，在纵轴的上方添加文本框，在文本框中添加计量单位“扣球高度（厘米）”。

（4）添加年龄的数值。先右击任意一个气泡，在弹出的快捷菜单中选择“添加数据标签”选项，这时显示的是扣球高度的数值。再双击任意一个扣球高度的数值，在弹出的对话框“设置数据标签格式”中只勾选“气泡大小”，只显示年龄的数值，而不勾选“X值”和“Y值”，不显示身高和扣球高度的数值；最后，单击“关闭”按钮，关闭“设置数据标签格式”对话框。在两个年龄的数值后面，手动添加计量单位“岁”。

（5）添加横轴标题。单击气泡图，选择“图表工具-布局”选项卡，在“标签”这一组单击“坐标轴标题”的下拉箭头，在“主要横坐标轴标题”下选择“坐标轴下方标题”，将默认的文字“坐标轴标题”改为“身高（厘米）”。

3. 气泡图来源区的规范

目标：添加来源区。

内容：添加数据来源和制图者的名称。

操作：

（1）单击气泡图，选择“图表工具-布局”选项卡。

（2）在“插入”这一组选择“绘制文本框”选项，在来源区的位置添加文本框，在文本框中添加文字，即在来源区的左边位置添加文字“来源：中国排球协会官方网站”，在来源区的右边位置添加文字“制图：五重奏”。

12.2.3 第3步，气泡图的美化

从没有美化的图12-8到美化的图12-3，要在标题区、绘图区和来源区进行修改。

1. 气泡图标题区的美化

主标题“2016年巴西奥运会中国女排运动员身高、扣球高度与年龄的气泡图”，字体为微软雅黑，字号为12磅，加粗。

2. 气泡图绘图区的美化

在气泡图中，绘图区的美化要点如图12-9所示。

绘图区的美化

- 横轴标题的美化
- 横轴的美化
- 纵轴的美化
- 气泡的美化
- 其他美化

图12-9 气泡图绘图区的美化要点

1）横轴标题的美化。横轴的标题“身高（厘米）”，字体为微软雅黑，字号为10磅，不加粗。

2）横轴的美化。

（1）文字的美化。分类的数字，字体为Arial，字号为10磅，不加粗。

（2）刻度线和刻度值的美化。将刻度线改为向内，将最大值改为600，将刻度单位改为200的方法为：双击横轴，在弹出的对话框“设置坐标轴格式”中，将“主要刻度线类型”由“外部”改为“内部”，将“最大值”由“250”改为“400”，将“主要刻度单位”由“50”改为“100”，最后单击“关闭”按钮，关闭“设置坐标轴格式”对话框。这波操作，让气泡的位置从气泡图的右侧往中间移动。

3）纵轴的美化。

（1）文字的美化。计量单位的文字，字体为微软雅黑，字号为10磅，不加粗。

（2）数字的美化。数字的字体为Arial，字号为10磅，不加粗。

（3）刻度线和刻度值的美化。将刻度线改为向内，将最大值改为600，将刻度单位改为“200”的方法为：双击纵轴，在弹出的对话框“设置坐标轴格式”中，将“主要刻度线类型”由“外部”改为“内部”，将“最大值”由“400”改为“600”，将“主要刻度单位”由“50”改为“200”，最后单击“关闭”按钮，关闭“设置坐标轴格式”对话框。这波操作，可以让散点的位置从散点图的左侧往中间移动。

4）气泡的美化。黄色气泡的RGB值为（255、192和0）。蓝色气泡的RGB值为（0、166和231）。

将默认的蓝色气泡改为黄色气泡的方法为：双击任意一个气泡，在弹出的对话框“设置数据系列格式”中，首先，选择“填充”选项，将“填充”设置为“纯色填充”，单击“颜色”的下拉箭头，选择“其他颜色”选项，在弹出的对话框“颜色”中选择“自定义”选项卡，然后在“红色”“绿色”和“蓝色”的方框中依次填入数字255、192和0，再单击“确定”按钮，关闭“颜色”对话框，选择“边框颜色”选项，选择“无”，最后单击“关闭”按钮，关闭“设置数据系列格式”对话框。

黄色小气泡不被遮挡的方法为：先右击蓝色的小气泡，然后在弹出的快捷菜单中选择“设置数据点格式”选项。在“设置数据点格式”对话框中的操作过程如图12-10所示。

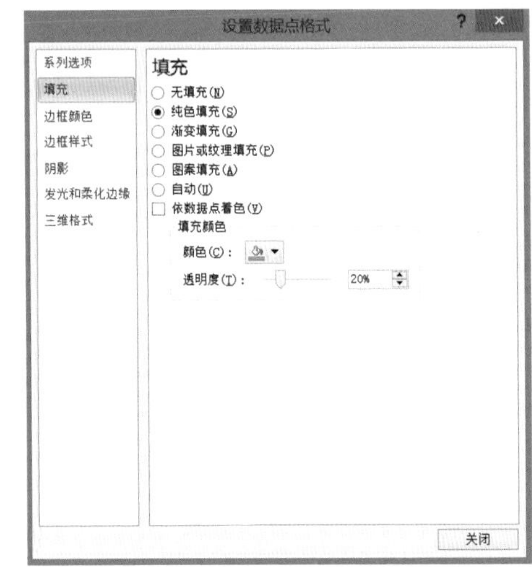

图12-10　设置数据点格式的对话框

在图12-10的“设置数据点格式”对话框中选择“填充”选项，单击“纯色填充”单选按钮，选择“颜色”为蓝色，并将“透明度”由默认的0%调到20%，再单击“关闭”按钮，关闭“设置数据点格式”对话框。这时，隐藏的黄色小气泡就欢快地“飞”出来了。

5）边框线条的美化。

（1）外边框的美化。删除外边框的方法为：双击气泡图的外边框，在弹出的对话框“设置图表区域格式”中，将“边框颜色”设置为“无线条”，单击“关闭”按钮，关闭“设置图表区域格式”对话框。

（2）网格线的美化。设置网格线为虚线的方法为：双击网格线，在弹出的对话框“设置主要网格线格式”中，选择“线型”选项，在“短画线类型”中选择“短画线”；最后单击“关闭”按钮，关闭“设置主要网格线格式”对话框。

3. 气泡图来源区的美化

数据来源和制图者名称的文字，字体设置为微软雅黑，字号为10磅，不加粗。

气泡图经过美化，结果如图12-3所示。

12.3 画气泡图的技巧

12.3.1 技巧1：PPT中的动态气泡图

让气泡图在演示文稿（PPT）中“跳舞”，这就是常讲的动态气泡图。

演示文稿中的气泡图，可以在演示文稿中画，画法与在电子文档中的画法一样，也可以直接将电子文档中画好的气泡图直接复制并粘贴到演示文稿中。本节采用后面这种方法。

动态气泡图的设置，可以用演示文稿现有的动画按钮进行设置，也可以用演示文稿之外的动画模板进行设置。这里推送前一种方法。

以图12-3为例，用演示文稿现有的动画按钮设置动态气泡图，结果如图12-11所示。

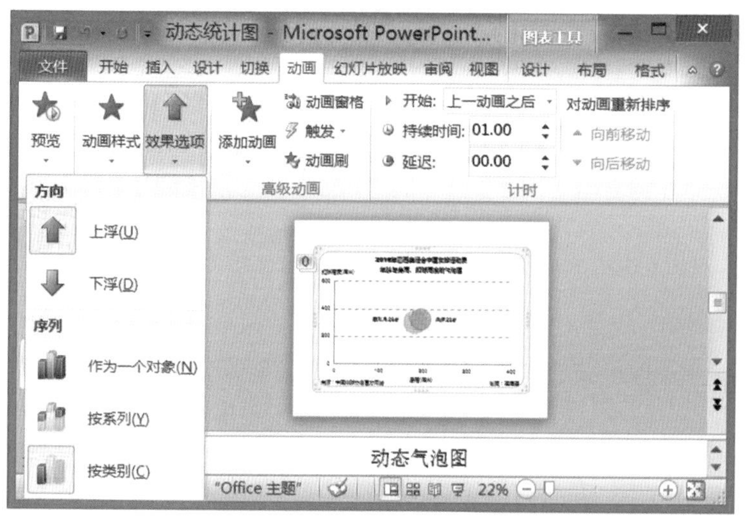

图12-11 动态气泡图的画法

结合图12-11，画动态气泡图的基本步骤如下。

第1步，准备气泡图。

右击图12-11中的气泡图，在弹出的快捷菜单中选择“复制”选项。双击打开一张空白的演示文稿，在弹出的快捷菜单中单击“粘贴选项”命令下的第二个按钮，即“保留源格式和嵌入工作簿”按钮。

为了有更好地演示效果，对复制到演示文稿中的气泡图，可以拖动其右下角的双向箭头，把气泡图放大。同时调整文字和数字的字号。

单击演示文稿中的气泡图，任务栏会出现“图表工具”。所有画图操作，与在电子文档中的操作一样，比如，在电子表格中更新数值，演示文稿中的气泡图也会跟着变化。

第2步，设置气泡图的动画效果。

单击气泡图，再选择“动画”选项卡，在“高级动画”这一组单击“添加动画”的下拉按钮，选择“浮入”选项。在“动画”这一组单击“效果选项”的下拉按钮，这时，就出现了若干动画效果的按钮。

比如，设置每个气泡从左往右升起的方法，即在默认的“上浮”方向中单击“按类别”按钮，在“计时”这一组单击“开始”的下拉按钮，选择“上一动画之后”选项。

第3步，设置好以后，单击“幻灯片放映”按钮。这时，气泡图中的每一个气泡，就从天而降，“表演”开始了。

12.3.2 技巧2：气泡图变圆圈图

气泡图和圆圈图，顾名思义，气泡图是用气泡的形状画的统计图，圆圈图是用圆圈的形状画的统计图。

气泡图是用3个变量的3组数值画出来的，其中有两组数值表示横轴和纵轴上的定位，气泡的大小代表其中一个变量的一组数值的大小。而圆圈图是用一个变量的一组数值画出来的，圆圈的大小只是单纯地呈现这一组数值的大小。

圆圈图的画法跟气泡图的画法完全一样。气泡图有3个变量，圆圈图只有一个变量。在画气泡图时，为了让气泡合理分布，可以设置两个辅助系列。

用圆圈的大小可以显示年龄的大小。2016年巴西奥运会，中国女排勇夺冠军，可喜可贺！女排教练郎平56岁挂帅出征，女排运动员主将朱婷22岁打出了气势。

接下来，用圆圈的大小呈现22岁和56岁这两个数值。

画圆圈图的数据如图12-12所示。

	A	B	C	D
1	2016年巴西奥运会中国女排两位健将的年龄一览			
2	姓名	辅助系列1	辅助系列2	年龄（岁）
3	郎平	150	25	56
4	朱婷	100	25	22
5	来源：中国排球协会官方网站			

图12-12　画圆圈图的统计表

用图12-12的数据画的圆圈图如图12-13所示。

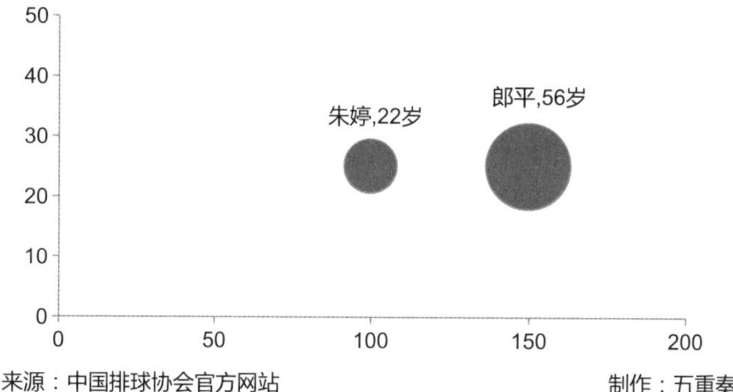

图12-13 美化前的圆圈图

将图12-13美化，结果如图12-14所示。

2016年巴西奥运会中国女排两位健将的年龄

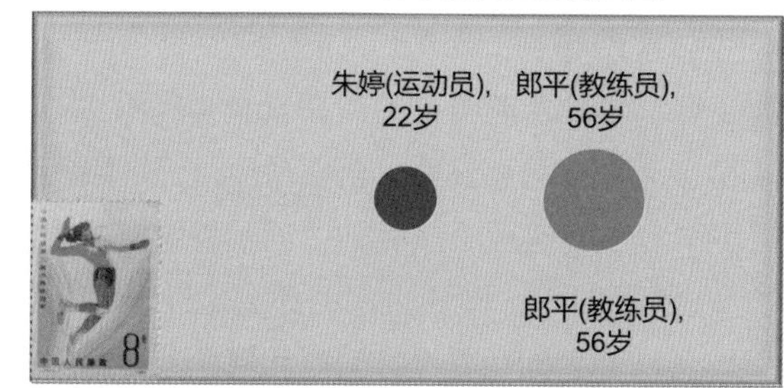

来源：中国排球协会官方网站　　制作：五重奏

图12-14 美化后的圆圈图

在图12-14中，小圆圈和大圆圈的RGB值分别为（139,79,189）和（57,154,181）。

在圆圈中，运用了美化统计图的3个小技巧，即插入图片、设置圆角和删除坐标轴。

在圆圈图中，插入图片、设置圆角和删除坐标轴的基本步骤如下。

第1步，插入图片。找一张与中国女排主题相吻合的邮票图片；右击邮票图片，在弹出的快捷菜单中选择“大小和位置”选项，在弹出的对话框“布局”中选择“文字环绕”选项卡，再选择“浮于文字上方”选项，最后单击“确定”按钮，关闭“布局”对话框。将设置好的邮票图片拖动到气泡图的适当位置。

第2步，设置圆角。在“设置图表区格式”对话框中，选择列表中的“边框样式”选项，勾选“圆角”复选框，然后单击“关闭”按钮，关闭“设置图表区格式”对话框。

第3步，删除横轴和纵轴。右击横轴，在弹出的快捷菜单中选择“删除”选项。用同样的方法，可以删除纵轴。

在统计图中插入与主题相关的图片，是为了丰富统计图。为美化起见，可以将统计图的边框设置为圆角，可以删除统计图中的横轴和纵轴。

圆圈图的运用很广，在大众传播中很常见。当只强调数值的大小时，就可以直接画圆圈来呈现，但不能随手画圈，要按画图的规矩来。

圆圈图和气泡图，看起来十分相近，但“对对碰”一下，就可以看出，这两种图，不管是图形的外貌还是呈现的数据内容和功用，两者都有不同。

气泡图和圆圈图的主要联系有以下两点。

（1）外貌相同，相同的气泡和圆圈代表相同数据的大小。气泡图中的气泡和圆圈图中的圆圈，气泡和圆圈所代表的都是数据。同样大小的气泡和圆圈，所代表的数据大小也相同。

（2）数据可以有多个，气泡和圆圈可以有多个。画气泡图和画圆圈图的数据可以有很多。气泡图中气泡的多少，圆圈图中圆圈的多少，以看得清楚为原则。对于有的统计图，如直方图和饼图等，一般以不超过五个数据为宜。

气泡图和圆圈图的主要区别有以下几点。

（1）两图所在的位置不同。气泡图必须画在直角坐标系中，而圆圈图没有这个限制，横放或竖放，斜放或正放，只要好看，只要适用，都可以随心所欲。

（2）两图的间距不同。在气泡图中，气泡之间的距离不完全相同，因为要由横轴和纵轴的数值定位。在圆圈图中，圆圈之间的距离完全相同，因为可以人为地定位。为了赏心悦目起见，各圆圈之间，常选择间距相同。

（3）两图数值的排列不同。在气泡图中，气泡的大小没有按由小到大的顺序排列，因为要由横轴和纵轴的数值定位。在圆圈图中，圆圈的大小可以按由小到大的顺序排列，因为可以人为地定位。

（4）目的不同。气泡图是为了比较成组的三个变量的数值。圆圈图是为了比较一个变量的一组数值。

气泡图和圆圈图各有特色，各有其用，就看画图者面临怎样的实际问题了。

12.4 画气泡图的误区

先要把表格画好却没有画好

横轴和纵轴的起点值该从0开始而没有从0开始

纵轴的标题应竖排而旋转了再排列

话说该做好的不做好就会掉进误区

在气泡图的世界中，最常见的误区有以下两个。

- 没有将表格的数据系列排序。画气泡图，要用3个变量，即横轴和纵轴各显示一个变量，气泡的大小显示第三个变量。气泡图跟其他统计图一样，也是按照统计表的数据来绘制的。画气泡图的统计表，有3个数据系列，为了方便呈现气泡图，需要将3个数据系列进行排列。也就是在统计表中，第一列的数据系列表示横轴的变量，第二列的数据系列表示纵轴的变量，第三列的数据系列表示气泡的大小。如果画气泡图前，这3个数据系列没有按顺序排好，那么自然就会给画图添麻烦。
- 起点值没有从0开始。横轴和纵轴的起点值没有从0开始，从而导致气泡的分布图偏离了原形，导致有的气泡“莫名其妙”地消失了。

12.4.1 画好气泡图的标准

在画气泡图时，要有效避开气泡图的误区，表12-1可供画图时参考。

表12-1 画好气泡图的标准

分类	内容
表格区	①审核数据的来源：一手数据是否准确，二手数据是否权威 ②审核数据类型是否适合画气泡图
标题区	①时间要写全 ②空间要具体 ③向谁调查要写清楚
绘图区	①横轴上的刻度值要从0开始 ②横轴上的刻度值表示自变量的数值 ③横轴下的数据的名称和计量单位要写好 ④纵轴上的刻度值要从0开始 ⑤纵轴上的刻度值表示因变量的数值 ⑥纵轴上数据的名称和计量单位要写好 ⑦气泡多可标示主要数值
来源区	①数据的来源要写 ②制图者的名称要写
美化区	①统一字体和字号 ②自选颜色要选好 ③横轴上的刻度线要向内 ④纵轴上的刻度线要向内 ⑤纵轴上的刻度值为整数 ⑥网格线和外边框要删除

有了画好气泡图的基本标准，画气泡图就有了底气。

12.4.2 误用气泡图的实例

在以下气泡图的实例中，用画好气泡图的标准来看，请问能看到什么？

【例12-1】图12-15所示的气泡图来自2019年（第五届）中国中小学生统计图表设计创意大赛获奖作品，请问还有哪些地方需要润色，以求更美？

图12-15　学生画的气泡图

简析：图12-15是气泡图中的圆圈图。这张气泡图，灵思妙想，构图可爱，朵朵向日葵，五彩缤纷，用向日葵圆盘大小表示数据的大小。从美观来看，清爽灵动，十分养眼。

从统计图的规范来看，还可以稍微修改一下。

（1）在标题区，时间写在空间的前面，删除“表”。将“泰州市2019年上半年用水情况统计图表”改为“2019年上半年泰州市用水情况统计图”。

（2）在来源区，写好数据的来源。

（3）在绘图区，圆圈的大小要画准，要先用圆规来画，然后再描图。

【例12-2】图12-16所示的气泡图可以怎么看?

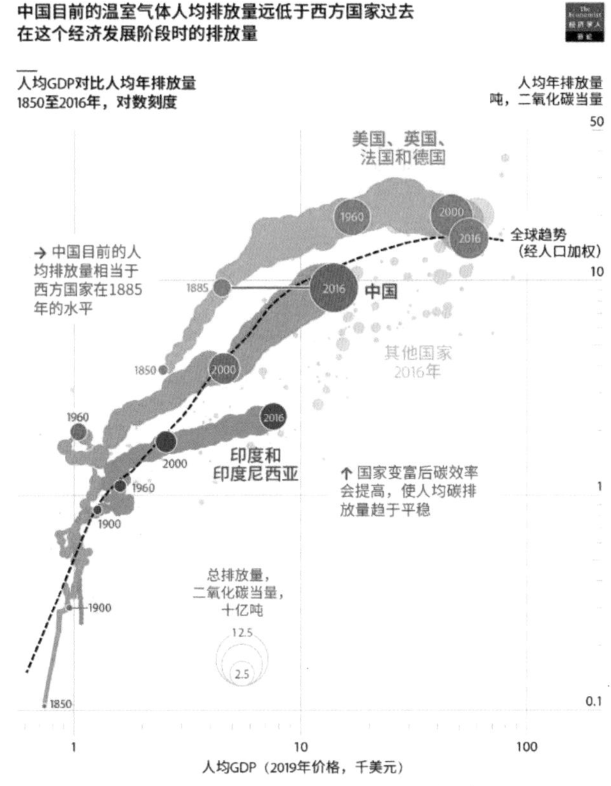

图12-16　《经济学人》杂志画的气泡图

简析：图12-16是气泡图，气泡的大小，呈现了温室气体人均排放量的多少。画面淡雅，大板块、小箭头、文字标注等设计很有特色。

但这张气泡图没有写明数据来源，而且，气泡的数值标签显示的是年份而不是排放量的多少，这样的标示容易让读者产生误读。

○模仿秀

看视频 画气泡图

视频：BBC-乐在其中统计学（时长：59分16秒）。

模仿：画一个视频中的气泡图。

视频播放到31分7秒时出现的气泡图如图12-17所示。

图12-17　视频中的气泡图

与视频中的气泡图相关的一组数据为：2017年，中国的人均收入（美元）、人均预期寿命（岁）和人口数（万人）分别为8836、76.3和138640，印度的分别为1981、68.7和128360。

上面是看视频画气泡图的一个示例。

画气泡图的统计表如图12-18所示。

	A	B	C	D
1	2017年中国和印度的比较			
2	国名	人均收入（美元）x	人均预期寿命（岁））y	人口数（万人）
3	中国	8836	76.3	138640
4	印度	1981	68.7	128360
5	来源：中国国家统计局			

图12-18　模仿画气泡图用的统计表

用图12-18的数据画的气泡图如图12-19所示。

图12-19　模仿图12-17画的气泡图

图12-19和图12-17相比，图12-17是用1948年的数据画的气泡图，图12-19是用2017年的数据画的气泡图。

画气泡图12-19的基本步骤，可参照本章第2节的内容进行。如果要美化气泡图，可调用“图表工具”，自由设置画面风格。

○扫码读美文

阅读过程请留心文中数据，并试着将其落实为统计图。

第13章 玩转统计图：象形图

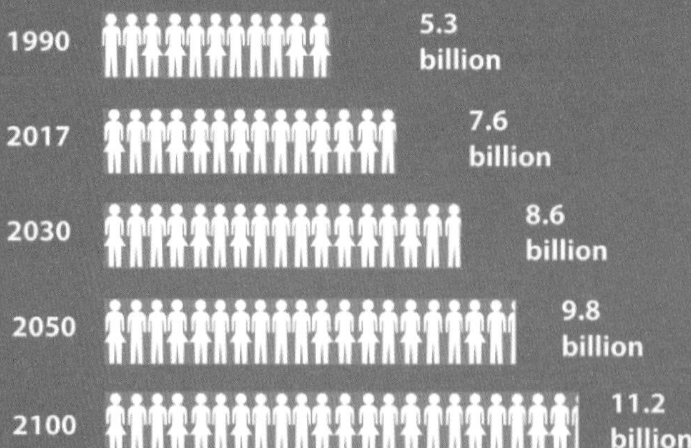

13.1 象形图简介

定义：象形图是指用与主题相同的形象画面来表示数据大小的统计图。用象形的形式画统计图，适用于所有的统计图。

举例：象形图如图13-1所示。

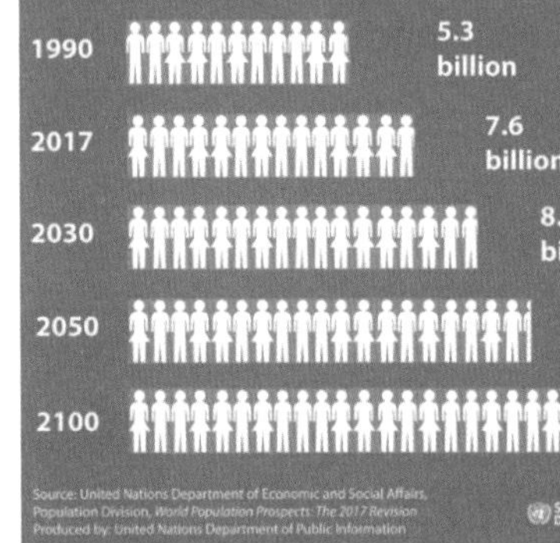

图13-1　象形图

在图13-1中，左图是打篮球的象形图，右图是用实际数据画的象形图。

在图13-1中，左图用简单几笔，画出篮球、篮球筐和跳起投篮的人，让人一看就知道，这张画的意思就是打篮球。

在图13-1中，右图来自联合国网站，标题为“全球人口预测”，呈现了从1990年到2100年全球人口的规模。在象形图中，用简笔画的人形表示人，以一个人为一个单位，一个简笔画人形代表5亿人，则5个人代表25亿人。在这张象形图中，应将人口数的实际值和预测值加以区分，将人口数的预测值以特殊的形式标示出来。

特点：象形图的象形，适用于所有统计图。象形图除了保留所有统计图本身的特点外，还具有象形的特点。

- **生动性。**用与主题相同的图形，表示数据的名称或表示数据的大小，这样的象形图与一般的统计图相比，显得更直观和生动，更具可读性，也更吸引人。
- **多样性。**象形图适用于所有的数据类型，适合所有的统计图创作。
- **艺术性。**象形图用图形来呈现数据特征，与只用点、线或面呈现数据特征的一般统计图不同。象形图中的图形要进行创作，所画的图形要求与主题内容相同。

用法：用于更直观和更生动地比较数据的大小。

说法：用文字说明象形图时，也就是看象形图说话时，写作的基本套路如下。

首先，要拟好标题，写好时间、空间和统计对象，也可以提炼图中的核心内容拟好标题。

其次，开头的文字，应指出这是哪一类统计图的象形图，图中主要说明了什么内容。

然后，中间的文字，结合具体数据说明象形图。说明的内容，包括数据的特点，在可比性的前提下，指出最高点和最低点、起点和终点，比较大小之后，指出差异的最高点与最低点。如果是时间型数据，还可以找到趋势，说明变化的动向。

比较：两种象形图的比较如图13-2所示。

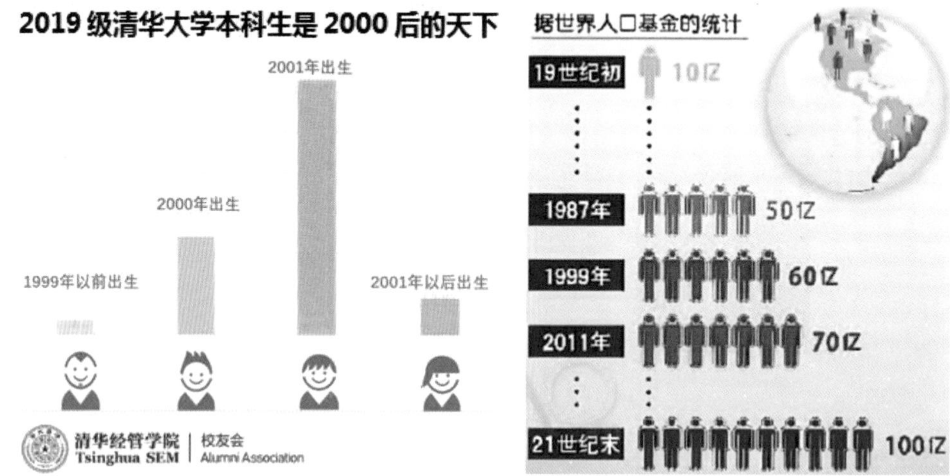

图13-2 象形图的比较

象形图有广义和狭义两种。广义的象形图，既包括象形画代表数据的象形图，也包括象形画不代表数据的象形图。狭义的象形图，只包括象形画代表数据的象形图，这是具有统计含义的象形图。

在图13-2中，从广义来看，左图和右图都属于象形图，都是用形象的画面来表示主题。左图是不具有统计含义的象形图，简笔画的人形没有赋予数据的含义。在这张象形图中，每根柱子上最好能显示相应的数值。右图是狭义上的象形图，是具有统计含义的象形图，简笔画的人形赋予了数据的含义，即一个简笔画人形代表10亿人。在这张象形图中，应添加标题区，在来源区应添加制图者的名称，在绘图区还要写全计量单位的名称，如将“亿”改为“亿人”。

13.2 象形图的画法

象形图如图13-3所示。

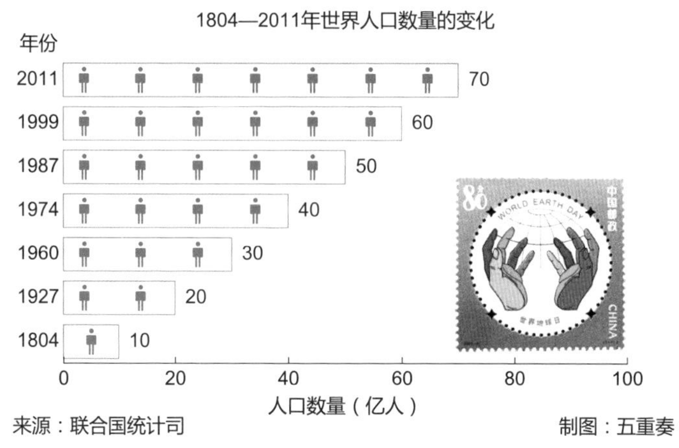

图13-3　规范的象形图

图13-3是在条形图的基础上，通过添加象形元素“人”，以组合成象形图。在象形图中，以一个人形为一个单位，一个单位代表10亿人，30亿人就是3个人形，几十亿人就是几个人形。

图13-3的画法和基本步骤如下。

第1步，准备。准备好与主题吻合的象形图片，画好统计表和条形图，如图13-4所示。

	A	B
1	1804—2011年世界人口数量的变化	
2	年份	人口数量（亿人）
3	1804	10
4	1927	20
5	1960	30
6	1974	40
7	1987	50
8	1999	60
9	2011	70
10	来源：联合国统计司	

图13-4　画象形图的图片（左）和统计表（右）

用图13-4的数据画的条形图如图13-5所示。

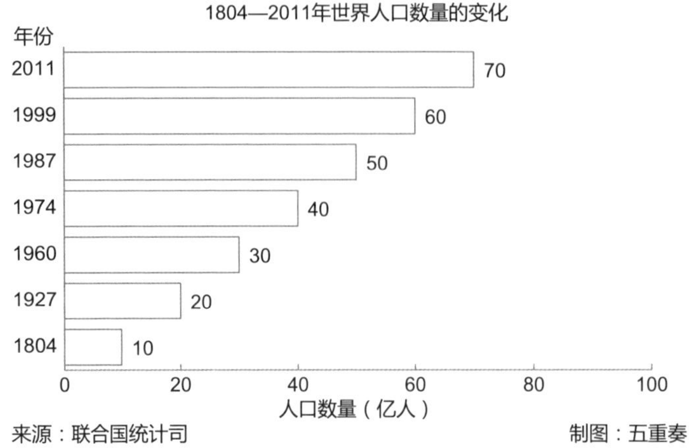

图13-5　为画象形图准备的条形图

第2步，添加象形元素。单击图13-5中的条形图，再双击任意一根条形；在弹出的对话框“设置数据系列格式”中选择“填充”选项；再单击“图片或纹理填充”单选按钮，单击“插入自”下的“文件”按钮，插入准备好的象形图片；再单击“层叠并缩放”单选按钮，在方框中，用“10”替换默认的“1”；单击“关闭”按钮，关闭“设置数据系列格式”对话框。如果作为图片插入的象形元素不清楚，那么也可以用复制并粘贴象形元素的方法，在条形图的条形中完成制作。

第3步，美化。

（1）复制并粘贴图片。如果插入的象形图片不清楚，则可以将象形图片复制并粘贴到条形图中，再将条形的“填充”颜色设置为“白色”。

（2）启动对齐功能。利用“图片工具-格式”选项下的“对齐”功能，对各行的象形图片设置“横向分布”，对各列的象形图片设置“左对齐”。

（3）添加主题图片。在象形图中，复制并粘贴一张“世界地球日”的邮票，以填补图中空白，充实图中的内容。

（4）设置条形的边框，将纵轴设置为无线条的格式。

画好的象形图，如图13-3所示。

13.3　画象形图的技巧

13.3.1　技巧1：PPT中的动态象形图

让象形图在演示文稿（PPT）中“跳舞”，这就是常讲的动态象形图。

演示文稿中的象形图，可以在演示文稿中画，画法与在电子文档中的画法一样，也可以直接将电子文档中画好的象形图直接复制并粘贴到演示文稿中。本节采用后面这种方法。

动态象形图的设置，可以用演示文稿现有的动画按钮进行设置，也可以用演示文稿之外的动画模板进行设置。这里推送前一种方法。

以图13-3为例，用演示文稿现有的动画按钮设置动态象形图，结果如图13-6所示。

图13-6　动态象形图的画法

结合图13-6，画动态象形图的基本步骤如下。

第1步，准备象形图。

右击图13-3中的象形图，在弹出的快捷菜单中选择“复制”选项。双击打开一张空白的演示文稿，在弹出的快捷菜单中单击“粘贴选项”命令下的第二个按钮，即“保留源格式和嵌入工作簿”按钮。

为了有更好的演示效果，对复制到演示文稿中的象形图，可以拖动其右下角的双向箭头，把象形图放大。同时调整文字和数字的字号。

单击演示文稿中的象形图，任务栏会出现“图表工具”。所有画图操作，与在电子文档中的一样，比如，在电子表格中更新数值，演示文稿中的象形图也会跟着变化。

第2步，设置象形图的动画效果。

单击象形图，再选择“动画”选项卡，在“高级动画”这一组单击“添加动画”的下拉按钮，选择“浮入”选项。在“动画”这一组单击“效果选项”的下拉按钮，这时，就出现了若干动画效果的选项按钮。

比如，设置每根象形从左往右升起的方法为：在默认的“上浮”方向中单击“按系列”按钮，在“计时”这一组单击“开始”的下拉按钮，选择“上一动画之后”选项。

第3步，设置好以后，单击“幻灯片放映”按钮。这时，象形图中的每一根象形，就按捺不住地开始“表演”了。

13.3.2 技巧2：手绘象形图的修改

画象形图，主要有三种方法，即纯手工绘制、计算机绘制，以及手工和计算机的联合绘制。手工和计算机的联合绘制方法，就是用手工绘制象形元素，用计算机绘制数据的大小。计算机绘制数据，负责科学美；手工绘制象形元素，负责艺术美。

不管用什么方法绘制象形图，都要讲求科学性和艺术性，都要遵循画统计图的基本要求。如果纯手工绘制的统计图，画完以后，发现有不如人意的地方，则必须修改，这时该怎么办？另起炉灶，重画一张？其实没必要！这里举一个实例，来看一看修正象形图的方法。图13-7所示是一款手绘象形图。

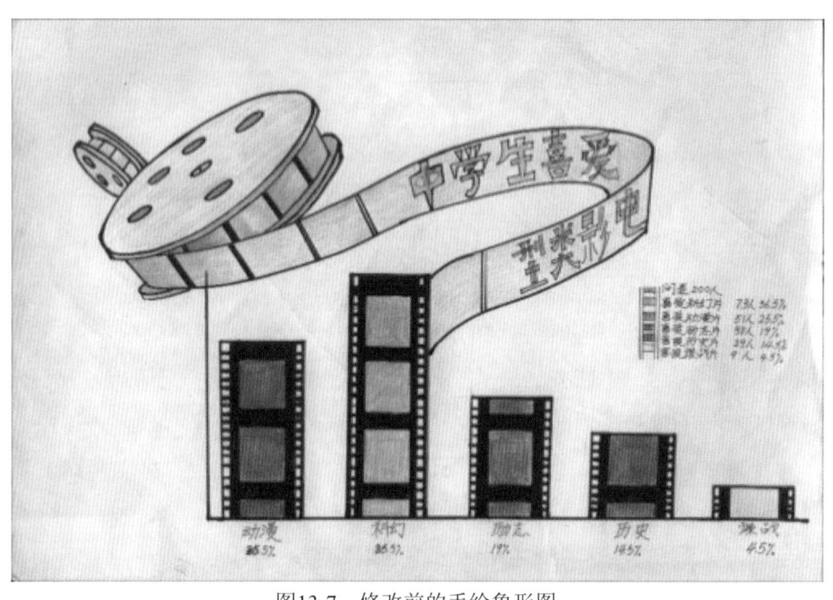

图13-7　修改前的手绘象形图

图13-7是柱形图和象形元素组合而成的象形图，象形元素为电影胶片。这张象形图，标题区和来源区要修改，绘图区也要修改。在绘图区中，图中的数据为文本型非顺序数据，需要先排序再画图。本例按数据由小到大的顺序排列，画出的柱形图中所有的柱子从左往右、由低到高排列。修改后如图13-8所示。

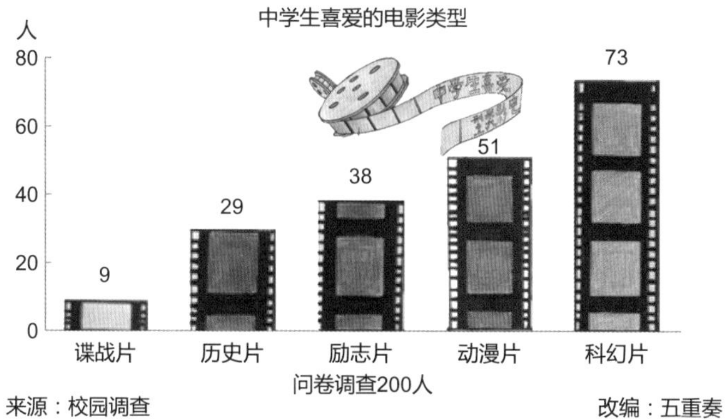

图13-8　修改后的手绘象形图

修改图13-7的主要步骤如下。

第1步，截取图片。

从图13-7中截取手绘象形图中的象形图片，结果如图13-9所示。

图13-9　画象形图的图片

截取象形图片的方法有很多，比如，将要修改的象形图复制并粘贴到电子表格中，然后单击象形图，再单击“图片工具-格式”选项卡，在“调整”这一组选择“删除背景”选项。背景的删除完成后，用截图的形式，将截取的5根柱子的图片、标有“中学生喜爱电影类型”的图片另存为图片。

第2步，画好统计表和柱形图。

画象形图的统计表如图13-10所示。

	A	B
1	中学生喜爱的电影类型	
2	分类	人数(人)
3	谍战片	9
4	历史片	29
5	励志片	38
6	动漫片	51
7	科幻片	73
8	来源：校园调查	

图13-10　画象形图的统计表

根据图13-10中的数据画的柱形图如图13-11所示。

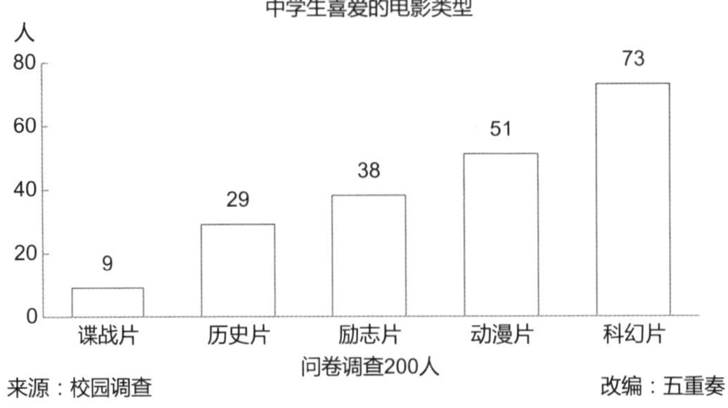

图13-11　为画象形图准备的柱形图

第3步，添加象形元素。

在图13-11中，添加象形元素到5根柱子中。以第一根柱子添加象形元素为例，添加的方法为：单击第一根柱子，再单击第一根柱子，表示单独选中第一根柱子，然后双击这根柱子，在弹出的对话框“设置数据点格式”中选择“填充”选项，再单击“图片或纹理填充”单选按钮，单击“插入自文件”按钮，在弹出的对话框“插入图片”中单击所选图片，单击“插入”按钮，关闭“插入图片”对话框，单击“关闭”按钮，关闭“设置数据点格式”对话框。

在图13-11中，添加标有“中学生喜爱电影类型”图片的象形元素到象形图中。其添加的方法是：单击象形图，用复制并粘贴到象形图的方法完成添加。

第4步，美化。

调整标有“中学生喜爱电影类型”图片的象形元素到合适的位置。

象形图的修改结果如图13-8所示。

13.4　画象形图的误区

由于所有的统计图都可以用象形图的形式来呈现，所以在画象形图时，除了要避免相应统计图的误区以外，还要特别留意，在以一个形象的单位呈现数据时，要用平面的图形来比较数据的大小，不要用立体的图形来比较数据的大小，因为用立体的图形来代表数据的大小会产生失真，失真的数据会向长宽高三个方向的空间扩大。

接下来，看一看两个实例。例子中的象形图，画得怎么样？

【例13-1】图13-12所示的象形图来自2015年（第三届）中国中小学生统计图表设计创意大赛获奖作品，请问还有哪些地方需要润色，以求更美?

图13-12　学生画的象形图

简析：图13-12是象形图，是用书本的形状表示数量的图形。从狭义来讲，这张图属于柱形图而不是象形图，因为它是以书本的高度来表示数量的多少，而不是用一个平面形象为单位来代表一个数量（如10%）。从广义来讲，因为是以书本的形象来呈现数据的主题，以书的主角人物来说明所喜爱的书和书名，所以也可以归入柱形图中的象形图。

这张象形图，从视觉上讲，画得很美，以五颜六色的书为柱子，喜庆欢快，十分可爱。美观方面，无可挑剔。从统计图的规范来看，还要加以修改。

（1）在标题区，要写好调查的时间和空间。

（2）在来源区，要写好数据的来源和制图者的名称。

（3）在绘图区，数据要先排序再画图。由于按喜爱的书籍分类所统计的人数属于文本型非顺序数据，书籍的取值为文字，即《朝花夕拾》《西游记》《钢铁是怎样炼成的》《查理九世》，因此，数据应按由小到大的顺序排列，柱形图的柱子由低到高排列，按10%、20%、20%、50%由左到右依次排列。柱子的长度即书的高度要画准，纵轴的起点值为0，这些一定要画好。

【例13-2】怎么看图13-13?

印度人口将在2050年超过中国

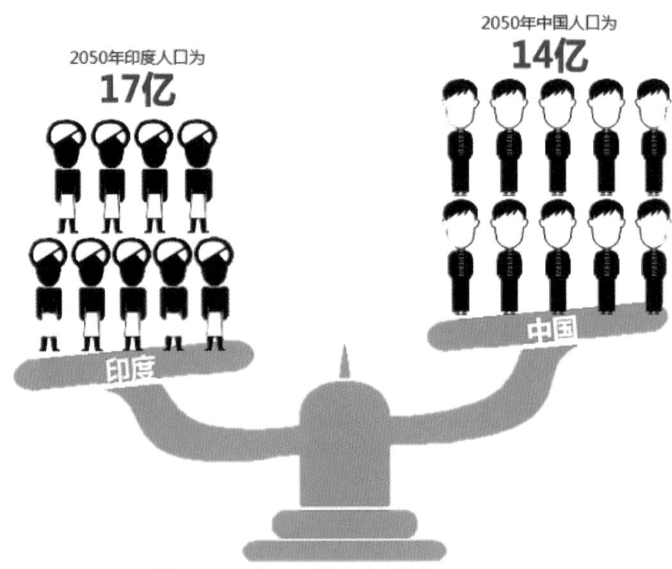

图13-13　来自网络的象形图

简析：图13-13是象形图，但画得不规范。

以“象形元素+统计数值=象形图”为标准衡量，这张图似乎什么都不缺。但从统计图的规范来看，这张图一是缺了来源，二是计量单位的表达不全，把“亿人”写成了“亿”。从象形图的统计要求来看，统计数值的表达也欠妥。

从象形元素来看，这张图的象形元素画得非常好，能很好地抓住中国人和印度人的特征，画出中国人和印度人的简笔画。

但是，只有好的象形元素画还不够，还要用象形元素准确地代表相应的数量。在图中，17亿人和14亿人的表达不恰当，用9个印度简笔画的人来表示印度的17亿人，用10个中国简笔画的人来表示中国的14亿人，显然，17亿人大于14亿人，当以一个象形元素代表1亿人时，用于表示17亿人的象形元素应多于14亿人的象形元素。

由于象形元素所代表的数值的混乱，所以整个象形图出现了一个令人诧异的现象，这就是在天平中，天平偏向象形元素比中国人少的印度人。一眼看去，难道9个印度人比10个中国人重？显然画图者想说明的是17亿人比14亿人重。象形元素所代表的数量不准确，画的象形图不规范，就会自动生出歧义。

○模仿秀

看视频 画象形图

视频：瑞士电视台-世界人口日（时长：2分22秒）。

模仿：画一个视频中的象形图。

视频播放到52秒时出现的象形图如图13-14所示。

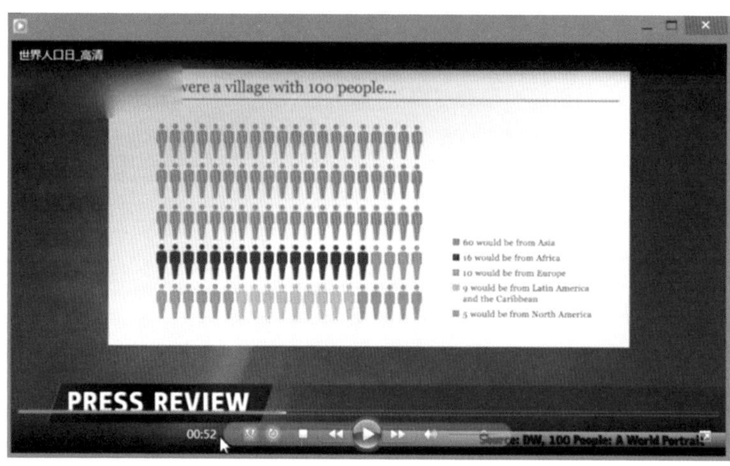

图13-14 视频中的象形图

上面是看视频画象形图的一个示例。

模仿图13-14画的象形图，如图13-15所示。

IF the world were a village with 100 people

图13-15 模仿图13-14画的象形图

在图13-15中，以5种颜色表示全球五大洲的人，以100个人代表地球村的人，以一个象形人代表1%的数值，如有60个深黄色的象形人，就表示60%的人来自亚洲；有16个黑色的象形人，就表示16%的人来自非洲；有10个蓝色的象形人，就表示10%的人来自欧洲；有9个浅黄色的象形人，就表示9%的人来自拉丁美洲和加勒比；有5个灰色的象形人，就表示5%的人来自北美洲。

图13-15和图13-14相比，颜色没有变化。“●”即深黄色的RGB值为（234,111,22）；“●”即黑色的RGB值为（49,48.53）；“●”即蓝色的RGB值为（3,154,253）；“●”即浅黄色的RGB值为（221,171,25）；“●”即灰色的RGB值为（129,149,164）。

图13-15和图13-14相比，主要有以下3个变化。

（1）象形元素的背景设置为白色，显得更清爽。

（2）图例的标记变了，由默认的小方块变成了小圆点，这样做，更有创意。

（3）用细格线打点数据，即以5个象形元素一组，用3根细格线将100个象形元素隔开，这样更便于阅读数据。

○扫码读美文

阅读过程请留心文中数据，并试着将其落实为统计图。

第3篇

数据可视化的玩家

第14章 中小学生获奖的统计图

常见的统计图，分布在小学数学的课本上，如柱形图和条形图首次出现在小学三年级和四年级的数学课本上，折线图和饼图初次出现在小学五年级和六年级的数学课本上。

统计学知识，以统计图为载体，进入数学领域，真是皆大欢喜。有了统计学常识的普及，有了统计图传播的基础，有了有心人士的策划与推动，中小学生统计图表的大赛就应运而生了。这场大赛，官方的全称为“全国中小学生统计图表设计创意活动”，本章简称为“统计图表大赛”。

这个统计图表大赛，由中国统计教育学会与团中央未来网联合主办。从2011年开始，每两年一届，到2019年，已成功举办了五届。举办这个大赛，是“基于数据统计在生活中的应用越来越广泛”，目的是“为了在中小学生中倡导发现统计现象、学习统计知识、了解统计指标的学习风尚，使学生从小就掌握正确的、科学的学习方法。”

本章选取的中小学生获奖的统计图，全部来自未来网（http://xjz.k618.cn/tongji/）。在未来网，分小学组和中学组，展示了历届统计图获奖作品，而每届统计图作品，小学组和中学组各有10张。从首届到2019年第五届，中小学生获奖的统计图展示作品就有了100张。

经过五届统计图表大赛，未来网展示了100张统计图作品。欣赏这些灵性十足的统计图，真是赏心悦目，大饱眼福。

100张获奖的统计图，统计图的款式是怎样的分布？表14-1可以回答这个问题。

表14-1　中国五届中小学生统计图获奖作品的统计图款式一览

年份	饼图		柱形图		条形图		折线图		其他图		合计
	小学	中学	小学	中学	小学	中学	小学	中学	小学	中学	
2011	3	6	4	3	2	1	0	0	1	0	20
2013	4	5	4	2	0	0	1	0	1	3	20
2015	3	4	5	3	1	0	0	0	1	3	20
2017	3	5	4	3	1	0	1	1	1	1	20
2019	6	5	3	5	1	0	0	0	0	0	20
小计	19	25	20	16	5	1	2	1	4	7	100
合计	44		36		6		3		11		100

来源：未来网

从上面这张统计表可以看到，在获奖的统计图作品中，饼图最多，饼图中包括圆圈图，占44%；其次是柱形图，占36%。饼图和柱形图两项加起来，占了80%。显然，获奖的统计图作品中，多达八成都是柱形图和饼图。条形图和折线图获奖的作品分别只有6张和3张，占比不到一成，其他类的统计图有11张，其他类的统计图包括象形图和组合图。

获奖的100张统计图，可以在未来网观赏，也可以在本书的附录1中浏览缩略图。

按欣赏统计图的“四看”法，即看标题区、看来源区、看绘图区、看美观区，怎么来看这100张美图呢？

1. 美观区看过来

统计图用点、线、面来呈现数据。这些统计元素的形状，在学生灵思妙想之中，就成了艺术品。

100张获奖的统计图，每一张都是美妙想象的结果。图中的一笔一画，都是美妙心思盛开的美丽花朵，每张图都各有其妙。

柱形图的柱子千变万化。柱子忽而化身为一支笔，忽而又化身为一摞书，忽而变为一串串音符，忽而又变成一个架子鼓，变成一串串零食……

饼图的“饼子”千姿百态。饼子上画满了好看的图画，还有的饼图并不局限于一个“饼子”。比如，2013年的获奖作品《我最爱的海底动物》还创意十足地把“饼子”之间的分隔线延长，在新的空间里，挥洒画意，画出了最爱的海底动物，饼图呈现数据，饼图外是一个海底世界，内外紧密相牵，融为一体。又如，2019年的获奖作品《一滴水》，立体的饼图居然化身为一只可爱的金属青蛙，撑着两只有力的爪子，那模样十分有趣。

2. 标题区看过来

在获奖的统计图作品中，主标题的位置灵活多样，设计的字样醒目，有艺术性和冲击力。

标题区要求标题呈现三大要素，即时间、空间和说明的对象。

获奖作品的统计图，选题广泛，鲜活生动，都是学生们最感兴趣的内容，这里有统计数据为证。

100个标题中，含有“最”字的近一成，标题有9个，即《中学生最爱的书籍》《我最爱的海底动物》《女生最喜欢的水果》《同学们最喜欢的花》《中学生最喜欢的社团》《2022冬奥会最期待的项目》《中学生最喜欢的音乐种类》《在家哪个区域呆的时间最长》《古代四大美女你最喜欢谁统计图》。含有“喜爱”和“喜欢”文字的标题分别有5个和11个，共计16个，占16%。含有“统计”这个词的标题有27个，占27%，近三成。

标题不缺，100张统计图，100个标题，但标题的表达，有的还值得推敲。

统计图的标题，要求有“时间、空间和说明的对象”，但对不同来源的数据而言，呈现的内容和摆放的位置都有讲究。

对于二手数据，也就是学生搜集的权威数据，时间、空间和说明的对象三个要素可以直接显示在标题中。写作时，时间要放在第一位，空间要放在第二位，时间和空间都要写全。

比如，2013年的获奖作品《2012九三管理局各农场植树量》，这个标题可以修改为《2012年九三管理局各农场植树量》。

比如，2019年的获奖作品《泰州市2019年上半年用水情况统计》，这个标题可以修改为《2019年上半年江苏省泰州市用水情况统计》。

对于一手数据，也就是学生搜集身边同学的数据，需要的硬件有点多，要写好调查的时间、调查的地点、调查的对象、调查的人数、调查的方式。显然，一个标题不可能承载这么多信息，这些信息可以集中放到一个地方，如果是手绘的统计图，可以放到纸张的最上面；如果是计算机画的统计图，可以用添加文本框的方式，在统计图下方添加这些信息。当然，添加标题元素的方法还有很多，艺术化的添加会让人印象更深刻。

比如，2011年的获奖作品《小学生完成作业时间统计》，就是在统计图的右上角画了一张纸，在纸上写下了这些信息。

再如，2017年的获奖作品《学生喜爱中外功夫调查》，就是在统计图的右上角画了一把打开的折扇，在一个一个扇面上，一条一条写下了这些信息。

在标题的表达中，要注意以下细节的呈现。

（1）疑问号要写上，如《我们用的水去哪了？》和《水资源都去哪了》这两个标题，以前者为好。

（2）空间要写具体，如《中国城市水资源利用》和《我国用水结构统计图》这两个标题，以前者为好。

（3）统计图的标题不要出现“统计表”的字眼，如《水占人体比例统计表》这个统计图的标题，明显是笔误。

在统计图中，合理排版，如果能恰当设计说明的文字，味道将更佳。比如，2019年的获奖作品《水足迹》，就在统计图的右上方画了一只大脚，上面写了若干关于水足迹的科普文字。

3. 绘图区看过来

绘图区是统计图的中心和重点。获奖作品中，手绘的作品居多。数值的呈现是这个部分的重中之重。不少学生，奇思妙想，在画饼图时，结合主题，把数值画在田野上、画在眼镜中、画在单车上……在画柱形图时，把柱子变成水柱、笔形……

画统计图时，绘图区这个地方，要格外讲究，尤其是要画准画好数值。

画数值的时候，要留意以下两点。

（1）布局好画面，数值是主角，手写的数值要大写，并放在主角应有的位置，如果数值写得太小，摆放的地方太偏，则与主角的形象就不相称。

（2）画好数据的刻度值，所画的刻度值大小一定要与数值的大小吻合。比如，画圆圈图时，圆圈的大小代表数值的大小，所画的圆就不能随手画圈圈，因为圆就是圆，要用圆规来画。

4. 来源区看过来

在统计图中，来源区由来源和制图者名称两大要素组成。

在获奖的统计图作品中，有的写了来源，有的没有写全，有的干脆就没有写。当然，没有写来源的作品，也许写在别的地方，只是在统计图上没有写而已。因为来源中有一项是制图者名称。获奖的作品，如果没有提供画图人的名称，评委们又怎么好点名颁奖呢？可见，来源区中的制图者都要有名称。至于数据的来源，估计不会写在别的地方，只是画图的时候，画着画着，有可能一入迷就忘了写。

不管怎样，来源区中的来源，还有制图者名称，在统计图中，两者都要有，应成双成对地出现，缺一不可。

制图者名称的位置，最好固定在统计图的右下角。不论一手数据还是二手数据，这个位置都留给制图者名称，如同标题永远是高高在上，统计图的数据永远是主角。

来源的位置，可以根据一手数据和二手数据略有不同。

一手数据的来源，就是调查的对象，这个内容可以与调查的时间、空间、方式、人数这些信息排列在一起。

二手数据的来源，都来自权威数据，可以统一放在统计图的左下角，与制图者名称的位置相呼应。

在来源的表达中，以下细节也要留意。

（1）来源不能缺席。

（2）来源的位置要放好。

（3）来源要权威。在写二手数据的来源时，一定要用统计局等官方的权威数据，不要出现“来源：经网络综合”和“来源：网络搜索”之类的字眼。

比如，2019年的获奖作品《2018年全国地表水占比》，可将标题中的“全国”改为“中国”，这张统计图写了来源，真的很棒！只要把“来源：《中国2018年生态环境状况公报》”改成“来源：《2018年中国生态环境状况公报》”就好了。对于这张统计图添加的“调查时间、主题、调查地点、调查目的”，这些信息可以省略，因为对于权威的二手数据，一般只要写来源就可以了。

欣赏完这些活泼的统计图，不由灵机一动。参加统计图表大赛时，在统计图中，统计图形用计算机画，别的地方用手工来画。因为统计图是科学性和艺术性的组合体，在排序上，先讲求科学的准确，然后才是艺术的美感。

由于中小学图表大赛的获奖作品以柱形图和饼图居多，接下来，以柱形图和饼图为例，比较成对的柱形图和成对的饼图，看一看哪些符合画图的基本要求。

【例14-1】下面两张柱形图画得好吗？

图14-1和图14-2所示的两张柱形图，图14-2是规范的统计图。图14-1需要修改的地方有以下两个。

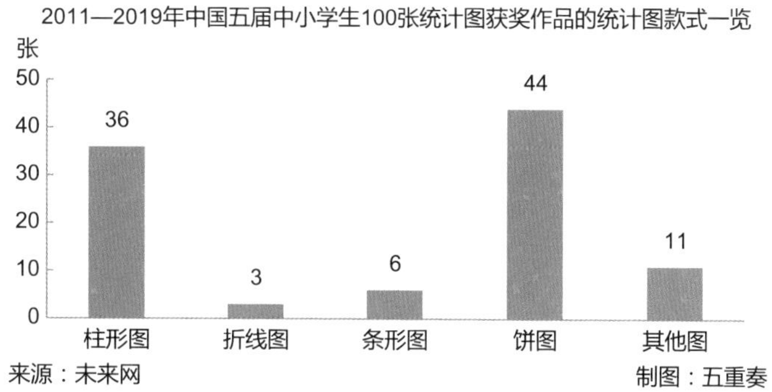

2011—2019年中国五届中小学生100张统计图获奖作品的统计图款式一览

张

50 40 30 20 10 0

36 3 6 44 11

柱形图 折线图 条形图 饼图 其他图

来源：未来网 制图：五重奏

图14-1　柱形图（不规范）

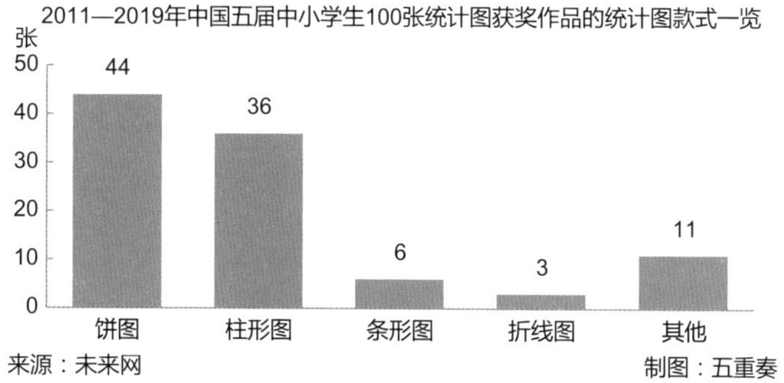

2011—2019年中国五届中小学生100张统计图获奖作品的统计图款式一览

张

50 40 30 20 10 0

44 36 6 3 11

饼图 柱形图 条形图 折线图 其他

来源：未来网 制图：五重奏

图14-2　柱形图（规范）

（1）在画统计表时，数据没有先排序再画图，这样的排列，不方便读者直接读取数据。

（2）柱子之间的间隔比柱子的宽度要大，这样的呈现，显得不美观。修改时，新画的统计表，数据要按由小到大的升序排列。

在100张中小学生统计图获奖作品中，有36张柱形图，占36%，热门排行榜中的第二位，仅次于饼图。

【例14-2】下面两张饼图画得好吗?

图14-3和图14-4所示的两张饼图，图14-4是规范的统计图。图14-3需要修改的地方有以下两个。

（1）在画统计表时，数据没有先排序再画图，这样的排列，不方便读者直接读取数据。

（2）第一个最大的扇形没有从正12点的位置开始，所有的数据没有按由大到小的顺序呈顺时针方向排列。修改时，新画的统计表，数据要按由大到小的降序排列。

在100张中小学生统计图获奖作品中，有44张饼图，占44%，热门排行榜单中，名列首位。

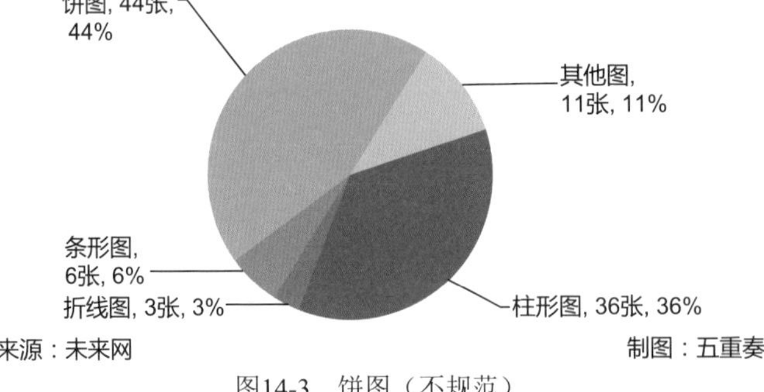

图14-3　饼图（不规范）

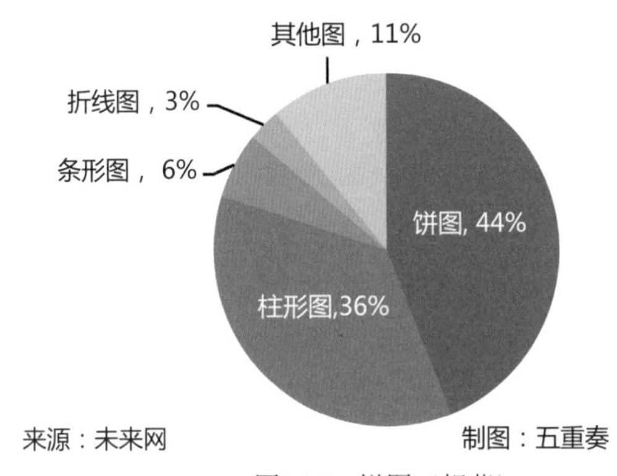

图14-4　饼图（规范）

14.1　中小学生获奖的柱形图

【例14-3】图14-5所示的柱形图怎么讲?

大赛组委会的美术专家点评：题材新颖、独特，表现方法用了速写写生的方法，所以有特点，有细节，有趣味，巧妙地借用笔的长条外形，融入柱形图的规则当中，规范而不呆板。

大赛组委会的统计专家点评：来源明确，但柱子的高度与数据的大小不成比例，相同的数据高度不同。

统计图划重点：画图前，要将数据按由小到大的顺序排列。画图时，柱子从左往右，呈现由低到高的分布。在标题区，可以把调查的时间和空间单列在右边。在来源区，添加来源和制图者名称。在绘图区，在纵轴的上方写“人数（人）”；柱子由低到高排列好；柱子之间的距离要相等，不要间隔太大；纵轴刻度值的大小要画准，要与数据的大小相对应。

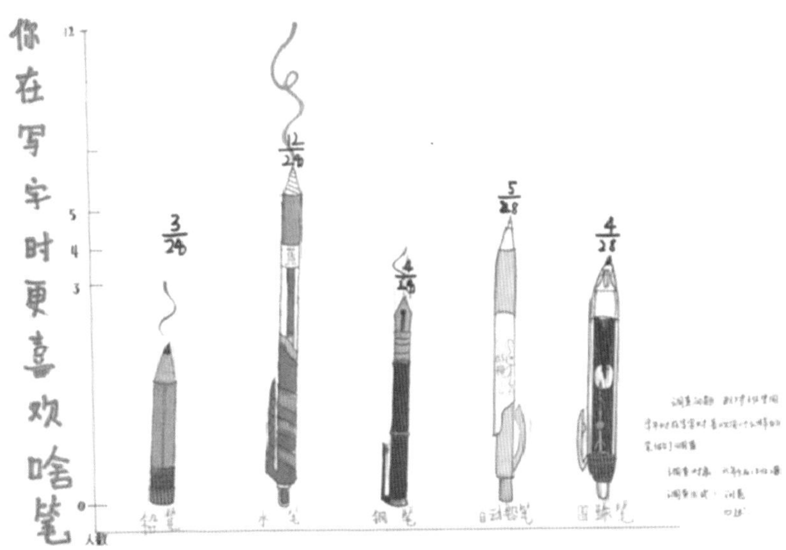

图14-5　2017年获奖的柱形图

【例14-4】柱形图怎么看?

欣赏图14-6。

图14-6　2019年获奖的柱形图

统计图点评：在图14-6中，左图和右图要修改的地方主要有以下几个。

（1）要添加来源区。

（2）要完善标题区，标题中要包含的调查时间和空间，可以单独找一个空白地带写好。

（3）绘图区要写清楚数据，要牢牢记住，数据永远是统计图的主角。同时，左图的数据要先排序再画图，左图上面的统计表要删除，因为与统计图的内容重复了。

14.2 中小学生获奖的折线图

【例14-5】图14-7所示的折线图怎么讲?

图14-7 2017年获奖的折线图

大赛组委会的美术专家点评：这是小学生关心国家大事的典范，此画场景大，有人物，有美术字，构图有难度，作者别开生面地利用雪山的高度来表达了同学们对不同冰雪项目的喜爱程度。

大赛组委会的统计专家点评：调查的问题、时间和人数明确，但冬奥会的项目很多，需要给出这样分类的原因，建议作者对调查结果给出简单的解释。

统计图划重点：标题区的标题很完美，有时间和空间，也有关注的对象。在绘图区，可以省略纵轴，但要有起点值“0”的标注；折线点要连接起来；数值的位置要画准确；“冰壶”两字要写全；左边的统计表要删除，因为与统计图的内容有重复。

【例14-6】折线图怎么看?

欣赏图14-8。

图14-8　2017年获奖的折线图

统计图点评：在图14-8中，要修改的地方主要有以下几个。

（1）添加来源区。

（2）完善标题区，标题中要包含的调查时间、空间、调查人群、调查方式，可以单独开辟一个空地写好。

（3）打点好绘图区，标好起点值“0”。折线图是折线点的相连，这一组数据，更适合画饼图或柱形图。

14.3　中小学生获奖的条形图

【例14-7】图14-9所示的条形图怎么讲?

大赛组委会的美术专家点评：作品从设计角度内容和形式上都不错。唯一的缺陷是整体安排上有些“喧宾夺主”。只要把原来的一些内容整体向外侧移动，把统计图放大一些，挪向中间同一高度，一切便OK了！

大赛组委会的统计专家点评：作品画面制作精美，用频率条形图和特征图的标注两种方式表示最喜欢的传统文化课程学生的比例，并提供了样本数据的信息。不足之处为：缺少对于统计结果的分析与解释；没有必要同时用条形图和特征图的标注两种方法展示数据的构成分布，只选择其中最好的一种方法展示即可；如果用课程特征图的大小表示样本数据的次数分布特征就更完美了。

统计图划重点：要修改的地方有以下几个。

（1）添加来源区。

（2）完善标题区，标题中要包含的调查时间，可以写在右边。

（3）布置好绘图区，删除特征图的数值，因为特征图的数值与条形图的数值重复了。

（4）条形图的“地盘”可以再大一些；条形图的条形之间距离要相等。

图14-9　2017年获奖的条形图

【例14-8】条形图怎么看?

欣赏图14-10。

图14-10　2019年获奖的条形图

统计图点评：在图14-10中，可以在标题区将文字写得更大一些，在绘图区将数值写得更大一些，在来源区写上制图者姓名。

14.4 中小学生获奖的饼图

【例14-9】图14-11所示的饼图怎么讲?

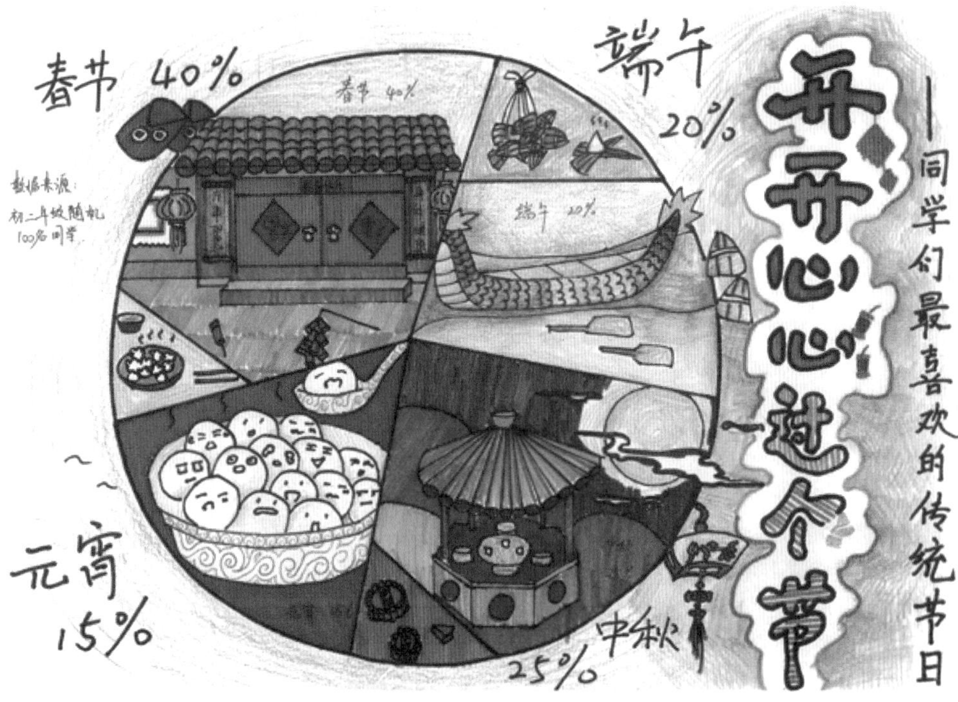

图14-11 2017年获奖的条形图

大赛组委会的美术专家点评：一切都不错，可惜的是，有的地方“篡权夺位”了，比如那些吃的；有些地方“有尾无头”了，看那龙舟；有些地方“隔离过度”了，如饺子、粽子和月饼与主题的分割线！

大赛组委会的统计专家点评：作品结合饼图和节日特征展示初二年级喜欢特定节日的学生比例分布，有创意，并提供了较完整的总体信息（缺少时间）。但缺少统计结果的分析与解释，缺少调查问题的说明，不应该多次重复标注频率数据，若能够将总体和样本信息作为文本框放到左下角，将代表节日特征图像完整地安排到饼图的相应扇形中就更完美了。

统计图划重点：要修改的地方，有以下几个。

（1）在来源区添加制图者姓名。

（2）完善标题区，标题中要包含的调查时间，可以写在左边。

（3）画好绘图区，要先将数据排序再画图，扇形从正12点的位置开始，最大值位于第一个扇形区，其他值按由大到小的顺序按顺时针排列；各扇形中的画面要完整和清晰。

【例14-10】饼图怎么看?

欣赏图14-12。

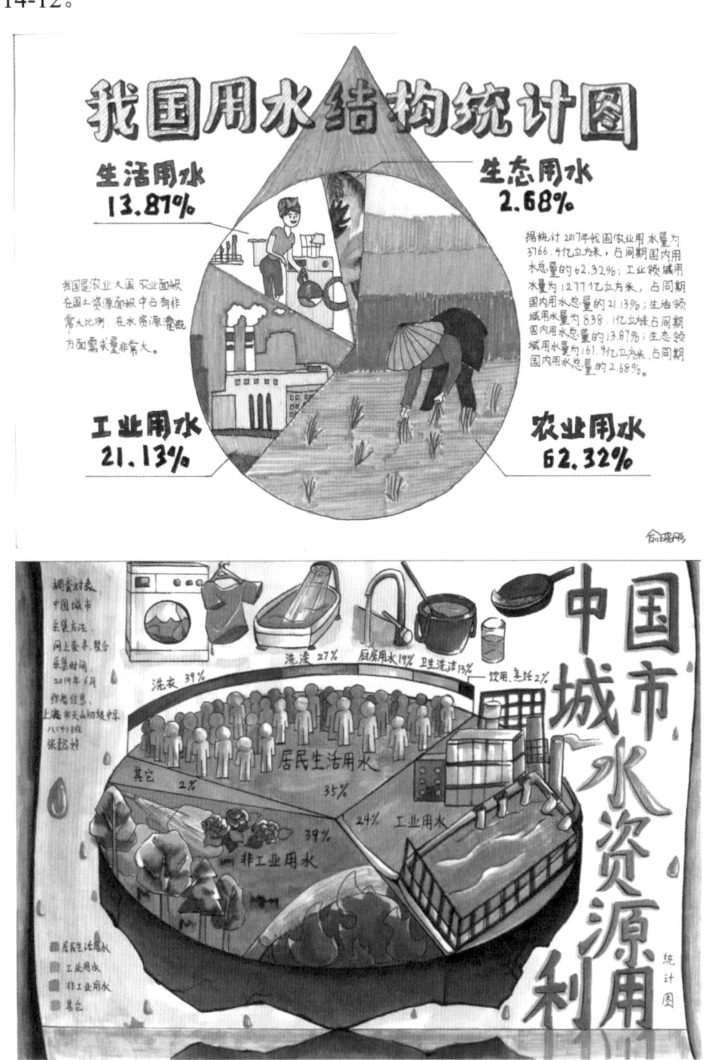

图14-12　2019年获奖的饼图

统计图点评：在图14-12中，两图在标题区应呈现时间，右图要将“我国”改为“中国”；在来源区要添加权威的来源，制图者姓名应该大写；在绘图区，右图要先将数据排序再画图，扇形从正12点的位置开始，最大值位于第一个扇形区，其他值按由大到小的顺序以顺时针排列。

第15章 大学生画的统计图

本章有3小节。第1小节选择了澳门大学生画的折线图，有学生对折线图的简析。第2小节选择了雅思真题考试中的饼图作文题，里面有看图说话的英文和中文翻译。第3小节选择了公务员考试中的柱线图试题，里面有试题的解答。

4小节中的3个统计图，都有模仿作品。模仿的统计图，不是单纯的复制，而是对照统计图的规范，进行了加工。

15.1 澳门大学生画的统计图

本小节选择澳门大学生画的一张统计图，来自澳门大学生统计习作比赛第一届冠军作品，标题为“澳门车辆趋势统计报告——车来车往”。

如果要阅读相关获奖作品，可以通过以下路径到达，登录网站（https://www.dsec.gov.mo/），单击“认识统计”栏目下的“比赛及活动”选项。其到达的路径如图15-1所示。

图15-1　澳门统计暨普查局网页的截图

澳门大学生画的统计图是折线图，如图15-2所示，修改后的统计图为柱线图，结果如图15-3所示。

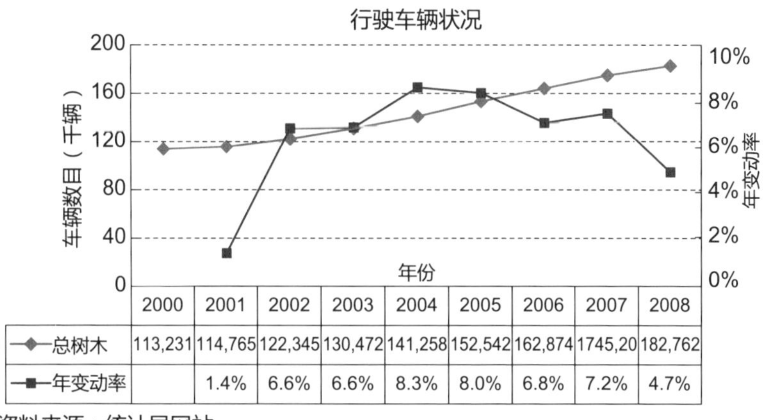

资料来源：统计局网站

图15-2　折线图的原图

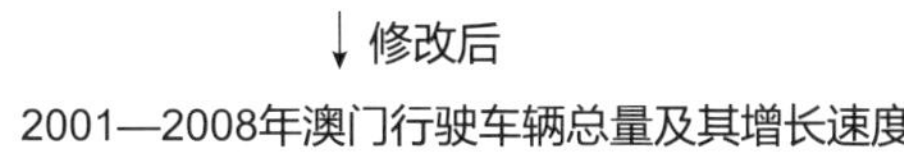

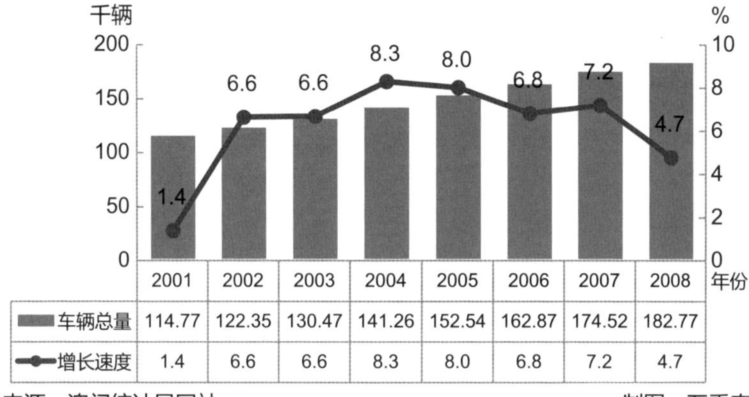

来源：澳门统计局网站　　　　制图：五重奏

图15-3　柱线图的新图

简析：由图15-3可以看到，自2001年起，行驶车辆总数目一直呈现上升趋势。直至2008年，数目已由原来的11万辆飙升至18万辆，升幅接近7万辆。2002年至2007年，增长速度最为惊人，每年的增长率均高于6%，2004年更上升至8.3%，是9年内车辆增长得最快的一年。虽然2008年的增长放缓，但年增长率仍然保持在4.7%的水平，远远高于2001年的表现。由此推断，或许短期之内，车辆数目仍具上升潜力，只是升幅较小，跌幅出现的可能性不大。

15.2 练习画雅思考试中的统计图

大学统计学课程的一道作业题：上网查找一篇雅思图表作文真题的高分范文，按规范统计图的画法，模仿画统计图，并进行中文翻译。

“雅思”是英文“IELTS”的音译，属于国际英语水平测试。“IELTS”的英文全称为“International English Language Testing System”，中文全称为“国际英语语言测试系统”。在雅思图表写作题中，常见的统计图有四种，即柱形图、折线图、柱线图和饼图。

以下选例来自2017年雅思考试真题，高分范文的作者为雅思前考官Simon。

题目：The charts below show the results of a questionnaire that asked visitors to the Parkway Hotel how they rated the hotel's customer service. The same questionnaire was given to 100 guests in the years 2005 and 2010.

题目（翻译）：下面的图表显示了调查问卷的结果，该调查问卷向Parkway Hotel的访客询问他们如何评价酒店的客户服务。在2005年和2010年，向100位客人提供了同样的问卷。

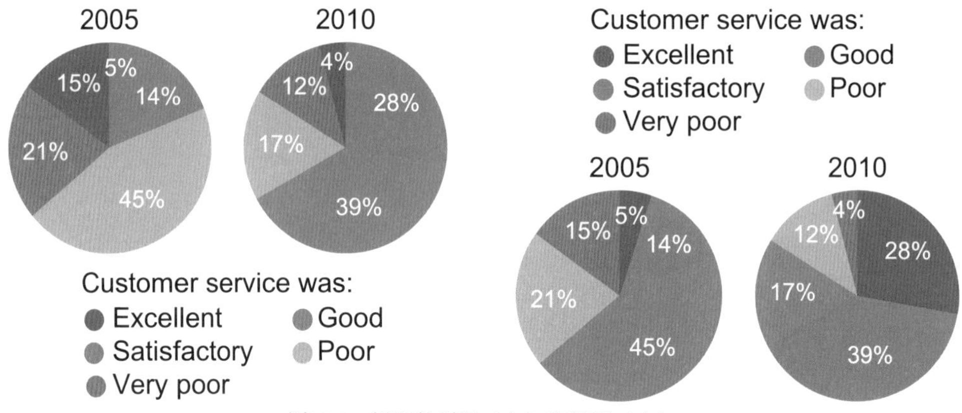

图15-4 饼图的原图（左）和新图（右）

图15-4的说明如下。

在新图中，画两个并列饼图的步骤如下。

第1步，判断数据的类型。画饼图的数据是文本型顺序数据，因为按层级分为五等评价。

第2步，画出好的饼图。分别画好两个饼图，在“饼子”颜色的排序上，遵循中国人的习惯，按红、绿、蓝、浅黄、深黄的顺序，从正12点的位置开始，顺时针方向排列。红、绿、蓝、浅黄和深黄的RGB值分别为（227,59,37）、（40,157,67）、（76,150,237）、（216,181,53）和（225,119,41）。

第3步，将两张饼图截图成图片，插入到电子文档中。

第4步，自己动手，制作图例，利用电子文档中“插入形状”的功能，画出与饼图相对应颜色的5个小圆。图例放在饼图之上，如果要缩小图例之间的行距，可以用格式刷调节。

图15-4的中英文对照如下。

客人对酒店的评价
Guest comments on the hotel

两个饼图比较了访客对2005年和2010年百汇酒店（Parkway Hotel）客户服务调查的回应。

The pie charts compare visitors' responses to a survey about customer service at the Parkway Hotel in 2005 and in 2010.

显然，从2005年到2010年，整体上，客户满意度大幅度提升。大多数酒店客人认为2005年的客户服务为“满意”或“差”，绝大多数人将2010年的酒店服务描述为“优质”或“优秀”。

It is clear that overall customer satisfaction increased considerably from 2005 to 2010. While most hotel guests rated customer service as satisfactory or poor in 2005, a clear majority described the hotel's service as good or excellent in 2010.

先看积极的回应。2005年只有5%的酒店访客将其客户服务评为“优秀”，但这一数值在2010年上升至28%。另外，虽然只有14%的客人在2005年将酒店的客户服务描述为“好”，但5年后人们的评价几乎是这个评级的3倍。

Looking at the positive responses first, in 2005 only 5% of the hotel's visitors rated its customer service as excellent, but this figure rose to 28% in 2010. Furthermore, while only 14% of guests described customer service in the hotel as good in 2005, almost three times as many people gave this rating five years later.

再看负面的反馈。认为酒店客户服务“差”的客人的构成比从2005年的21%下降到2010年的12%。同样，在5年的时间里，认为客户服务非常差的客人的构成比从15%下降到只有4%。

With regard to negative feedback, the proportion of guests who considered the hotel's customer service to be poor fell from 21% in 2005 to only 12% in 2010.

Similarly, the proportion of people who thought customer service was very poor dropped from 15% to only 4% over the 5-year period.

最后，2010年“满意”评级数值的下降，反映出当年有更多人对调查有积极回应。

Finally, a fall in the number of 'satisfactory' ratings in 2010, reflects the fact that more people gave positive responses to the survey in that year.

15.3 练习画公务员考试中的统计图

大学统计学课程的一道作业题：根据所给的2020年中国国家公务员考试《行政职业能力测验》真题，画出题中的统计图，并根据题意进行解答。

题目来自公考资讯网（http://www.chinagwy.org/）首页的“试题中心”栏目。

题目与答案如下。

题型：资料分析。

题目：所给出的图、表、文字或综合性资料均有若干个问题要你回答。你应根据资料提供的信息进行分析、比较、计算和判断处理。

要求：根据以下资料（表15-1），画出统计图，并回答1—5题。

表15-1 2016—2018年中国集成电路进出口状况

年份	进口		出口	
	数量（亿块）	金额（亿美元）	数量（亿块）	金额（亿美元）
2013	2663.1	2313.4	1426.7	877.0
2014	2856.5	2176.2	1535.2	608.6
2015	3140.0	2300.0	1827.7	693.2
2016	3425.5	2270.7	1810.1	613.8
2017	3770.1	2601.4	2043.5	668.8
2018	4175.7	3120.6	2171.0	846.4

来源：中国国家统计局

如图15-5和图15-6所示。

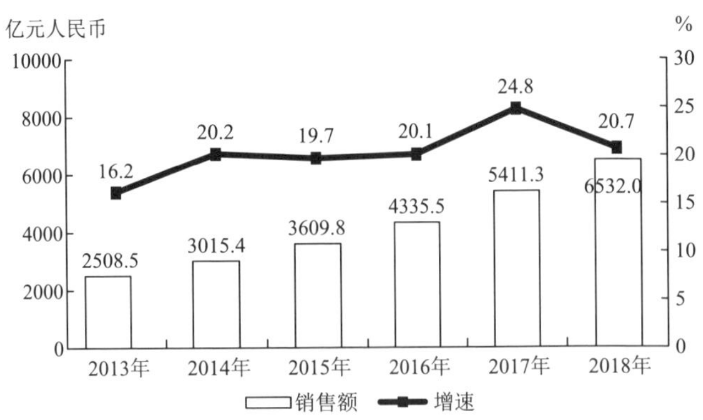

图15-5 柱线图的原图

↓修改后

2013—2018年中国集成电路产业销售额及其增长速度

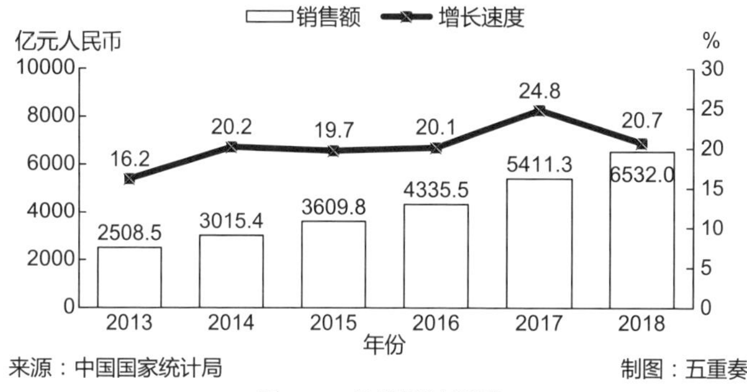

图15-6　柱线图的新图

（1）2018年中国进出口贸易总额为4.62万亿美元，其中集成电路进出口贸易额占比：

A.超过10个百分点

B.在5～10个百分点之间

C.在1～5个百分点之间

D.不到1个百分点

答案：B项。

解析：定位统计表可知，2018年集成电路进口贸易额为3120.6亿美元，出口贸易额为846.4亿美元。2018年中国进出口贸易总额为4.62万亿美元，将4.62万亿美元化为46200亿美元。

2018年集成电路进出口贸易额占中国进出口贸易总额的构成比＝2018年集成电路进出口贸易额/2018年中国进出口贸易总额＝（2018年集成电路进口贸易额＋2018年集成电路出口贸易额）/2018年中国进出口贸易总额＝（3120.6＋846.4）/（4.62×10000）≈9%。

由于9%在5～10个百分点，所以选择B项。

（2）2012—2015年，中国集成电路产业累计销售额在以下哪个范围内？

A.不到1万亿元

B.在1万亿～1.1万亿元之间

C.在1.1万亿～1.2万亿元之间

D.超过1.2万亿元

答案：C项。

解析：定位统计图可知，2013年中国集成电路产业销售额为2508.5亿元，其增长速度为16.2%。

先求：2012年中国集成电路产业销售额＝2508.5/（100%＋16.2%）＝2158.778（亿元）。

再求：2012—2015年中国集成电路产业累计销售额＝2158.778＋2508.5＋3015.4＋3609.8＝11292.478（亿元）＝1.1292478（万亿元）。

由于1.1292478万亿元在1.1万亿～1.2万亿元，所以选择C项。

（3）2013—2018年间中国集成电路产业销售额增速最高的年份，当年集成电路进口金额同比约增长：

A.5%

B.10%

C.15%

D.20%

答案：C项。

解析：定位统计图可知，在2013—2018年，中国集成电路产业销售额增速最高的年份为2017年，高达24.8%。

定位统计表可知，2017年集成电路进口金额为2601.4亿美元，2016年集成电路进口金额为2270.7亿美元。

则2017年集成电路进口金额同比增长＝（2017年集成电路进口金额/2016年集成电路进口金额）–1＝（2601.4/2270.7）–1＝14.56%。

由于14.56%约为15%，所以选择C项。

（4）2018年中国平均每块集成电路出口单价比上年：

A.下降了30%以上

B.上升了30%以上

C.下降了30%以内

D.上升了30%以内

答案：D项。

解析：定位统计表可知，2018年集成电路出口数量为2171亿块，出口金额为846.4亿美元；2017年集成电路出口数量为2043.5亿块，出口金额为668.8亿美元。

则2018年中国平均每块集成电路的出口单价与上年的相比＝[（846.4/2171）/（668.8/2043.5）]–1%≈19%。

（5）关于中国集成电路产业销售及进出口状况，能够从上述资料中推出的是：

A.2016—2017年，月均进出口总量超过450亿块

B.2016年销售额同比增量低于上年水平

C.2015—2018年，进口量和进口额均逐年上升

D.2014—2018年，出口总量超过一万亿块

答案：A项。

解析：定位统计表可知，2016年集成电路产业销售进口量和出口量分别为3425.5亿块、1810.1亿块，2017年进口量和出口量分别为3770.1亿块、2043.5亿块。

2016—2017年两年共有24个月。

由算术平均数=总数/总个数

有2016—2017年集成电路产业销售月均进出口总量＝（3425.5＋1810.1＋3770.1＋2043.5）/24≈460。

由于2016—2017年，月均进出口总量约为460亿块，超过了450亿块，所以选择A项。

第16章 商务风格的统计图

每个人都有自己的音色，每个季节都有自己的颜色，一套统计图在一篇文章中，或在一本老牌杂志中，或在一个网站中，也有自己独特的风格。

一套商务风格的统计图，具有规范、简约、美观的特点。这样的一套统计图，如出一辙，配色一致，布局一致，统计图要素的设计也别出心裁。

在英国路透新闻研究院画的统计图中，居然飞出了一只活泼的小鸟。

在《经济学人》杂志的统计图中，居然在标题区用一抹红当成自己的品牌图标。

在《商业周刊》杂志的统计图中，居然用超重口味的线条画折线图的折线。

在2020年中国互联网络发展状况统计报告中，89张统计图，每张图都一样的颜色，一样的布局，如此循环，却让人越看越爱。

本章的4小节，将分别走进4个旅游点，即英国牛津大学的文章，还有英国《经济学人》杂志、美国《商业周刊》杂志和中国互联网络信息中心发布的统计报告。

如同音乐没有国界一样。统计图也没有国界，好的统计图不管出现在哪里，都会讲求规范和美观。

16.1 英国牛津大学推送的统计图

英国牛津大学路透新闻研究院发布了《2018年数字项目新闻报告》，下面有一组统计图就来自这份报告，如图16-1～图16-3所示。

图16-1、图16-2和图16-3，分别为柱形图、条形图和折线图。这3张统计图，来自同一篇文章，画风一样。

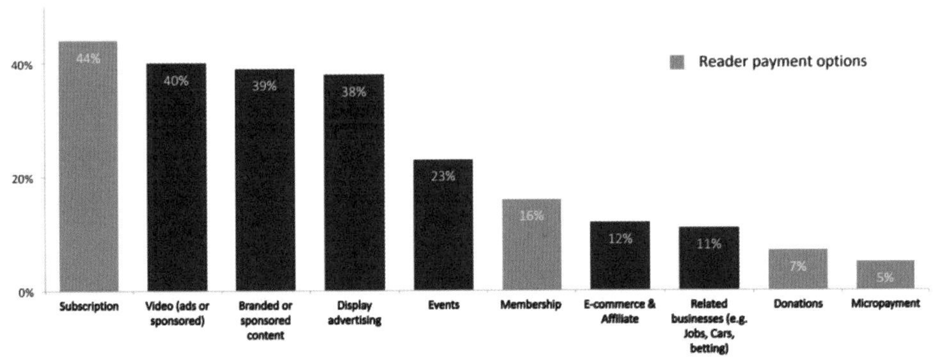

Q5: How important are the following digital revenue streams for your company in 2018?
RISJ Digital Leaders Survey (2018), n=162 (excluding those with non-commercial models)

图16-1　柱形图

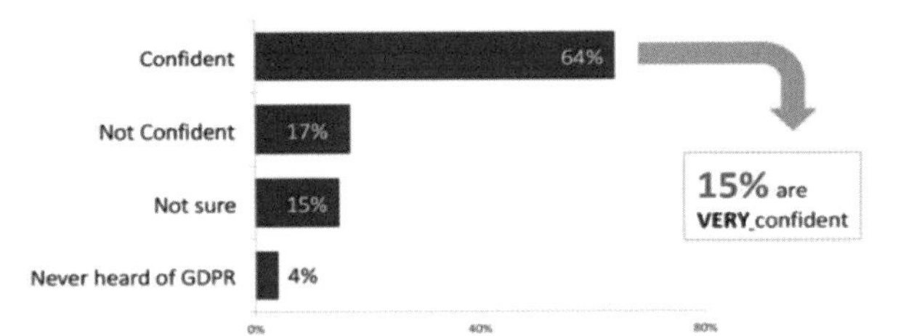

EU GDPR
2018

New permissions required

Fines of up to €20m

From May 2018

Q8 How confident are you that your company is ready for GDPR?
RISJ Digital Leaders Survey, n= 174 (excluding 13 who say not relevant to their business)

图16-2　条形图

Figure 14: Facebook, Twitter Stagnate, WhatsApp, Instagram Grow

Weekly Use of Networks for Any Purpose 2014-17, 12 Country Average

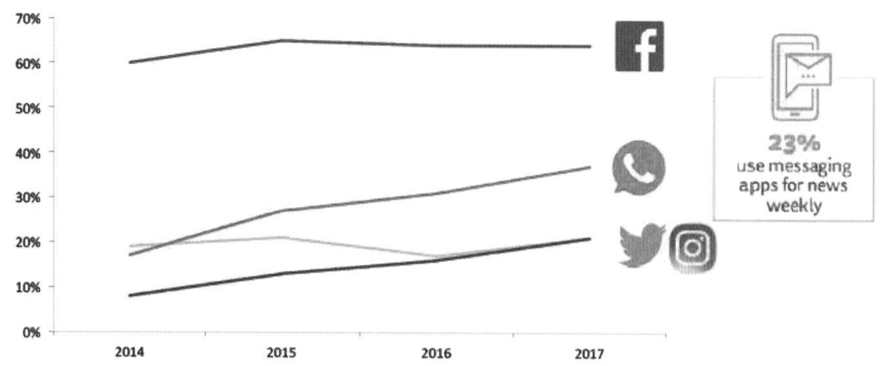

Digital News Report Q12a Which of the following have you used in the last week for any purpose?
Base: Total sample in 12 countries (UK, US, Germany, France, Spain, Italy, Ireland, Denmark, Finland, Australia, Brazil), 10 country average for 2014 excl Australia and Ireland

图16-3　折线图

首先，配色的风格一样。

在图16-1和图16-2中，选择了相同的黄色和蓝色来画图。用这两种颜色画的两个小圆如图16-4所示。

图16-4　蓝黄色组合

在图16-4中，从左往右，蓝色小圆的颜色取值即RGB值为（228,141,48），而黄色小圆的颜色取值即RGB值为（4,33,75）。

在图16-1的柱形图中，竖向的10个柱子，有4个为黄色，6个为蓝色，用黄色和蓝色来区分不同的情况。

在图16-2的条形图中，横向的4个柱子，都选用了蓝色，而一个手杖形箭头，选择了黄色。

其次，布局的风格一样。

接下来，从统计图的“三区”即标题区、绘图区和来源区来看。

从标题区看，图16-1和图16-2的标题区空无一物，图16-3的标题区呈现的却不是标题。但在绘图区的底部，图16-1和图16-2却各有一个疑问句。

第一张图显示“Q5：在2018年，对你所在的公司来说，下述收入来源有多重要？”第二张图显示“Q8：你的公司为GDPR做好准备了吗？”显然，两张统计图呈现的数据结果，是这两个问题的答案。

在标题区，要列明图号和标题，或者提炼调查的结果成为标题，如第一张柱形图的标题为“2018年各大媒体机构的收入来源”，或者直接用提出的调查问题当成标题，如第二张条形图的标题为“你的公司为GDPR做好准备了吗？”“GDPR”的英文全称是“General Data Protection Regulation”，译成中文为“欧洲通用数据保护条例”。

从绘图区看，会好看很多。

在图16-1和图16-2中，竖向柱子和横向柱子之间的距离相等。

图16-2和图16-3都是左边摆放统计图，右边摆着小图片的布局。

图16-1和图16-2都遵循了“能排序先排序，排好序再画图”这样的行规，竖向柱子和横向柱子之间的距离都比柱子的宽度要小，数值统一设置在数据标签内。

图16-2和图16-3以统计图为主，小图片为辅，两者一左一右，平行排列在文章中，小图片的出现，突出了信息重点，活跃了版面。两个小方框中的数值15%和23%，个头较大，颜色醒目，也呈现出对称美。

在图16-3中，4条折线的颜色与网络平台图标的颜色相同，这样的设计独具匠心。

绘图区中的刻度线，在图16-1中，横轴上的刻度线可以删除，纵轴上的可向内。在图16-2中，横轴上的刻度线可以向内，纵轴上的可以删除。在图16-3中，横轴上的刻度线要向内并指向年份数，纵轴上的刻度线可以向内。

从来源区看，3张统计图虽然都标示了数据的来源，如“RISJ（路透新闻研究院）”，但来源的开头最好启用“Source：”这样通用的表达形式。在这篇新闻报告中，有的统计图用“Source：”这样的句式表达，有的不是，因此最好统一用“Source：”这样的句式来表达。

16.2 英国《经济学人》杂志中的统计图

《经济学人》杂志是英国的老牌杂志，1843年创刊，创刊的目的是“参与一场推动前进的智慧与阻碍我们进步的胆怯无知之间的较量”，这句话被印在每一期《经济学人》杂志的目录页上。

下面一组统计图来自2018年的英国《经济学人》杂志，如图16-5所示。

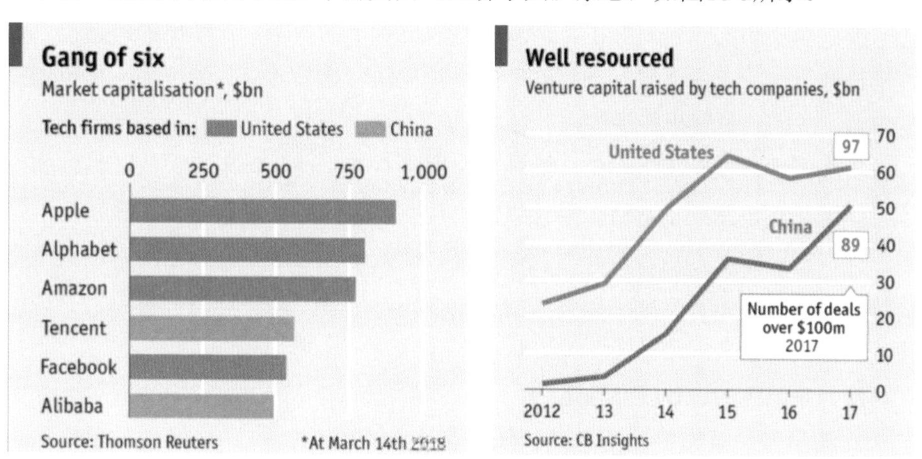

图16-5　条形图（左）和折线图（右）

在图16-5中，左边为条形图，右边为折线图。这两张统计图，来自同一篇文章，这样的画风，也是整个杂志的基本画风。

在图16-5中，选择了蓝色、黄色和红色来画图。用这三种主打颜色画的3个小圆如图16-6所示。

图16-6 红蓝黄色组合

在图16-6中，从左往右，红色小圆的颜色取值即RGB值为（239,72,47），蓝色小圆的颜色取值即RGB值为（0,166,231），黄色小圆的颜色取值即RGB值为（232,149,124）。

《经济学人》杂志中的统计图，老牌经典，简洁清爽，布局独特。统计图的颜色喜用红蓝黄组合，统计图左上角那一抹红色小方块是杂志的招牌标志。

在图16-5中，需要留意的是：条形图上的数值要显示在横向柱子的旁边，折线图上的每一个年份都要写完整。

接下来，从“四区”即标题区、绘图区、来源区和美观区来欣赏图16-5。

首先，标题区的设计十分精练。

在标题区，杂志的一大特点，就是左边的那一抹红，这是统计图的标配。标题靠左边框排列，符合阅读习惯。标题的字号最大，文字加粗，非常醒目。但标题文字过少，过于简洁，缺少时间和空间。

其次，绘图区的设计清爽宜人。

从图形来看，条形图的横向柱子排列有序，圆满完成了对文本型非顺序数据先排序再画图的专业任务。同时，柱子之间的距离恰当，两根柱子之间的距离小于柱子的宽度。

条形图和折线图都有横轴和纵轴，但坐标轴摆放的位置，有的却打破了常规，用独特的风格来呈现。

在条形图中，纵轴表示分类的结果，纵轴的位置没有变，而横轴表示数值，横轴的位置变了，横轴飞起来了，高高在上。其实，要让横轴的位置居高临下，在画图时，只要一个小小的设置就好了，即双击常规位置上的横轴，在弹出的对话框“设置坐标轴格式”中，单击“坐标轴标签”的下拉按钮，选择“高”的选项，再单击“关闭”按钮，关闭“设置坐标轴格式”对话框即可。

在折线图中，横轴表示年份，横轴的位置没有变，而纵轴表示数值，纵轴的位置变了，纵轴从左边跑到了右边。要让纵轴出现在右边，方法也简单，跟横轴在上面的设置一样，在画图时，点击之间，就能实现，即双击左纵轴，在弹出的对话框“设置坐标轴格式”中单击“坐标轴标签”的下拉按钮，选择“高”选项，再单击“关闭”按钮，关闭“设置坐标轴格式”对话框。

再次，来源区的设计匠心独运。

《经济学人》杂志中的所有统计图，都有一个共同特点，这就是左上角那一抹红。统计图左上角的这一抹红，如同公司的商标，如同天生的胎记，成为了杂志的标配，成就了《经济学人》杂志统计图的最大特色。观赏杂志中的统计图，从左往右看也好，从上往下看也好，第一眼看到的那一抹红，永远鲜亮夺目，让人一见，心中一喜，原来是它！

来源区的“制图者名称”一般放在右下角。但《经济学人》杂志却别出心裁，让来源区的这个地方，成为了无名无姓的存在。而且，正所谓“不着一字，尽得风流”，统计图中只要有一抹红，就告知了读者这一张统计图来自哪里，是何方“神圣”。

《经济学人》杂志中的统计图，在来源区中，“制图者名称”的表达很俏皮，以红色取胜，而在“来源”中，又以专业的姿态在固定的地方即左下角写好了“Source”。英文单词“Source”，翻译成中文为“来源”。

杂志画的统计图，还有很多专业的呈现可圈可点，这从图16-5中就可以略见一斑。

最后，配色区的设计简洁生动。

“三区”的背景浑然一体，从标题区到绘图区，再到来源区，“三区”的背景色一样，一色的银灰，上面轻描白线，淡雅可人，烘托整体，美化全局，而又不喧宾夺主。

从图形来看，用经典的蓝色和黄色组合，共同描画统计图。经典蓝色没有变化，经典黄有深浅之分。在条形图中，用浅黄色，而在折线图中，两根折线，一根是经典蓝，高飞在上，另一根是经典深黄色，低飞在下方。

从数值来看，折线图上，每根折线上的一个重点数值，都与相应折线的颜色相同，并且标示在小方框中，而两根折线所代表的国名，其文字的颜色也与相应折线的颜色相同。每根折线、重点数值与关键文字都启用同一种颜色，颜色点到为止，让图面显得简洁大方。

16.3 美国《商业周刊》杂志中的统计图

《商业周刊》杂志是美国的老牌杂志，1929年创刊，创刊成功的奥秘就是“商业化与数据化并重”。

下面一组统计图来自《商业周刊》杂志，如图16-7所示。

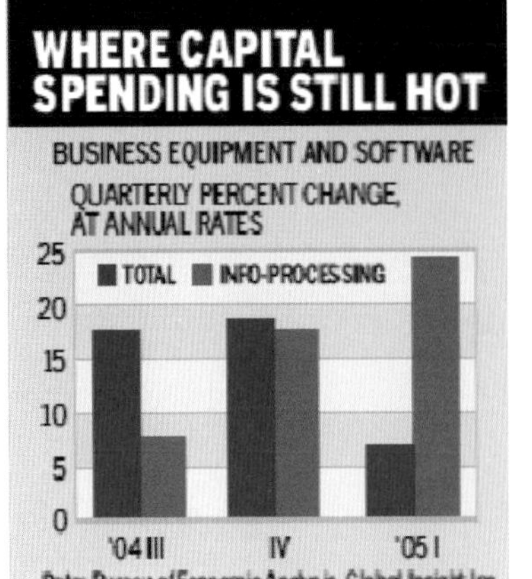

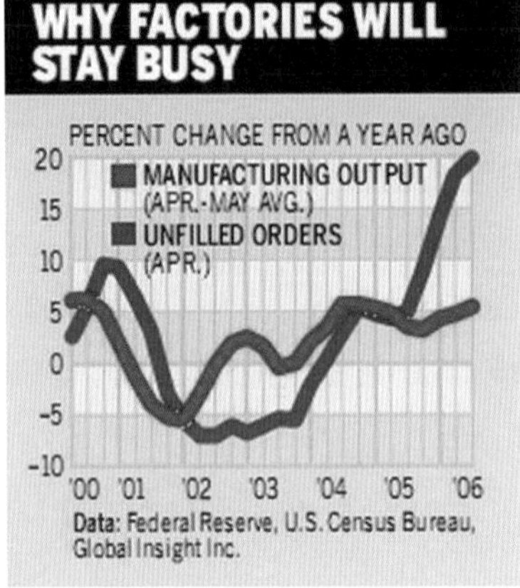

图16-7　柱形图（左）和折线图（右）

在图16-7中，左边为柱形图，右边为折线图。这样的画风，也是整个杂志的经典画风。

在图16-7中，选择了相同的红色和蓝色来画图。用这两种主打颜色画的两个小圆如图16-8所示。

图16-8　红蓝色组合

在图16-8中，从左往右，红色小圆的颜色取值即RGB值为（247,0,0），蓝色小圆的颜色取值即RGB值为（0,56,115）。

《商业周刊》杂志中的统计图，经典老牌，浓墨重彩，对比色强烈。统计图的颜色喜用红蓝组合，折线图的折线粗犷豪放。

接下来，从“四区”即标题区、绘图区、来源区和美观区来观赏图16-7。

首先，标题区的设计夺人眼目。

在标题区，杂志的一大特点，就是标题区的背景都为黑色，文字为白色，黑白相配，十分醒目。标题靠左边框排列，符合阅读习惯。白色的标题都为疑问句，字号最大，文字加粗，很吸引人。

其次，绘图区的设计错落有致。

从图形来看，柱形图和折线图呈现的都是时间数据，都有横轴和纵轴，都从起点值“0”开始。横轴和纵轴的位置，都是常规布局。

柱形图画的是两个数据系列，柱子上没有显示数值，只反映变化的态势。

折线图画的也是两个数据系列，两根线条一样粗。折线的两端顶住绘图区，这是将位置坐标轴设置在刻度线之上的结果。折线上也没有显示数值，只反映了变化的趋势。

需要留意的是：两张统计图，在横轴上，要显示完整的时间，如柱形图要显示年份和季度，折线图要显示年份，而在纵轴上要显示计量单位。

再次，来源区的设计求同存异。

《商业周刊》杂志中的统计图，在来源区中，“制图者名称”的表达很特别，常以标题区的黑白配为特色，标明为本杂志出品。如果说这样的表达与众不同，那么“来源”的表达就很普通，是一种常规的专业表达，这就是在来源固定的地方即左下角写好了“Data：”。英文单词“Data”，翻译成中文为“数据”。

最后，配色区的设计浓墨重彩。

在统计图中，标题的黑白配，图形的红蓝配，厚重的折线，传统、时尚而又经典。在画图时，要在默认的统计图中，扩大标题区的范围，只要添加一个文本框就可以了。

16.4 中国互联网络发展状况统计报告中的统计图

中国互联网络信息中心（China Internet Network Information Center，CNNIC）于1997年组建，以“为中国互联网络用户提供服务，促进我国互联网络健康、有序发展”为宗旨，同年发布第一次《中国互联网络发展状况统计报告》，共3页，只有1张饼图。2020年4月发布的第45次《中国互联网络发展状况统计报告》，全文有127页，共89张统计图，下面有一组统计图就来自这份报告，如图16-9～图16-11所示。

图16-9、图16-10和图16-11分别为柱形图、条形图和柱线图。这3张统计图来自同一份统计报告，画的都是两个数据系列，都有相同的风格。

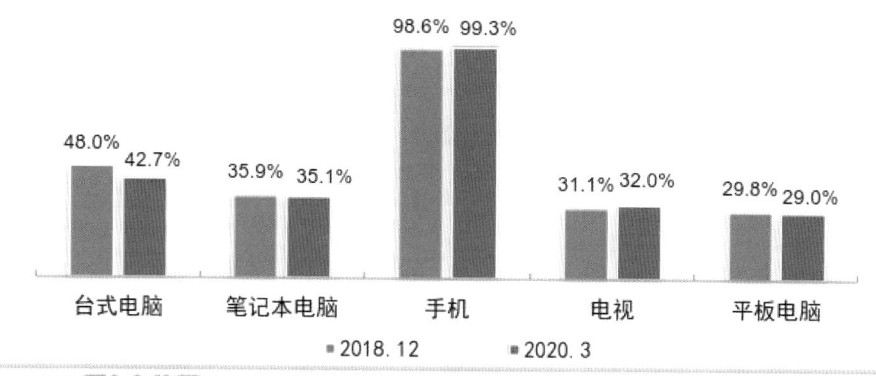

图16-9　柱形图

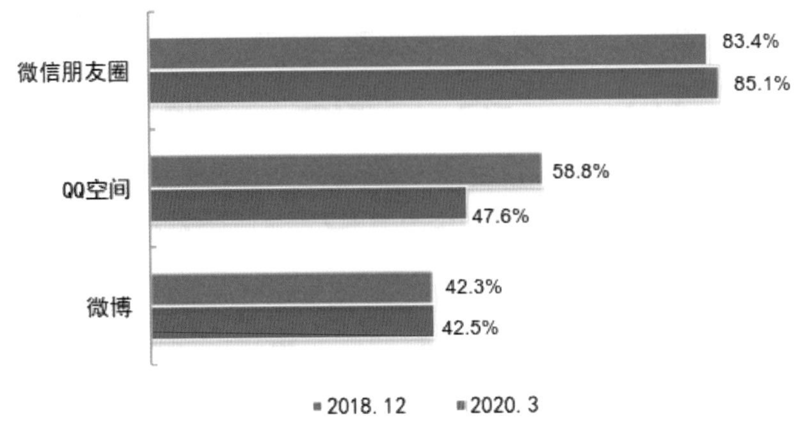

来源：CNNIC 中国互联网络发展状况统计调查 2020.3

图16-10　条形图

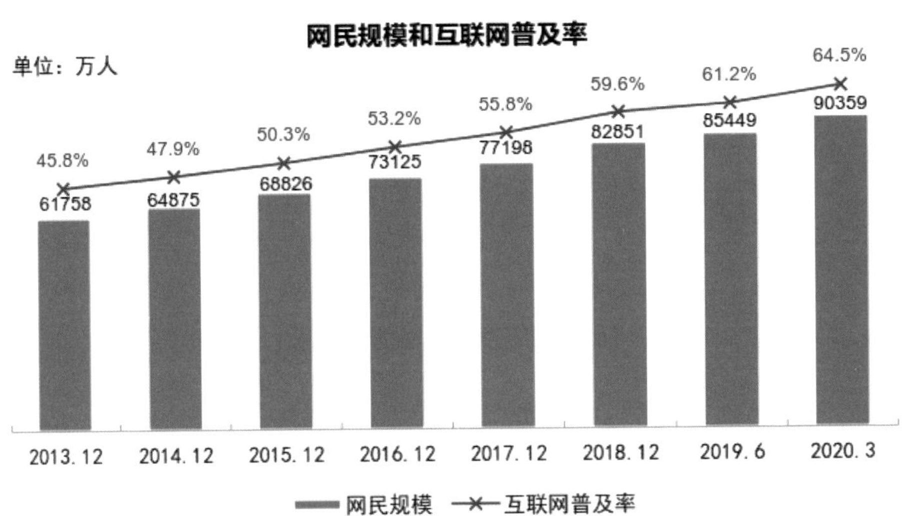

来源：CNNIC 中国互联网络发展状况统计调查 2020.3

图16-11　柱线图

这一组统计图，具有以下几个特点。

第一，整体配色以蓝调为主。

蓝色温婉，色泽柔和，画面简洁，单纯而不单调。

这三张统计图，跃然入目，首当其冲的就是配色风格，都是主打蓝色调，都用一样的深蓝色和浅蓝色来区分两个不同的数据系列。

这三张统计图，选择了相同的深蓝色和浅蓝色来画图。用这两种颜色画的两个小圆如图16-12所示。

图16-12　红蓝色组合

在图16-12中，从左往右，红色小圆的颜色取值即RGB值为（235,56,56），蓝色小圆的颜色取值即RGB值为（5,111,198）。

在图16-9中和图16-10中，第一个数据系列用蓝色，第二个数据系列用红色。在图16-11所示的柱线图中，柱线图由柱形图和折线图组合而成。柱形图为第一个数据系列，柱子用蓝色，而折线图为第二个数据系列，折线用红色，数据标记也为红色。红色的折线飞起，飞升在蓝色的柱形图之上，醒目大方，让人印象深刻。

第二，布局的风格相同。

接下来，从统计图的“三区”，即标题区、绘图区和来源区来看。

在标题区，标题都是高高在上并居中，这样的设置，宜于阅读。

标题中，应添加图号、时间和空间。在统计报告中，每张统计图都有图号，但图号写在统计图的左下方，同时重复标题的文字，这样的设计不佳。不如把图号直接调到上面的标题中，再把下面与标题重复的文字删除。这样一来，让高高在上的标题既有图号，也不会使同一张统计图有多余的文字存在。

对于同一个统计报告中的统计图，虽然统计报告的标题已显示了时间和空间，似乎给每张统计图就定了基调，但在传播中，由于每张统计图都有可能成为单飞传播的对象，所以还是需要给每张统计图的标题写好时间和空间。

其实，一套统计图的命运，不管是被传播还是不被传播，每张统计图既是整体中的一员，也是独立的个体，都要具备相应的统计图元素。

在绘图区，图16-9和图16-11的纵轴都省略了，图16-10的横轴也省略了，所有的网格线也消失了，整个画面，简洁迷人。

虽然没有坐标轴，但在图形中都标明了数值，相对数的旁边都标明了百分号，总量数的计量单位“万人”标在绘图区的左上角。2020年，中国网民人数首次突破9亿人。

在图16-9和图16-10中，分类数据都是文本型非顺序数据，都要对第一个数据系列的数据先排序再画图。图16-10这张条形图做到了，而图16-9还缺省了先排序这一步。

当然，图16-9不按常规排列也可以这样理解，把代表最大数值的最高柱子放在正中间，其他的数值排序后再分列两旁，这样可以突出重点，在视觉上给人以平衡。这种布局，可以运用在最大数值与其他数值相差比较大的情形中。

在来源区，写好了来源。在来源中，专门设计了文字的样式和颜色，如给了深蓝色的“CNNIC”一个特写，并将其他的文字设计为浅蓝色。来源区文字的浅蓝色与绘图区图形的深颜色均属蓝色系，这也是这套统计图的一个亮点。

在来源区，制图者的名称写好了，但不在右下角的地盘上，而是以水印的形式遍布绘图区，这样的呈现十分新颖。但制图者名称的地盘也没有闲着，上面写着“2020.3”，这是指截至2020年3月统计数据的调查时间。

第17章 政务风格的统计图

本章选取了中国四家政府网站的统计图，即人民日报新媒体的统计图，还有中国国家统计局、中国国家体育总局和中国国家邮政局这“三局”的统计图。

这四大家的统计图，各有风格，也有共同点。共同点就是绘制一套图，如同情侣套装一样，还有就是根据不同的题材，选择相应的颜色和布局。政务风格的统计图，严谨而不死板，活泼而不失稳重。

17.1 人民日报新媒体出品的统计图

人民日报微信公众号截图如图17-1所示。

人民日报

参与、沟通、记录时代。>

图17-1 人民日报微信公众号（rmrbwx）截图

图17-2所示是来自人民日报新媒体的3张统计图。这三张统计图，从左往右是条形图、柱形图和折线图，出品的时间分别为2月12日、2月15日和3月19日，制图者为刘珂君。

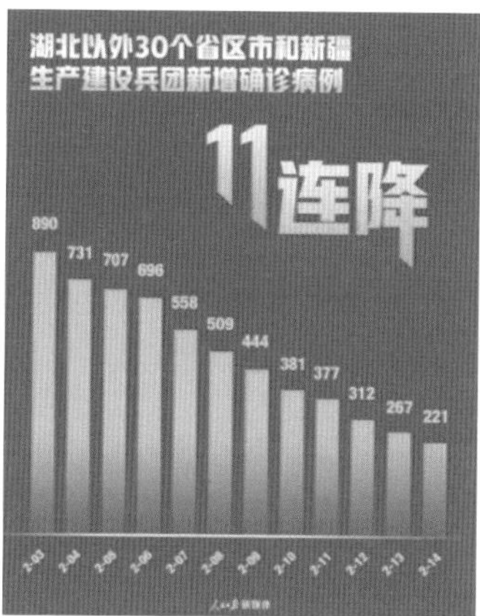

1.21～3.19，一天天数着数字过来的

人民日报

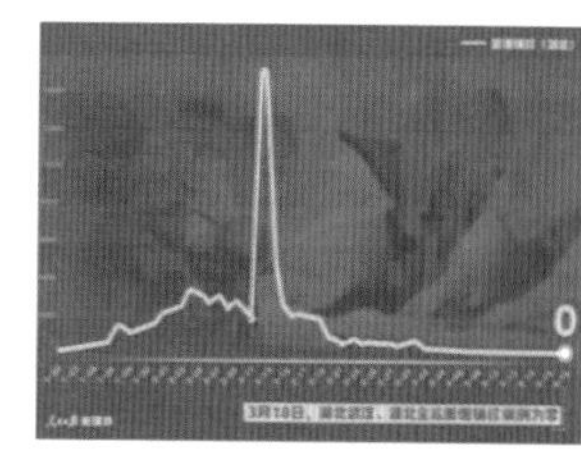

来源：人民日报新媒体，策划：贾雪，制图：刘珂君

图17-2 来自人民日报新媒体的统计图

在图17-2中，3张图的主打色均为黄色，只是深浅略有不同，而柱形图的背景色为蓝色。用黄色和蓝色这两种颜色画的小圆如图17-3所示。

在图17-3中，从左往右，黄色小圆的颜色取值即RGB值为（255,179,16），蓝色小圆的颜色取值即RGB值为（45,90,148）。

图17-3 黄色和蓝色组合

这3张图，虽然推出的时间不同，但摆放在一起，一看风格便知，它们出自于同一家手笔，具有同样的风貌。这一套图，前后呼应，画面稳重典雅，简洁明快，设计感强，独具匠心。

从统计图的“四区”来欣赏图17-2，可以得到以下启示。

在标题区，标题醒目，别具一格，完美诠释了呈现数值标题的艺术性。

标题所在的空间大，标题文字大气沉稳，文字与数值的字体不同寻常，尤其是数值的呈现方式夺人眼目。第一张和第二张统计图，在标题设计上有衔接，让人一见就喜欢。第三张统计图的标题为“1.21～3.19，一天天数着数字过来的”，让人一见就感慨万千。

当然，标题区中的标题，还要加上时间“2020年”和空间“中国”，这样才规范，传播才更为久远。

在绘图区，简洁明了，数据醒目，图形的呈现给人清爽的感觉。

简洁表现在坐标轴方面。坐标轴可有可无的，一律删除，如条形图没有坐标轴，而柱形图和折线图没有纵轴，只有时间轴。数值的呈现详略得当，如条形图和柱形图在数据系列上标示了全部的数值，而折线图上只标示了一个数值，一个至关重要的大写数值“0”。

当然，绘图区中的计量单位，条形图可以用一个“例”来呈现，柱形图可以添加计量单位“例”，而折线图用右下方的一句话来点明计量单位不失为一个好方法。

在来源区，来源的表达越来越完整。

在数据来源方面，3张制作时间不同的统计图，都写了数据的来源，都来自《人民日报》，前面两张写的是“人民日报”，后面一张写的是“人民日报新媒体”，后面这张的呈现更为全面。在制作者方面，前面两张的图面上都没有直接写制作者，而最后一张折线图，就写明了制图者，制作者为个人，这位画图大师就是刘珂君。

在美化区，整体效果好，细节设计规范。

从整体看，整体效果好。3张统计图如同3张明信片，既自成系列，又可以单独呈现，而且标题区、绘图区和来源区这“三区”的配色合为一体。

从细节看，规范专业。标题区的空间增大，选用特效字体，数值为特大号，布局令人称奇。图形区的图形排列美观，条形图的两个条形之间的距离小于一个条形的宽度，柱形图的两个柱子之间的距离小于一个柱子的宽度。数值的颜色与图形的颜色搭配恰当，清晰度高。善用背景色，条形图和柱形图“三区”的背景色各为一种颜色，条形图为橙色，柱形图为蓝色，而折线图绘图区的背景为一张与主题相应的图片，标题区与来源区以白色为背景。

17.2 中国国家统计局出品的统计图

中国国家统计局官网截图如图17-4所示。

图17-4　中国国家统计局官网（http://www.stats.gov.cn/）截图

统计局画的统计图，会不会严谨有余，活泼不足，用色偏爱深沉？答案来了，用统计图说话。

图17-5所示的两张统计图，来自中国国家统计局发布的《2019年中国国民经济与社会发展统计公报》。这份统计公报，有26张统计图，统计图的主色调均为红色和绿色。从2002年开始，统计图在中国国家统计局发布的统计公报中出现，当时只有8张统计图。从2002年到2019年，18年间，统计图由8张增加到26张，增长了三倍多。

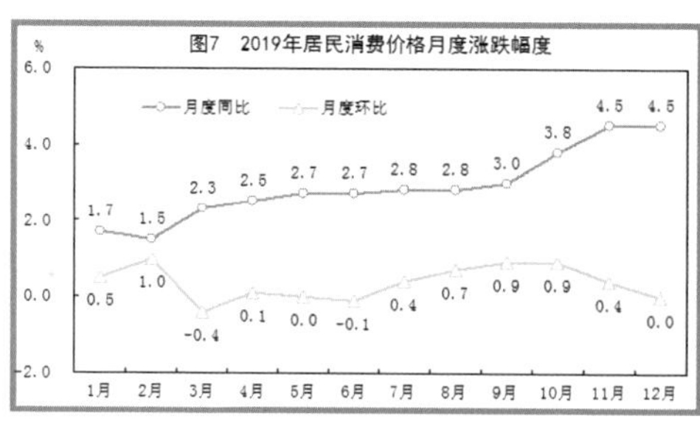

图17-5　来自中国国家统计局的统计图

在图17-5中，两张图的主打颜色也是红色和绿色。用这两种颜色画的小圆如图17-6所示。

图17-6　红绿两色组合

在图17-6中，从左往右，红色小圆的颜色取值即RGB值为（255,125,125），绿色小圆的颜色取值即RGB值为（136,198,76）。

接下来，从“四区”来欣赏图17-5所示的两张图，左图为折线图，右图为柱线图。

在标题区，两张统计图的标题都居中，都有图号、时间、数据的名称，但都没有写空间，应添加空间“中国”。

在绘图区，都有横轴和纵轴，都有数据标签、计量单位和图例。

在来源区，两张统计图都要添加数据来源和制图者名称“中国国家统计局”。

在美观区，两张统计图风格相同，如出一辙，绘图区的背景色淡雅清新，与数据系列的颜色很相配。但如果要更讲究一点，这两张统计图的图例，摆放的位置要一样，最好都居中。还有纵轴上刻度值的表示要统一，折线图的计量形式“%”保留了一位小数，柱线图的计量形式“%”保留的是整数，按照画统计图的要求，纵轴上的刻度值一律用整数，哪怕数据系列中的数值带有小数。在柱线图中，横轴上的刻度线可以删除，纵轴上的刻度可以将间隔值调为200，两个柱子之间的宽度应小于柱子的宽度。

17.3 中国国家邮政局出品的统计图

中国国家邮政局官网截图如图17-7所示。

图17-7 中国国家邮政局官网（http://www.stats.gov.cn/）截图

图17-8所示的统计图来自中国国家邮政局发布的《2020年2月邮政行业运行情况》一文。

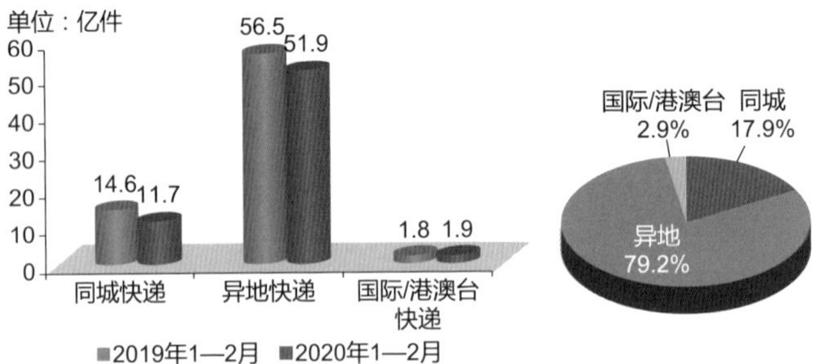

图17-8 来自中国国家邮政局的统计图

在图17-8中，两张图的主打颜色是蓝、红、绿三色。用这三种颜色画的小圆如图17-9所示。

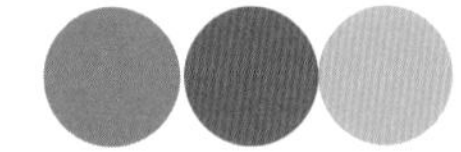

图17-9 蓝红绿三色组合

在图17-9中，从左往右，蓝色小圆的颜色取值即RGB值为（79,129,189），红色小圆的颜色取值即RGB值为（192,80,77），绿色小圆的颜色取值即RGB值为（155,187,89）。这三种颜色看着是不是有点眼熟，怎么跟图17-10的颜色如出一辙？

在图17-10中，左图是Excel 2010默认的颜色框，从第一行的第五个颜色开始，依次为统计图数据系列的颜色，而右图为一个示例图形。画统计图，要避免用默认色。画快递业务量的统计图，不妨采集邮局的绿色和网站的蓝色，调整的结果见表17-1和表17-2。

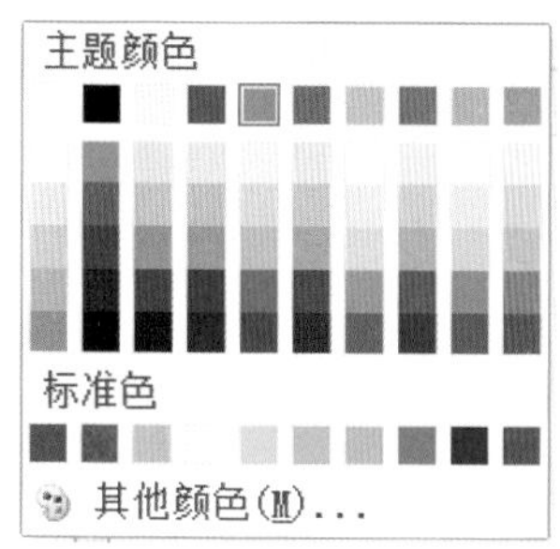

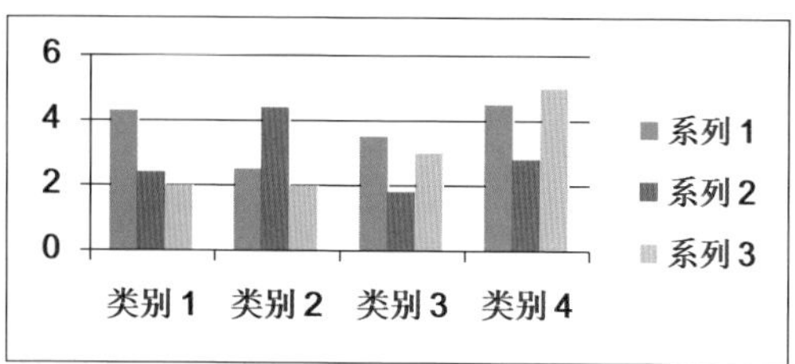

图17-10　默认的颜色框（左）和示例图形（右）

表17-1　从圆柱图到柱形图

原图
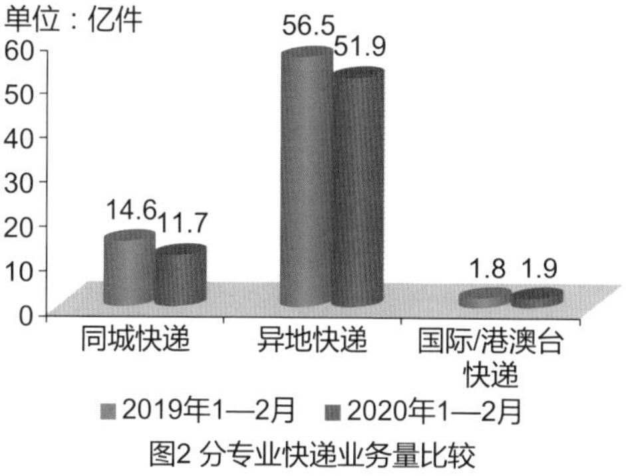 单位：亿件 60 50 40 30 20 10 0 14.6 11.7 56.5 51.9 1.8 1.9 同城快递　异地快递　国际/港澳台快递 ■2019年1—2月　■2020年1—2月 图2 分专业快递业务量比较
新图
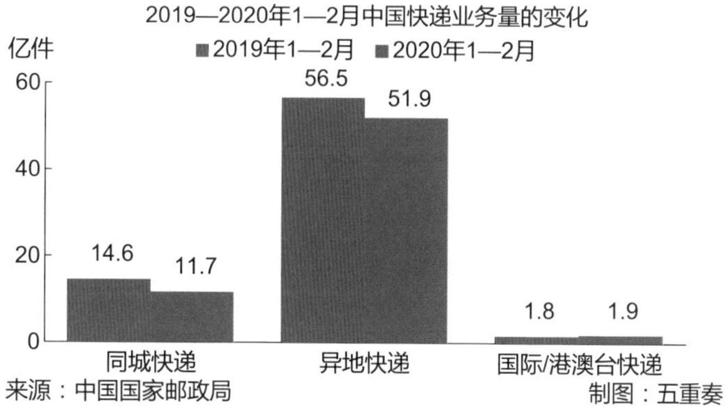 2019—2020年1—2月中国快递业务量的变化 ■2019年1—2月　■2020年1—2月 亿件 60 40 20 0 14.6 11.7 56.5 51.9 1.8 1.9 同城快递　异地快递　国际/港澳台快递 来源：中国国家邮政局 制图：五重奏

表17-2　从饼图到饼图

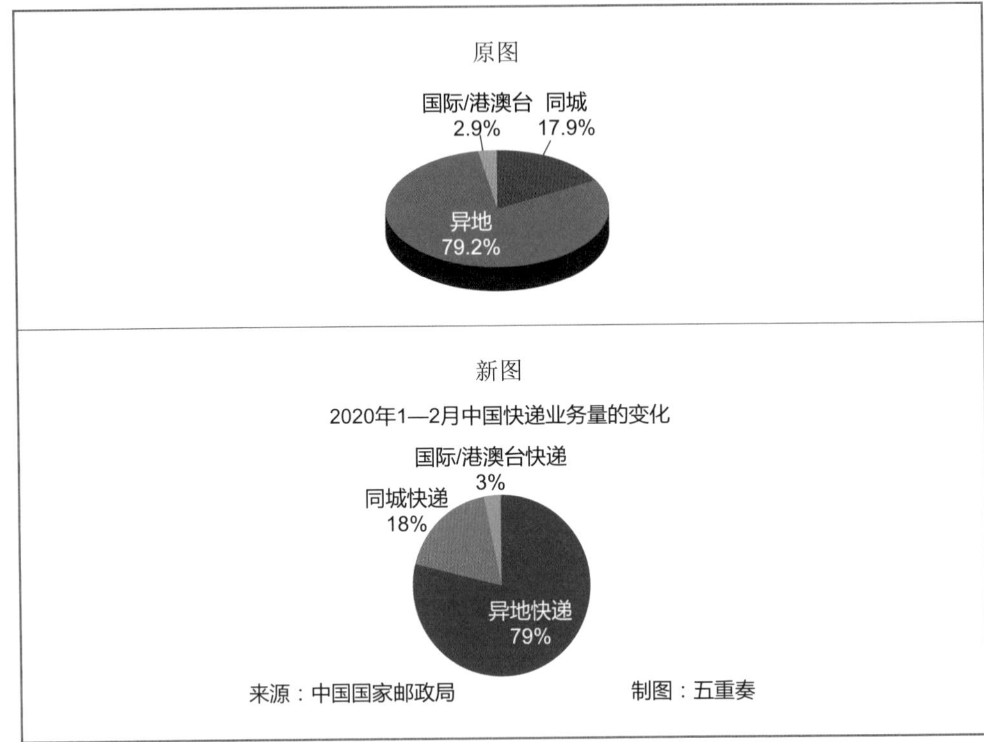

在表17-1和表17-2中，新图是在原图的基础上进行的修改。

17.4　中国国家体育总局出品的统计图

中国国家体育总局官网截图如图17-11所示。

图17-11　中国国家体育总局官网（http://www.stats.gov.cn/）截图

图17-12来自中国国家体育总局发布的《2019年中国体育场地统计调查数据》一文。这两张统计图，上面是圆环图，下面是柱形图。这一组图，为一套图。

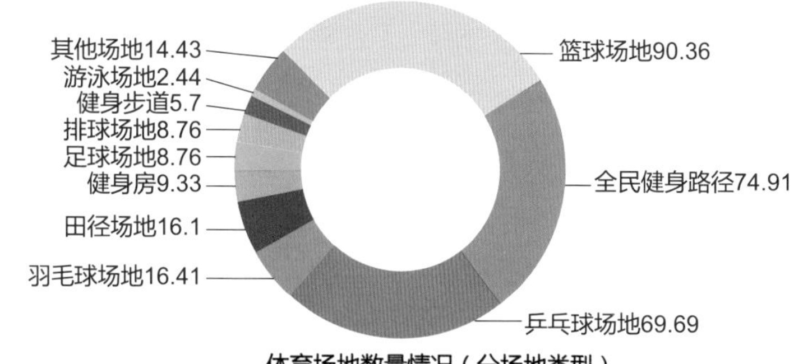

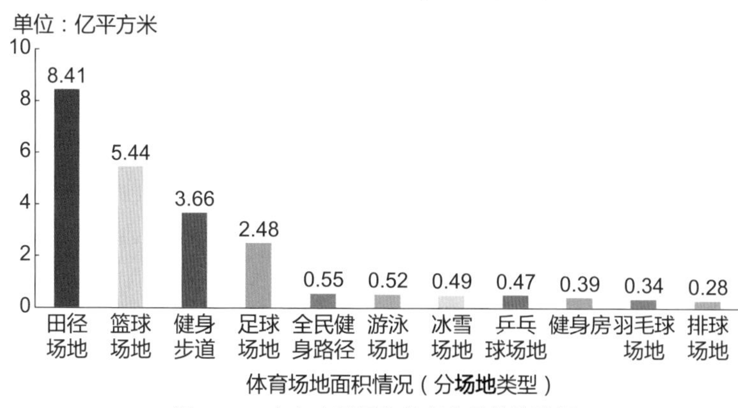

图17-12　来自中国国家体育总局的统计图

一眼望去，两张图最显著的特点，就在用色方面，可以用“五彩缤纷”来形容。 细细看来，两图各分了11组，各启用了11种颜色。用柱形图的11种颜色画的小圆如图17-13所示。

图17-13　11色组合

在图17-13中，从左往右，前面5个小圆的颜色取值即RGB值分别为（181,45,35）、（253,220,139）、（182,72,77）、（139,205,67）和（22,136,232），后面6个小圆的颜色取值即RGB值分别为（13,192,255）、（194,211,232）、（244,116,10）、（255,183,136）、（7,161,108）和（206,194,97）。

用五彩缤纷的颜色画统计图，呈现体育场地的数量和面积，让人看了，心中温暖，感觉现实生活也是这样的五彩缤纷，这样的美好迷人。

图17-12中这两张统计图，可圈可点的地方很多，比如与主题相称的斑斓又活泼的颜色，数据标签的完整显示，计量单位的呈现等。但看来看去，转念一想，这两张图，各有11个数据，如果都画成条形图会有怎样的风光？如果都启用同样的11种颜色来画会有怎样的看点？如果在标题区添加“中国”，并删除图号后的冒号“：”，如果添加来源区，如

果……把这些冒出来的一个一个想法一起转换成统计图，结果见表17-3和表17-4。

原图

其他场地14.43
游泳场地2.44
健身步道5.7
排球场地8.76
足球场地8.76
健身房9.33
田径场地16.1
羽毛球场地16.41
篮球场地90.36
全民健身路径74.91
乒乓球场地69.69

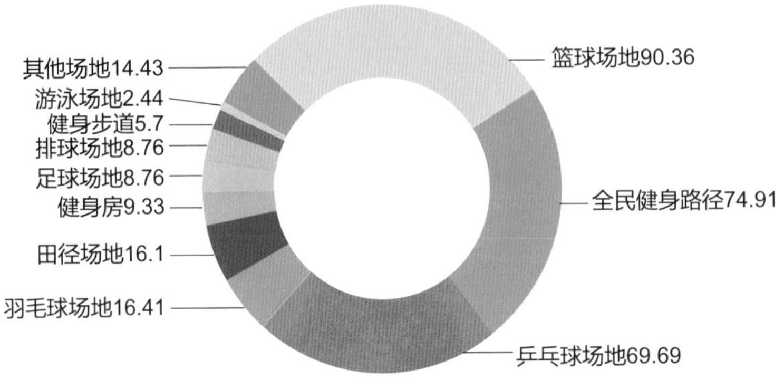

图2 体育场地数量情况（分场地类型）

新图

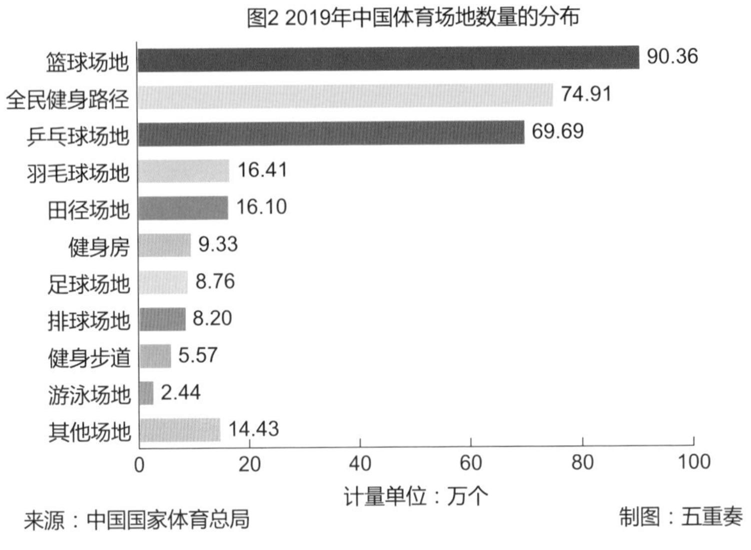

图2 2019年中国体育场地数量的分布

篮球场地 90.36
全民健身路径 74.91
乒乓球场地 69.69
羽毛球场地 16.41
田径场地 16.10
健身房 9.33
足球场地 8.76
排球场地 8.20
健身步道 5.57
游泳场地 2.44
其他场地 14.43

0　20　40　60　80　100

计量单位：万个

来源：中国国家体育总局　　制图：五重奏

表17-4　从柱形图到条形图

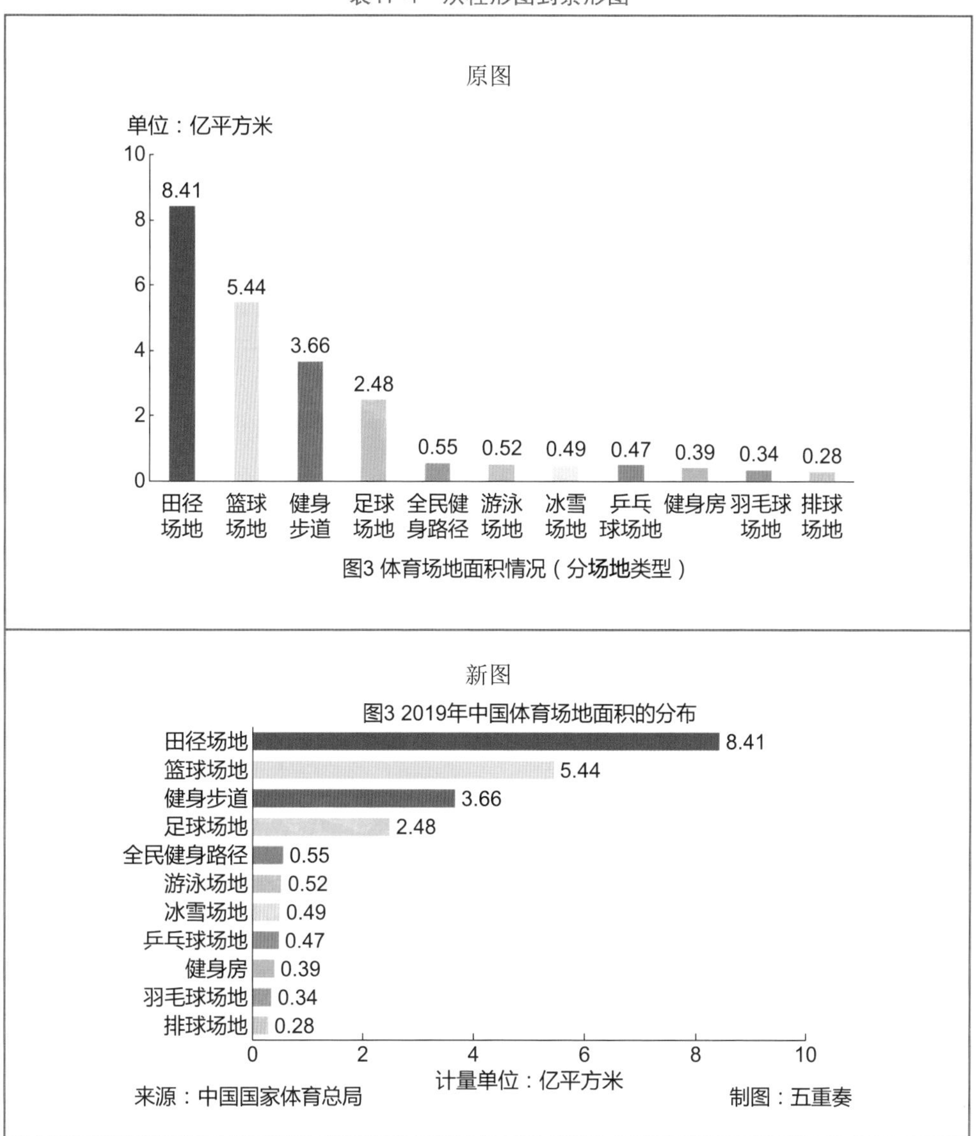

从表17-1到表17-4，新图都是在原图的基础上进行的修改。

第4篇

数据可视化的玩味

第18章 统计图的故事

摇篮里的统计图是什么模样？邮票中的统计图在讲什么？为什么南丁格尔画的玫瑰图可以拯救士兵的生命？怎样从一幅统计图看拿破仑的博罗季诺之战？本章分4小节，分别解开这4个问号，讲述有关统计图的故事。

18.1 故事1：摇篮里的统计图

在统计图的史册上，在数据可视化的教科书中，图18-1和图18-2所示是被提到的最早的两幅统计图。

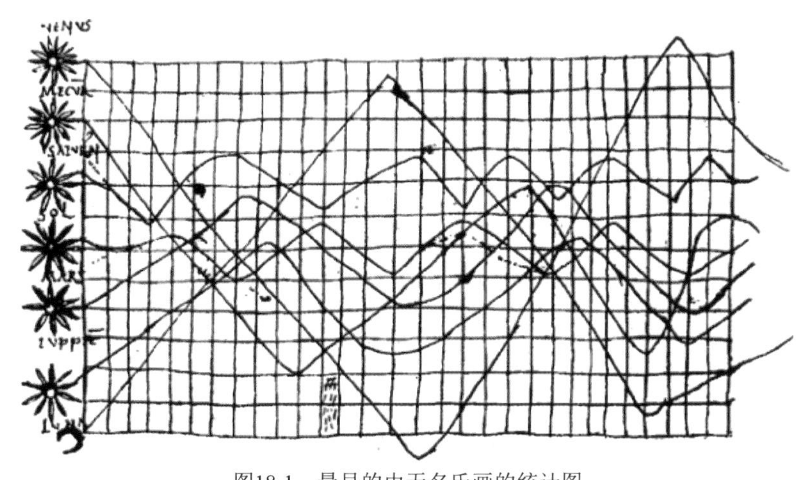

图18-1 最早的由无名氏画的统计图

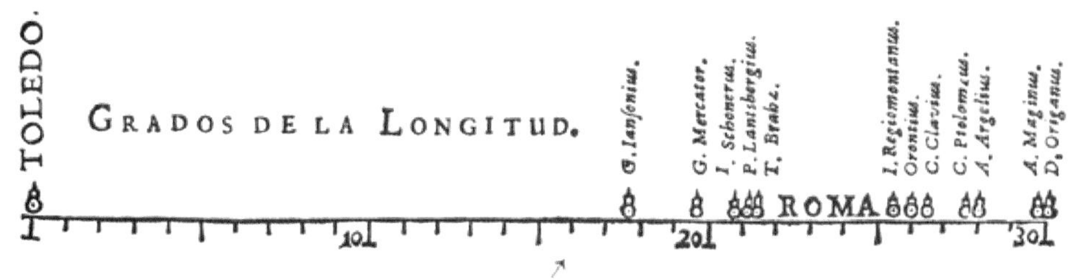

图18-2 最早的由有名氏画的统计图

图18-1是一张最早的由无名氏创作的统计图。这张图出现在10世纪，由一位不知名的天文学家绘制而成。

这是一张表现时间序列的折线图，图中描绘的7根折线，呈现了7个主要天体的时空变化。在这张折线图中，横轴代表时间，纵轴代表天体运行的轨迹，图中还有若干横线和纵线交织而构成的网格线。

如果不由分说，就把这张图拿出来欣赏，也许没有人知道图中的意思吧。因为在图中，没有标题，也没有来源和画图者的名称，似乎也没有一个数值，没有一点文字说明，而且有的折线还出了格，突破了图表区的界限，还有左下角即纵轴的起点值是否为0也看不清楚。

尽管拿规范的统计图的要素来看这张图，它有种种的不尽如人意，但在当时，在古老的年代，有人能够意识到把数据画出来，并以网格线为背景，把数据用图形展现出来，这种意念的火花，这种初始纯美的火花，这种落到实处的行动，是怎样的了不起！简直有开天辟地之盖世神功！对这样的创始之举，后人不管怎么称颂和赞美，还总嫌远远不够。

图18-2是一张最早的由有名氏创作的统计图。1644年，这张图由一位名叫Michael Florent van Langren（1600—1675年）的人绘制而成。

在这张柱形图中，12根柱子以线形来表达。这12根柱子呈现了从托莱多到罗马之间的12个已知的经度差异。这张图的构思，特别有意思的，就是每根线的形状，不是简单的线条，而是罗列了观测到经度差异的天文学家的名字。

这张图，古朴的气息扑面而来，是统计图的雏形。在这张图中，有意识地把数据画在了一个直角坐标系中，横轴上有刻度，还列出了罗马的名称，纵轴上居然显示为托莱多这个地名，这种构思十分奇特，给人留下深刻印象。

这张图出现在17世纪。当时，在数学领域，法国数学家笛卡儿已发现了坐标系；在统计学领域，英国人高斯已开始了人口统计学的研究；在天文学领域，学者们热衷于天体研究，对天体有了具体的数据记录。数学、统计学、天文学，三管齐下，给绘图者的创作提供了实在的基础，同时也激发了绘图者的灵感，于是有了这一幅初始统计图的杰作。

图18-1和图18-2都是雏形的统计图。统计图的旅程，从那时起步，途经现在，奔向未来。

到如今，统计图的世界早已是五彩纷呈，统计图的绘图工具早已是五花八门，统计图的运用早已是四通八达。

可以预见，随着时间推移，统计图的世界将更为繁荣，有静有动的会跳舞的统计图，有声有色的会讲故事的统计图，美妙的数据图形，灿烂盛开的统计之花，将更多更好地点缀在生活当中，为人们所喜闻乐见，给人们带来实实在在的福利。

18.2 故事2：邮票中的统计图

天下之大，充满数据，集邮当然属于搜集数据之列。邮票是集思想性、艺术性、知识性、史料性和娱乐性于一身的艺术品。

先欣赏一组自带折线图和趋势线的邮票，如图18-3所示。

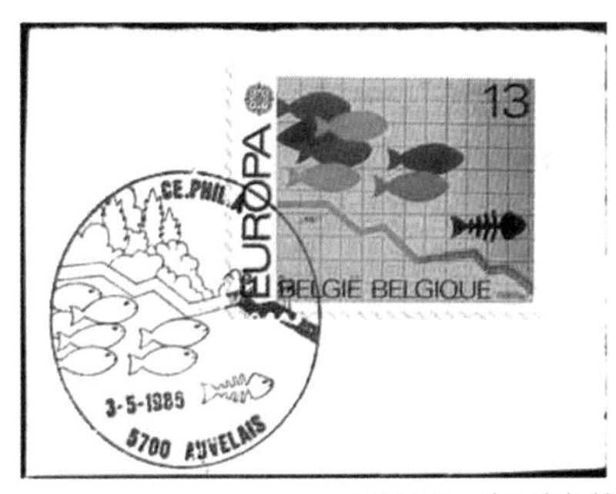

图18-3　邮票中的线图

在图18-3这一组邮票中，3张邮票都画了统计图。

在图18-3中，左边这一张为以色列邮票，1962年发行。这张邮票中的折线图，说明灭蚊的成绩对于防治疟疾所起的作用，即灭蚊的成绩越大，防治疟疾的成效越大。

在图18-3中，中间这一张为比利时邮票，1986年发行。这张邮票中的折线图，说明当水环境恶劣到一定程度时，鱼类将趋于死亡，警示人们要保护好环境，爱护好大自然。

在图18-3中，右边这一张为印度邮票，1986年发行。这张邮票是带趋势线的散点图，说明健康儿童的年龄与体重之间的相关关系。

再欣赏几组人口普查的邮票，如图18-4～图18-7所示。

人口普查是全民参与的统计调查，为了让家喻户晓，各种宣传机器都开动起来了，方寸大小的邮票也投身其中不甘落后。很多国家在进行人口普查的时候，都会发行人口普查邮票来纪念这一大事件。

毫无疑问，各国人口普查的数据必载入史册，而各国人口普查的邮票也必然相伴载入史册。各国为了设计出名垂青史的人口普查邮票，可想而知，邮票的设计水准肯定是顶尖级的。人口普查邮票的设计者们，要把自己蓄蕴的审美情感，要把自己对人口普查的感知，用通俗易懂的手法描绘在方寸大小的邮票上。出自艺术家之手的这些精美邮票，最后洋洋洒洒地传播到四面八方。

邮票是用来享受的。作为人口普查邮票的观赏者，如果还拥有一点人口普查的小知识，那么享受起来就更超值了。

关于人口普查的小知识，这里只要知道人口普查的概念就行了。知道这一点，在欣赏人口普查邮票时就足够受用。人口普查，简单地讲，就是数人头。人口普查也有官方定义，定义如下：人口普查是指在国家统一规定的时间内，按照统一的方法、统一的项目、统一的调查表和统一的标准时点，对全国人口普遍地、逐户逐人地进行的一次性调查、登记。

图18-4有3张人口普查邮票，来看一看邮票呈现的意思。

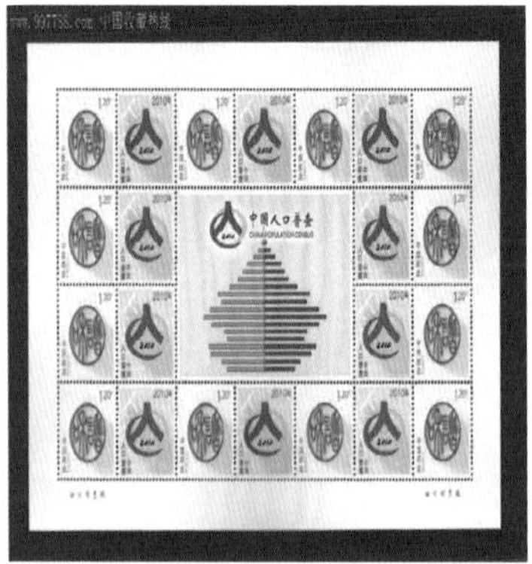

图18-4　人口普查的邮票1

图18-4的左图是一张俄罗斯邮票。2002年9月17日，俄罗斯邮政为2002年的人口普查发行了一套两枚纪念邮票。这套邮票由 Alexandr Bzhelenko和 Alexandr Moskovets设计，图18-4左图所示，邮票面值3个卢布，为不干胶胶版印制，邮票图案为“人山人海”和这次普查的标志，邮票上的俄文为这次普查的宣传口号：“在俄罗斯历史上留下你的名字”，上面还有普查的时间：2002年。

图18-4的中图是一张中国邮票，1982年发行。这枚邮票由许彦博设计，邮票图案由第三次全国人口普查的徽志和时钟组成。徽志图案由中文“人”字、“口”字、天安门剪影和“1982”字样组成。将汉字“人口”巧妙地衍化为装饰图案，又特别将“口”字想象为钟表的圆盘；天安门剪影置于图案中间，既表示是中国进行人口普查，又说明人口普查的标准时间使用的是北京时间：1982年7月1日零时，月亮正好是上弦月，并处于天体的下方；时钟分为两个部分，下方是一弯明亮的上弦月，上方是黛蓝的天体，点明了时间为夜间12点；图案左上角标有“标准时间1982年7月1日”字样，右上角有“0:00”字样，时钟上的时针、分针、秒针重合在一起，准确地指向零时，醒目地说明了中国第三次人口普查的标准时间。

图18-4的右图是一张中国邮票，2010年发行。这枚邮票上的“中国人口普查—2010”标志，以汉字书法“人”字和国画“中式民居”及英文字母“C”为主要图形元素，以国旗颜色为主要色素。书画风格的“人”字抽象化为万里长城图形，具有典型的中国特色，两条环绕的彩带源于英文字母“C”，代表“CHINA”和“CENSUS”，“2010”表明普查年份，体现了“2010年中国人口普查”的主题概念及与国际接轨的普查理念。

纵观图18-4，会发现一些很有趣的东西。各国人口普查邮票的设计师们，不约而同都想到一块了，但表现形式又各显独特之美。

人口普查邮票的设计，为什么各国的设计大腕会想到了一块儿？要回答这个问题，只要有了人口普查的基本概念，就能够对答如流。这是因为，他们都是环绕人口普查这个概念来设计的，人口普查的概念要求：既要突出普查的是人口，又要点明普查的时间，还要表明人口普查的内容等。总之，在邮票的方寸之间，必须完成这些规定动作。您看，每一枚邮票在这方面都完成得非常棒。普查的人口、普查的时间、普查的内容等，一个不少，做得真叫顶呱呱。

人口普查邮票的设计，各国又有哪些特别的地方？来看一看。

“人口普查”符号的设计各有其妙。根据符号的特点，设计风格主要分为两拨。一拨是以人形符号为主来传扬人口普查的信息，如图18-5所示。还有一拨以标点符号和运算符号为主来传扬人口普查的信息，如图18-6所示。

图18-5　人口普查的邮票2

图18-6　人口普查的邮票3

在图18-5中，从左往右，依次为1960年发行的土耳其邮票、1965年发行的伊拉克邮票、1970年发行的卢森堡邮票和2002年发行的波兰邮票。

图18-6的左图是一张墨西哥邮票，1970年发行。在邮票的正中央，有一个硕大的白色问号，白色问号后面布满了各色小问号，邮票主题为：“我们有多少人？”

图18-6的右图是一张波兰邮票，2002年发行。在邮票上方的3个人形符号中，画了3个加号，这表示：人口普查连着你我他。

“人口普查”方法的设计各有其美。将直观的统计图直接嵌入人口普查主题的邮票，这一招堪称绝妙。统计图有很多，与人口普查有关的统计图，设计者们提供了很多款式，常见的款式如图18-7所示。

图18-7　人口普查的邮票4

在图18-7中，前面两张邮票，第一张是伊拉克于1965年发行的邮票，用折线图显示人口增长的状况。第二张是印度尼西亚于1980年发行的邮票，用地图显示这是在本国国土上进行的人口普查。

在图18-7中，后面两张邮票，分别由德国（1989年）和中国（2010年）设计，用旋风图也就是人口金字塔图形象地呈现人口性别与年龄构成的变化。

人口普查是关系每个人的调查，人口普查邮票的确是集思想性、艺术性、知识性、史料性和娱乐性于一身的艺术品。各国人口普查邮票的设计师们，他们充满智慧、感情和灵性的设计，他们潇潇洒洒匠心独运的作品，让人们得到了美的享受、知识的陶冶、视野的开阔。

思路打开了，看得更多了，于是可以设想，有没有这么一天，地球人在同一天同时进行人口普查，有统一的标准时间，有统一的绝妙方法，有统一的调查表格。在全球人口普查的日子里，地球上没有战火硝烟，和平的世界如同已经到来。在全球人口普查的大喜日子里，全球人口普查的邮票也问世了，而这一套邮票由各国顶级的邮票设计大师联手倾力打造……

18.3 故事3：南丁格尔玫瑰图

国际护士节是为了纪念谁，又是以谁的生日来命名的？护理学的创始人是谁？英国皇家统计学会的第一位女会员是谁？统计图形学的女性先驱者是谁？所有的答案，都拥抱同一个人，她，就是南丁格尔。

南丁格尔英文姓名的全称为“Florence Nightingale”，中文译为“弗罗伦斯·南丁格尔”。请记住这个日子吧，记住“五一二国际护士节”，如同熟记“五一国际劳动节”一样。

南丁格尔是医学界的护理学先驱，为什么同时也是统计学界的统计图先驱呢？

图18-8所示是南丁格尔亲手绘制的统计图。

1854年到1856年，克里米亚战争爆发，交战双方为英法联军和沙俄。英国人南丁格尔成为英国的随军护士。

图18-8中的统计图，人们称为“南丁格尔玫瑰图”。因为这张图的外貌如同一朵盛开的玫瑰，又由于这张图出自南丁格尔之手。但玫瑰图并不是南丁格尔发明的，而是1801年由威廉普莱费尔所发明。不过，南丁格尔用玫瑰图的手法呈现数据，在当时也很新颖。

关于这张图，还有一种称呼，名为“鸡冠花图”。对于这个名称，有两种说法，一种说法，认为是南丁格尔自己取的名字；还有一种说法，认为是有人根据南丁格尔写的著作《鸡冠花》来命名的。

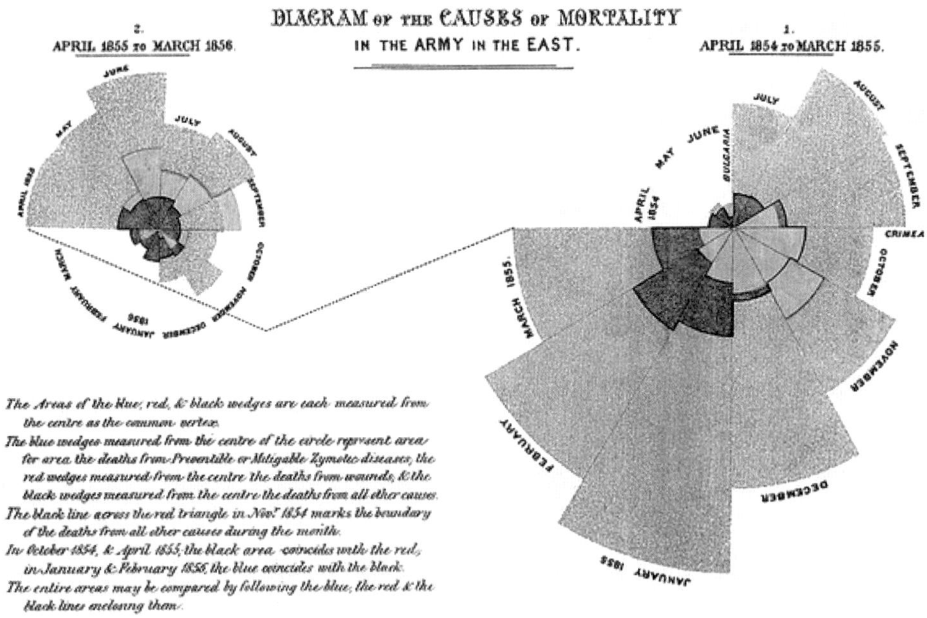

图18-8　南丁格尔玫瑰图（现存英国博物馆）

南丁格尔画的这张统计图，不管是叫玫瑰图、鸡冠花图还是极区图，看样子十分的奇特。这种图类似于饼图，也是以圆心为起点，各扇形从圆心延伸出去，扇形的大小表示数据的大小。但这张图又与饼图有明显的不同，每个扇形的长短不完全相同，每个扇形区里面还用不同颜色划分了新的区域，不同的颜色代表不同的类别。

在常见的统计软件中，并没有单独列出玫瑰图。在平常所见的统计图中，也很少见到玫瑰图。但玫瑰图的确就是统计图。南丁格尔画的玫瑰图，不同一般，它不仅是呈现数据大小的统计图，而且还是救命的统计图。

怎么来看南丁格尔玫瑰图呢？

在图18-8中，一左一右有一小一大两张玫瑰图，总标题为“东部军队（战士）死亡原因示意图”。图中呈现了在两年的克里米亚战争中，英军士兵死亡人数与死亡原因的统计结果。

图18-8的左图呈现了第二轮英军死亡的人数和原因。图中长短不一的12个扇面，表示从1855年4月到1856年3月，历时12个月的数据。每个扇面又由红色、黑色和蓝色三种颜色构成，最内层靠近圆心的红色区域表示死于战场的士兵人数，中间黑色区域表示死于其他原因的士兵人数，最外层的蓝色区域表示死于受伤后得不到良好救治的士兵人数。

图18-8的右图呈现了第一轮英军死亡的人数和原因。时间是从1854年4月到1855年

3月，为期12个月，图中各个扇形的颜色所代表的意思与左图的相同。

在图18-8的右图中，有一个最大的蓝色区域，统计时间是1855年1月。在第一个寒冬的战火中，就在斯库台（Scutari）这个地方，有4077名士兵死亡，这些士兵死于伤寒和霍乱的人数是阵亡人数的10倍。这段时间，因受伤而得不到有效救治殒命的士兵数量大大超过阵亡的士兵数量。也就是说，士兵死亡的主要原因不是在战场上被枪炮夺命，而是死于受伤以后得不到相应的救治。

图18-8中的两张玫瑰图，呈现的是同一个内容，只是时间段不同，但时间长度一样，具有可比性。这样的呈现，让人一眼就看得分明，左图和右图相比，右图有大片的蓝色区域，左图的蓝色区域显然要小得多。

为什么说南丁格尔玫瑰图可以救命？

从图18-8可以看到，左图的蓝色区域比右图的小很多，显然，在这场战争中，死于受伤以后得不到相应救治的士兵人数，第二轮要比第一轮要少很多。之所以会这样，南丁格尔的玫瑰图功不可没。

克里米亚战争爆发后，南丁格尔受英国政府的指派，成为随军护士中的一员，跟随英军上前线。战争期间，全体护士虽然竭尽全力救治伤员，但由于护理人员缺乏，医疗条件太差，南丁格尔目睹大批受伤的英军士兵因此而失去鲜活的生命。

怎么办？她搜集了当时士兵死亡的资料，分析了很多军事档案。

战争期间，南丁格尔用一手数据亲自绘制了玫瑰图中的右图。她希望用玫瑰图这种简洁明了的形式代替冗长的数据报表说明，以直接向军方高层报告克里米亚战争的医疗条件，让他们快速读懂数据的意思：英国士兵大批死亡，死于战场的只占小部分，而死于受伤后感染疾病的占大部分，其原因就是军队缺乏有效的医疗护理。她希望以玫瑰图的形式，让军方高层立即重视这个问题，即增加战地护士和增援医疗设备迫在眉睫，这是挽救大批受伤士兵生命的唯一途径。

南丁格尔用玫瑰图请愿的努力很快见效了，她与众不同的方法，不仅引起了军方高层的重视，还引起了维多利亚女王的关注，她的医疗改良提案很快得到了落实。

1855年3月，英国政府派出卫生委员会来到斯库台，致力于改善污水管和通风状况等，因医疗条件差而造成士兵死亡的人数比战死沙场的人数有了大幅减少。

南丁格尔的善心善举，赢得好评如潮，士兵们尊称她为“提灯女神”和“上帝派来的天使”。有媒体评论说：“南丁格尔的这张图表以及其他图表，生动有力地说明了在战地开展医疗救护和促进伤兵医疗工作的必要性，打动了当局者，增加了战地医院，改善了军队医院的条件，为挽救士兵生命做出了巨大贡献。”

图18-8中的两张玫瑰图，右图是南丁格尔用玫瑰图请愿前的结果，左图是南丁格

尔用玫瑰图请愿后的结果。请愿后，士兵的死亡人数锐减。

两张玫瑰图放在一起，给人的印象极为深刻。由于南丁格尔的玫瑰图，使得战时医疗条件大为改善。半年之后，伤病员死亡率由42%下降到2%。

两张玫瑰图，两年对比的数据，让人印象深刻。南丁格尔玫瑰图不仅造型奇特，而且实实在在挽救了众多受伤士兵的生命。

图18-9所示是纪念南丁格尔的邮票。

图18-9　纪念南丁格尔（1820—1910年）的邮票

图18-9左边的邮票，是世界上第一枚纪念南丁格尔的邮票，1926年由葡萄牙发行。这张邮票的图案，再现了在克里米亚战争中，南丁格尔对受伤士兵的关爱。邮票中，那位左手提着油灯的女士就是南丁格尔，她正俯身微笑地凝望着一名支撑起身子坐起来的受伤士兵，仿佛在询问他，伤口好点了没有，感觉怎么样，吃得还好吗，还需要什么……

在战场上，南丁格尔被士兵们尊称为“提灯女神”。

“提灯女神”有很多故事，“壁影之吻”就是其中一个。有位英国士兵在日记中写道：“灯光摇曳着飘过来了，寒夜似乎也充满了温暖，我们几百个伤病员躺在那儿，当她来临时，我们挣扎着亲吻她那落在墙壁上的修长身影，然后再满足地躺回枕头上。”这就是“壁影之吻”的来历。

听到“提灯女神”的感人故事，美国诗人朗费罗由衷赞美道：

看，就在那愁闷的地方，
我看到一位女士手持油灯，
穿行在暗淡的微光中，
轻盈地从一间房屋走进另一间房屋。
像是在幸福的梦境之中，
无言的受伤士兵慢慢地转过头去，
亲吻着落在暗壁上的她的身影，

那盏小小的油灯，
射出了划时代的光芒。

图18-9右边的邮票，是中国2012年发行的纪念南丁格尔的邮票，以庆贺国际护士节一百周年（1912—2012年）。

图18-10所示是纪念南丁格尔的雕像和肖像。

图18-10　南丁格尔在英国伦敦街头的雕像（左）和在10英镑纸币上的肖像（右）

英国人以南丁格尔为荣耀，在首都为她建立雕像，在纸币上印着她的肖像。

1867年，在英国伦敦，铸造了南丁格尔手提油灯的铜像。这尊铜像，至今仍矗立在伦敦街头，如图18-10的左图所示。

在10英镑纸币的正面，印着维多利亚女王（1819—1901年）的肖像。在10英镑纸币的背面，印有南丁格尔的肖像，如图18-10的右图所示。

南丁格尔手绘的玫瑰图，是救人性命的统计图。图中的玫瑰花，是用数据绘制的花朵，是永生之花。凝望这朵花，会让人想起，一场战争和一个女子。

这位出身名门的女子，在她的豆蔻年华，听从内心召唤，放弃锦衣玉食的生活，走上了护理之路。克里米亚战火中，南丁格尔用一颗慈爱之心，用所研习的知识，在悉心照顾伤员之余，查证士兵死亡资料，搜集一手相关数据，画出了著名的南丁格尔玫瑰图。

两张南丁格尔玫瑰图，是对比图，时间不同，士兵的死亡人数与原因图示得清清楚楚。第二张图与第一张图相比，因医疗条件改善，伤员的死亡人数大幅下降。从第一张图到第二张图的结果，凝聚了南丁格尔的毅力与智慧，这与南丁格尔用统计图呼吁改善医疗条件密不可分。

克里米亚战争结束后，南丁格尔全身心投入护理事业。她编写相关教材，对主要疾病进行统一命名和统计分类，她是医学统计学的先行者。

南丁格尔，英格兰的玫瑰。她手绘的南丁格尔玫瑰图，是统计图中的花中之王。

18.4 故事4：从统计图看拿破仑的博罗季诺之战

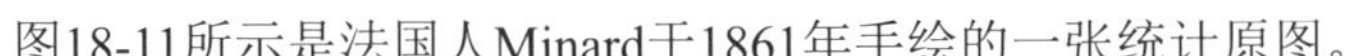

图18-11所示是法国人Minard于1861年手绘的一张统计原图。

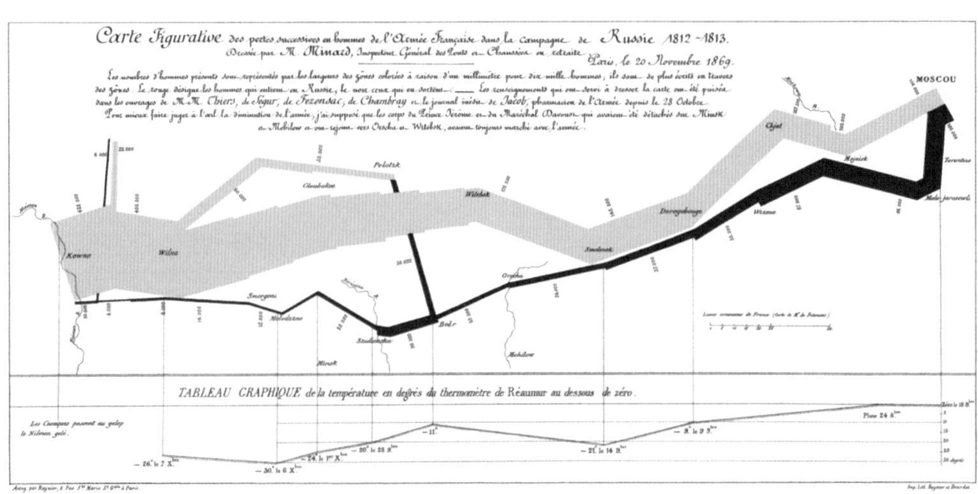

图18-11　1812年拿破仑率领法军进攻俄国的人员损失一览（原图）

图18-11是一张战争纪实的统计图，它忠实地记录了横扫欧洲的拿破仑进攻俄国遭到惨败的经历。这是一张内容极为丰富的手绘统计图，讲述了拿破仑这个风云人物由盛转衰的故事。在统计图中，时间（1812年）、地点（俄国）和人物（拿破仑）一个也不缺，士兵人数、地图、气温、日期一个也不少，进军和撤退的路线清清楚楚。

进攻俄国前，拿破仑有多厉害？他野心勃勃，要统一欧洲。他戎马生涯，过关斩将，先后六次打败强大的欧洲联盟军。他所向披靡，挥师向俄国，却在俄国遭到惨败，从进攻时的四十多万大军，到最后只剩下一万多兵将，为什么？

拿破仑素有“军事神才”之称，为什么到了俄国就“失灵”了。凡事有果必有因，这是因为，到了俄国，天时、地利和人和这三样，拿破仑一样也没有占到。

接下来，在图18-12中重温这一段惊心动魄的战争史。

图18-12的中文版，由佚名翻译。图18-12是将图18-11翻译成中文的统计图。

先看一看图18-12的基本构图。最上面的浅蓝色区域，从左往右延伸，表示法军进攻的路线。中间的深蓝色区域，从右往左延伸，表示法军撤退的路线。最下面的一根黑色折线，从右往左延伸，表示法军撤退时的日期和气温。浅蓝色和深蓝色区域的宽窄，表示法军士兵人数的多少。

再说一说图18-12的主要内容。左边有“涅曼河”，右边有“莫斯科”。这张图以涅曼河为战事的参照点，既是法军进军的起点，也是法军撤退的终点，而“莫斯科”

则是这场战事的转折点，也就是法军撤退的起点。

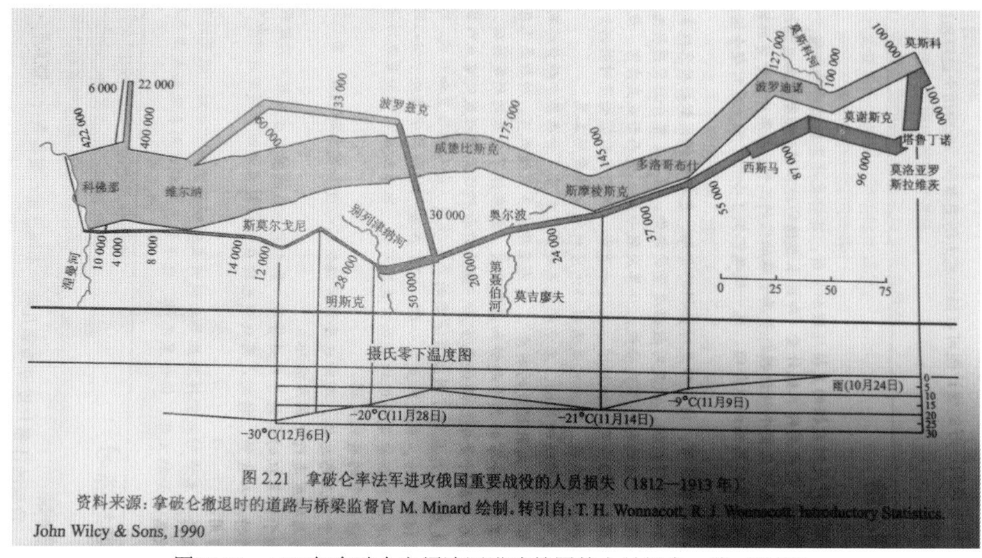

图 2.21　拿破仑率法军进攻俄国重要战役的人员损失（1812—1913 年）
资料来源：拿破仑撤退时的道路与桥梁监督官 M. Minard 绘制。转引自：T. H. Wonnacott, R. J. Wonnacott. Introductory Statistics. John Wilcy & Sons, 1990

图18-12　1812年拿破仑率领法军进攻俄国的人员损失一览（译图）

好了，1812年的战争开始了。下面用图18-12解读战争风云。

先看上面那条浅蓝色的区域，从左往右延伸，从涅曼河通往莫斯科的路，这条进攻的路，等待着法军的将是什么？

数据显示，法军从42.2万人锐减到10万人。

6月，越过涅曼河，拿破仑率领一支422000人的大军向莫斯科挺进。

走着走着，没走多远，422000人就成了400000人的军队，那22000士兵哪去了？

因为法军冒着战火跋涉，俄军神出鬼没的枪口始终对着他们；因为村民都撤走了，法军一路上找不到什么吃的，士兵们就这样接二连三，战死了，累死了，饿死了。可怜两万多名士兵，一时之间，被死神召走。但四十万大军还在，威风不倒，起立，出发，向莫斯科进军。

继续向前，边走边战，越战越衰，法军的规模，一路锐减。到了威德比斯克，法军还有175000人；走到斯摩棱斯克，法军只剩145000人。依旧出发，目标是莫斯科。

8月26日，在距离莫斯科124公里的波罗迪诺（即“博罗季诺”），法军与俄军激战，双方损失惨重，法军只剩127000人，当越过莫斯科河时，兵力只有100000人。

从图中可以看到，法军“100000”人，也就是10万人。这个数字在图中出现了3次，第一次是在越过莫斯科河时，第二次是在到达莫斯科时，第三次是在离开莫斯科时。什么状况？法军过了莫斯科河，一路畅行，兵将无损，终于到达了目的地莫斯科，为什么原班人马又撤退了呢？

这是因为，对方用了计谋。俄军主动撤离后，把空城莫斯科留给了法军。拿破仑闯入莫斯科，主要的目的，当然不是为了到此一游，而是为了签订和约。

可拿破仑率领的法军，冒着枪林弹雨，不顾损兵折将，远道而来以后，大失所望，因为他们面对的是一座昼夜燃烧的城市。

当法军的粮草没有着落，当寒冷的季节紧迫而来，当签订和约的希望全无，当入侵者虽有疲弱之劲却无处使，怎么办？悻悻然之余，拿破仑只好下令：撤退！

前面讲了，法军统帅拿破仑率兵不战而占领了莫斯科这座空城，这其实是俄军统帅的一个计谋，一个以退为进的计谋。当拿破仑率部队从莫斯科出发，原路撤回到涅曼河时，这条撤退的路，走得更为艰难。

再看中间这条深蓝色的区域，从右往左延伸，从莫斯科通往涅曼河的路，这条撤退的路，等待着法军的又将是什么？

数据显示，法军从10万人锐减到1万人。

结合图中最下方的折线图，从右往左，可以看到法军撤退时的日期和气温显示。

法军入侵俄国，天时不利，地气不合，水土不服。

俄军利用本土的天时、地利与人和，与法军周旋。在法军撤退的路上，俄军方面，声东击西，打游击战，打歼灭战，打拉锯战；老百姓方面，在躲避战乱之前，把吃的和用的都藏了起来，断了敌军的粮草；老天方面，也来帮忙，雨雪纷飞，连绵不断，气温骤降，降到零下几十度。这样一来，饥寒交迫的法军，疲于迎战的法军，纵然有拿破仑这位军事奇才坐镇，也挽救不了日益走向没落的命运。

统计图显示了以下5个时间点的数据。

10月24日，在莫谢斯克，雨天，法军有96000人。

11月9日，在多洛哥布什，气温零下9度，法军有55000人。

11月14日，在斯摩棱斯克，气温零下21度，法军只有37000人。

11月28日，在明斯克，气温零下20度，法军只有28000人。

12月6日，在斯莫尔戈尼，气温零下30度，法军还剩12000人。

等法军撤到了涅曼河，一五一十清点人数，残兵败将，只剩10000人。

图中的黑色细线条，表示某个小队人马调离和归队的数据。图中的右下角，还画出了气温的刻度线。

这张统计图，是描画拿破仑时代最著名的一张统计图。这张1861年诞生的统计图，出自法国建筑师Minard之手。他以纪实的眼光，用厚实的画图功底，手绘了1812年的法俄之战。图中包括了时间、地点、行军方向、部队人数、重大战役、河流、气温、日期等。

这张统计图，要归于哪一类统计图？这是一张以地理位置为坐标，以时间为引导，以天气为参考，以法军兵力的变化为主线所画出来的统计图。

这张统计图，从时间来看，属于折线图。但这张折线图，并没有按常理出牌，时间的起点是从右到左，这与法军撤退的方向相同。当然，如果按法军进攻的方向，标示时间和人数，那么时间的起点就是从左到右，这与法军进攻的方向吻合。

这张统计图，从地理来看，属于统计图中的地图。图中各地的方位，河流的方位，都标注得清清楚楚，显然，绘图者在绘制地图方面也是行家里手。法国人画俄国的地图，用统计数据讲述一段法俄战争史，而且讲得精准到位，实属不易。

这张统计图，用不同颜色区分了法军进攻和撤退的路线，用蓝色区域的宽窄代表法军规模的多少。同时，还给出了法军人员进军和撤退时对比的数据，给出了法军兵力损失存在着天气恶劣变化的原因。这些，都显现出了绘图者的聪明才智。

这张统计图，用写实的手法，融统计学、历史学、天文学、地理学、军事学等知识于一炉，记录了一段名垂千古的战事，令人佩服。

面对图18-12这张统计图，如果还有什么画图方面的建议，这里也补充几点。

第一，标题区。直接添加标题“1812年拿破仑率领法军进攻俄国的人员损失一览”。

第二，绘图区。添加“计量单位：人”。

在进攻路线的上方，列出重大战役的日期和兵力变化的数值，如同撤退路线上所标示的那样。比如，“博罗季诺”战役，即图中所译的“波罗迪诺”战役，这是一场血战，也是法军由盛转衰的关键一战，应标示激战的时间：8月26日。同时，还应该标示法军从莫斯科撤退的时间：10月19日。

第三，来源区。直接添加来源、绘图者和译图者的姓名。绘图者的法文姓名要翻译成中文，以方便阅读，如果有约定俗成的中文姓名，就可以直接套用。同时，译图者不要太谦逊，自己的姓名也要写出来，好让阅读者知晓和追随。本文自作主张，把译图者的姓名写为“佚名”。

第四，美化区。添加图例，说明浅蓝色和深蓝色分别代表进攻和撤退的路线。

用与众不同的字号和颜色来突出重点。比如，将“涅曼河”和“莫斯科”用大号字呈现，并将起点的数值“422000”、转折点的数值“100000”和终点的数值“10000”也用大号字呈现。

添加表示方向的箭头。在浅蓝色区域的上方画一个指向莫斯科的箭头，箭头上方用文字注明“进攻路线”，而在深蓝色区域的下方画一个指向涅曼河的箭头，箭头上方用文字注明“撤退路线”。

译名要规范。图18-12中翻译的地名“波罗迪诺”，用百度搜索引擎也查不到。这个地名，通用的中文译名为“博罗季诺”。

扫码解读战争人物。

第19章 统计图的未来

统计图是数据的形象大使，进入数据可视化时代，统计图风光无限。统计图为什么在风格上要追求女王范儿？在内容上要讲求数据语言的完整性？在方法上为什么可以活用手绘法和计算机的联手操作？在运用中可以得到哪些有益的启示？在版式设计上有什么要统一规范的地方？本章分5小节，用鲜活实例，分别探讨这5个迷人的问题。

19.1 畅想1：一套统计图的女王范儿

一篇图文并茂的数据文章
统计图如果有两张或以上
一套统计图的模样最好看
清爽时尚迷人自带女王范儿

什么是一套统计图？搜索引擎忙活了一圈，最后不约而同地沮丧回复：没有搜到相关的定义。没办法，这里只好试写一个，就当抛砖引玉好了。

一套统计图是指在同一篇数据文章中，根据文章的主题，将两张或两张以上的统计图当成一个整体，统一设计成一套具有相同风格的统计图。

一套统计图的网络定义虽然没有找到，但一套统计图在生活中却大量存在，现举两个实例来看一看。第一个例子，在中国国家统计局一年一度发布的《中国国民经济与社会发展统计公报》中，以2020年为例，就大手笔动用了22张统计图，以红和绿两色为主打色。第二个例子，在中国互联网络信息中心一年两次发布的《中国互联网络发展状况统计报告》中，以2021年2月为例，居然动用了80张统计图，而且每张统计图主打蓝色调。

一套统计图的一大特点，就是整体美。与单张统计图相比，虽说单张统计图也有整体美，但一套统计图是先对多张统计图进行整体设计，再完成对单张统计图的制作。一套统计图的整体风格，主要包括色调统一、颜色相近、选色要少而精，也包括相应各区的文字和数值的字体和字号要统一，还包括各统计图的高度要基本一致。

一套统计图的一大功劳，就是在图文并茂的数据文章中，除了能用直观的画面吸引人外，还能用整体的美感打动人。而在实现整体美感时，有简单易行的方法，如只要更改图表类型，其他的效果都可以保存下来。各类统计图融化到文章中，自然随和，与文字一道，共同为主题效力。在同一篇文章中，文字从形式来看，其字号和字体有统一的风格，如果太多太杂，就不好看，同理，各统计图从形式上来看，其颜色和布局等也要有统一的风格，这样才美观。

一套统计图的女王范儿，如图19-1所示。

图19-1　两张邮票中的女王范儿

有史以来，哪位女王的在位时间最长？哪位女王有“彩虹女王”之称？

图19-1所示邮票上的这位就是了。她，英国女王，伊丽莎白二世，1926年出生。这两枚一套的邮票，由澳大利亚于2015年发行，为纪念女王89岁生日。女王驾到，自带女王范儿。她的优雅气质与清爽着装，浑然天成，令人怦然心动。当然，女王的气质，不是三五天就可以练成的，但女王的着装，一目了然，可以即学即用。女王因着装，被世人爱称为“彩虹女王”。但女王现身，从不身披彩虹，而是经常穿着一身单纯色调。

女王这一身纯色，从不单调，为什么这样讲呢？

女王爱美，纯色配套。在单色调上，把同一色系的美玩到了极致。开篇的邮票中，左边这一张，女王粉色调出镜，礼帽是粉色的，套装是粉色的；右边这一张，女王蓝色调出镜，礼帽和套装都是蓝色的。至于胸针的选择，也与衣帽搭配得刚刚好，粉红衣帽就搭配金色胸针，蓝色衣帽就搭配同色胸针。而项链的选择，珍珠项链永远是女王的最爱，属于百搭款。

回眸再看一眼开篇的邮票，就可以看到，女王的风范就是知性优雅、大气简约。

“彩虹女王”穿衣戴帽的这一本经，在画统计图的时候，也可以拿来借鉴。

女王的穿衣经，就是衣帽成套、同色同款，既简洁大方又精美雅致。哪怕女王本人不露面，哪怕只有她的成套衣帽出现，关注过女王的人也能一眼就认出，这是女王的专属物品。

同一篇数据文章，文章中的各种统计图，也应成龙配套、同色同款。哪怕不看制图者的名称，也能知道，这是专属于这篇文章的图画。具有相同风格的统计图，就是“一套统计图”。

一套统计图的灵感，虽说是源于女王的套装，其实，说到底，还是源于生活。在生活当中，组合的一套美，无处不在，如情侣装、职业装、音乐组曲、俄罗斯套娃等。

接下来，举一个实例，将新图的一套图与原图对照来看，示例见表19-1。

表19-1　新图与原图的对比

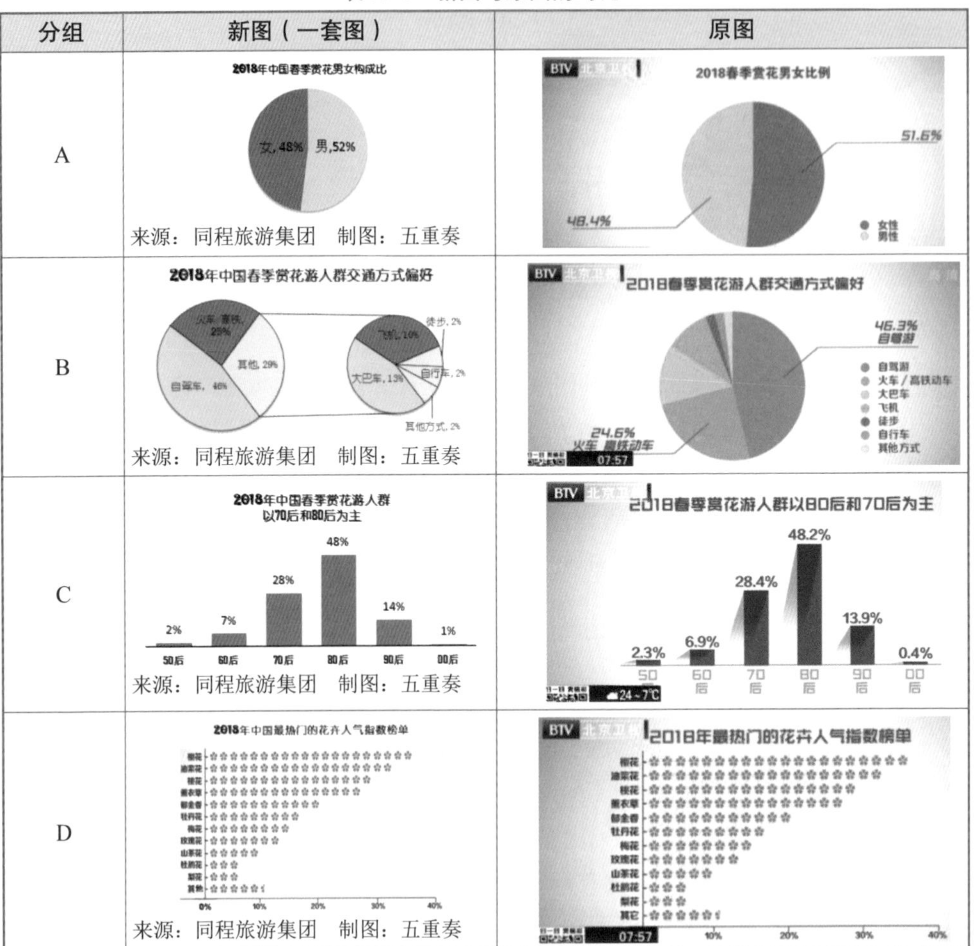

分组	新图（一套图）	原图
A	2018年中国春季赏花男女构成比 来源：同程旅游集团　制图：五重奏	2018春季赏花男女比例
B	2018年中国春季赏花游人群交通方式偏好 来源：同程旅游集团　制图：五重奏	2018春季赏花游人群交通方式偏好
C	2018年中国春季赏花游人群以70后和80后为主 来源：同程旅游集团　制图：五重奏	2018春季赏花游人群以80后和70后为主
D	2018年中国最热门的花卉人气指数榜单 来源：同程旅游集团　制图：五重奏	2018年最热门的花卉人气指数榜单

在表19-1中，有4组新图和原图，原图来自北京电视台播报的“2018春季赏花游数据报告”中的一组统计图，新图是本人在原图的基础上修改而成的统计图。总体来看，4张新图与4张原图相比，更符合一套统计图整体美的要求。

一套统计图的制作步骤，可归纳为以下3步。

第1步，根据来源和基本计算，核实数据的计算结果。

第2步，根据数据类型，确定统计图的类型。

第3步，根据数据文章的主题，设计统计图的整体风格。

A组的统计图选择了粉红和浅蓝，B组的统计图选择了粉红、浅绿和浅蓝，C组D组的统计图选择了粉红。A组和B组的统计图，共用同一种浅蓝色，A组、B组、C组和D组的统计图，共享同一种粉红色。

接下来，以表19-1的“新图与原图的对比”为例，说明制作一套统计图的基本步骤。

第1步，根据来源和基本计算，核实数据的计算结果。

原图中，来源区缺省了来源和制图者名称。新图中，在来源区，将来源添加在了统计图的左下角，制图者名称添加在了统计图的右下角，来源与制图者名称的文字表述要平行排列。

数据计算结果的核实如下。

A组和B组的统计图均为饼图，饼图的各构成比之和应等于100%。经计算，在A组，新图和原图的构成比之和均为100%，而在B组，新图的构成比之和为100%，原图只标明了最大的两个构成比。在百分数的基础上，新图取了整数，原图保留了一位小数，新图比原图的呈现更简洁。

C组的统计图为柱形图，呈现的是构成变化，各构成比之和应等于100%。经计算，新图的构成比之和为100%，原图的构成比之和为100.1%。

将原图的构成比之和由100.1%调整为100%，有两种方法。第一种方法是直接法，即“四舍五入”，新图就是参照这种方法，如将6.9%调为7%，将0.4%调为1%。第二种方法是计算法，计算公式为：某构成比×（100%÷100.1%），如2.3%×（100%÷100.1%）=2.30%，以此类推，得到计算结果如下：6.89%、28.37%、48.15%、13.89%和0.40%。

D组的计算结果正确。

第2步，根据数据类型，确定统计图的类型。

A组和B组的数据，都是结构相对数，呈现总体内部的结构变化，数据类型属于静态文本型数据，适合画饼图。C组的数据类型属于动态文本型数据，适合画柱形图。

D组的数据为静态文本型数据，由于分组较多，有12组，因此适合画条形图。

第3步，根据文章主题，设计统计图的整体风格。

原图的选色比较多，细数一下，4张图，共有11种颜色，字体和字号也不完全相同。新图尽量回避了原图的这些不足。

新图根据“春天赏花”这个主题，遵循选颜色要“少而精”的原则，选择了春天的3种主打颜色，即绿色、粉红色和白色。形容春天的成语很多，常见的有“桃红柳绿”和“李白桃红”，桃花红了，柳枝绿了，李花白了……春光美啊！

A组的统计图选择了粉红和浅绿，B组的统计图选择了浅绿、深绿和白色，C组的统计图选择了浅绿，D组的统计图选择了粉红。A组和D组的统计图，共用同一种粉红色，而A组、B组和C组的统计图，共用同一种浅绿色。

在B组中，新图用复合饼图，原图用的是饼图，新图比原图的呈现更清晰。同时，4张新图对应的字体和字号也一致，标题区、图形区和来源区的布局也基本同步。

由上观之，一套统计图很美，只要用心留意，就会产生情侣装一样的惊艳效果，也会自带“彩虹女王范儿”。

19.2 畅想2：统计图不能缺失统计

统计图是用统计数据画的图
统计图是呈现数据形象的图
规范和好看是统计图的风貌
统计图不能丢了统计的元素

统计图不能缺失统计，不能缺失统计应有的元素，如果缺了，哪怕只缺一点，也会令人叹息。

看到图19-2，每个人都会很开心。这张柱形图，出自一位9岁小朋友之手，源于中国统计出版社出版的《少年统计之梦4》。“好有创意啊！”这是第一印象，惊喜连连。再定睛一看，用统计眼来看，真是一块璞玉啊！欢喜之余，又觉得美中不足，因为有的统计元素丢了。

图19-2 可爱的统计图

首先，这张图的好，美不胜收，主要有“四大看点”。

整幅统计图，清清爽爽，眉清目秀，紧扣主题，精微用心。

在标题区，好在把标题中应有的时间和空间等要素放在了右边的艺术框中。这样一来，凝练的标题横空出世，标题立足的空间绰绰有余，可以着意装点一番。

在绘图区，好在纵轴的数据从0开始，计量单位的位置放好了，把调查数据放在分类标签的下方，用活泼的实物和人物形象的高度来呈现数据的大小。这样的画法，让各大统计要素各安其位，让一支画笔自由挥洒，于是千姿百态跃然于图画之中。

在来源区，好在把来源和制图者名称等要素放在了右边的艺术框中。

在美化区，亮点频出。

美在标题。标题不简单，除了扬眉喜气，还有横排和竖排，还有中国红和蓝色的文字，有趣的是，还镶嵌了一个戏剧人物的头像。

美在画面。画面很可爱，想象力丰富，画功了得。画中用7种中国元素的形象呈现7种中国的传统文化。比如，用琵琶、剪刀和彩条棍，分别代表民乐、剪纸和花棍；用唱京剧的美人、练武的男子、执巨笔的文人、玩圆环的女孩这些形象，分别代表京剧、武术、书法和空竹。有趣的是，右边原本单调的文字说明，居然用花边环绕起来，显得雅致迷人。

这是一张统计图，用统计数据画的图。这张统计图，从图画的角度看，十分完美，而从统计的角度来看，有值得赞美的地方，可惜的是，白璧微瑕，还有欠缺。

其次，这张统计图，美中不足，可以有“四点改进”。

（1）在准备阶段，应将这类柱形图“先排序，再画图”。

（2）在标题区，应将“统计表”改为“统计图”。

（3）在绘图区，应将计量单位的“人”改为“人次”，数值边上的计量单位应一律删除，坐标轴上各刻度值的距离应两两相等。

（4）在美化区，可将灰色的背景删除，将艺术边框中每一行的第一个文字上下对齐。还可以把上下两个艺术边框中的内容对调，因为这样更符合阅读习惯，因为在统计图中或在一般的美术作品中，作者的信息往往出现在右下角。

“四点改进”中的前面三点，对应的是统计知识点。接下来，点对点聊一聊。

统计知识点一：文本型顺序变量和文本型非顺序变量。

在动手画统计图之前，要先判断数据的类型。

本图中，“传统文化”是文本型非顺序变量，而不是文本型顺序变量。用这组数据画统计图时，要先在统计表中，将数据按由小到大或由大到小的顺序排列。按由小到大排序的结果（计量单位：人次）为：空竹（14）、剪纸（18）、京剧（20）、民乐（25）、武术（37）、花棍（67）、书法（75），然后再根据排序的数据画图。

对于文本型非顺序变量的数据，要遵循“先排序，再画图”的统计套路。也就是说，对这类数据，要先在统计表中排好序，或按由小到大的顺序排列，或按由大到小的顺序排列，然后再根据统计表中的有序数据画图。

这样的排法和画法，最大的好处，就是能在形式上呈现出数据的美感，方便阅读，让人一眼看过去，就能看到数据谁最大，谁最小，谁紧跟在谁的后头。

文本型变量是指用文字、序号、符号等形式分组所表示的变量，各组之间不具有计算的含义。

比如，“传统文化”属于文本型变量。因为从“传统文化”的分组来看，分为7组，即京剧、武术、民乐、书法、花棍、剪纸、空竹，这7组的名称都是用文字来呈现的。

又如，小学生的“年级”也属于文本型变量。因为从“年级”的分组来看，分为6组，即一年级、二年级、三年级、四年级、五年级和六年级，这6组的名称虽然包含了数字，但相互之间没有计算关系。

文本型变量按分组名称是否可以自由排序，分为顺序变量和非顺序变量。

文本型顺序变量是指文本型变量的分组中，不能自由排序的变量。比如，小学生的“年级”分为6组，各组名称不可以自由排序，从一年级到六年级，各年级之间有先后顺序，一年级和六年级是一前一后的关系，这属于文本型顺序变量。

文本型非顺序变量指文本型变量的分组中，能够自由排序的变量。比如，“传统文化”分为7组，各组名称可以自由排序，从京剧到空竹，各名称之间没有先后顺序，京剧和空竹放在哪一组都可以，这属于文本型非顺序变量。

其实，要快速区分文本型的两类变量，只要记住一句话就行：能排序的就先排序！统计图是由统计表中的数据画出来的，统计表中的数据，根据文本型变量的分类有没有顺序之分的特点，能排序的就先排序。只要表格中的数据打点好了，统计图的基本模样也就出来了。

统计知识点二：统计表和统计图。

图19-2中，在标题区，应将“统计表”改为“统计图”。

统计表和统计图都是统计数据的形象大使，都以直观和生动地呈现数据而誉满统计世界。

统计表和统计图分别以表格和图形的风貌来呈现数据。统计图是根据统计表中的数据画出来的图形，规范的统计表是绘制统计图的基础。

图19-2中，统计图的标题里出现了“统计表”的字眼，显然，这是一个笔误。

统计知识点三：“人”和“人次”。

在绘图区，应将计量单位的“人”改为“人次”。

图19-2中，调查的总人数为150人，统计的总人数为256人次。256人次不能写成256人。

计量单位是统计图的构成要素，这个要素除了不能缺少外，还要写对才好。计量单位写得不对，主要是没写全和没写准。

计量单位没有写全，比如，把“亿元”写成“亿”，把“万人”写成“万”。其实，“亿”和“万”都是数词，“元”和“人”才是量词。有计量的数词，而没有量词，当然不能称为完整的计量单位。

计量单位没有写准，比如，本图中，把“人次”误写为“人”。

“人”和“次”都是量词，“人次”是复合量词。复合量词在使用中是独立的词，要作为一个完整的词来看待。在写“人次”时，“人”和“人（次）”都是错误的写法。

“人次”和“人”的不同点，就在于是否允许对同一人重复计算次数。允许对同一人重复计算次数，用“人次”这样的计量单位，否则，应该用计量单位“人”。

“人”是指在同一类活动中，只计一次的人数的总量。

比如，调查对象为150人，要统计总人数，那么，调查的总人数就是150。每一个人，只出现一次。

“人次”是指在同一类活动中，若干次的人数的总量。

比如，一个学生，京剧、武术和书法这三样，他都特别喜欢，那么在统计时，就是3人次。同一个人，出现了3次。

“人次”中的“人”和“次”是相乘的关系。比如一个人做了3次，为3人次，3个人每人各做一次，还是3人次。

欣赏统计图的“三看”。

欣赏统计图，基本上有“三看”：一看统计表画好了没有，数据的类型分清了没有，该排序的数据排好了没有；二看统计图型的选择是否恰当；三看统计图的“四区”是否规范。

统计图的“四区”，即标题区、绘图区、来源区和美化区。

在标题区，应有“四何”，即何时（When）、何地（Where）、何人（Who）、何物（What），点明这组数据是在何时何地、向谁调查了什么。

在绘图区，应有数值、计量单位等，计量单位一般放在纵轴上方，数值边上不带计量单位。

在来源区，应有来源和制图者名称。

在美化区，应对统计图的颜色、文字、布局等进行美化。

图19-2最大的优点，就是手绘统计图，画图者年龄虽小，但美术功底很不错，想象力很丰富，画作鲜活生动。同时，将标题区和来源区的庞大内容移放到了艺术花边的方框中，绘图区中数值大小的呈现和数值所处的位置都处理得很巧妙。

图19-2给人最大的启示，就是在画一手数据的统计图时，可以用艺术边框的形式，框住相应的统计要素，这样一来，可以制作醒目的标题，可以避免来源区可能出现的繁杂。这样的做法，好看、简约、实在，非常聪明，值得推广。

总而言之，衷心希望统计图越画越好，希望统计图的世界越来越美。

19.3 畅想3：用“手机法”画统计图

手绘的统计图画面活泼

机制的统计图数据准确

两种方法联手画统计图

统计图有更迷人的效果

统计图有手绘的，也有计算机绘制的，将这两种方法结合运用，取长补短，不妨称为“手机法”。“手机法”中，“手”取自手绘法中的“手”，“机”取自计算机绘制法中的“机”。那边有“人机对话”，这边有“手机制图法”。

“手机法”，这样的叫法，名副其实，名字有趣，也很好记，也算动听，对不对？

用“手机法”画的统计图，如图19-3所示。

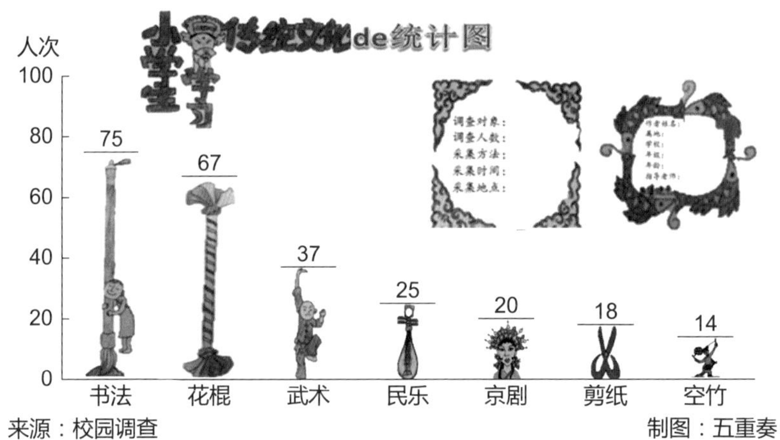

图19-3　用“手机法”画的统计图

用“手机法”画统计图，只需要走好5步：先准备画图的素材，再用计算机画出统计图的基本框架，再手绘统计图的象形元素，然后将计算机和手绘的结果组合成统计图，最后，美化“手机法”画的统计图。

用“手机法”画统计图的基本步骤如下。

第1步，准备。

首先，根据统计知识，判断数据的类型，在电子表格中画好统计表，数据能排序的就排序。

其次，根据数据的类型，选择合适的统计图。

在图19-3中，“传统文化”的数据类型为文本型非顺序数据，画统计图时，应将数据排序。这类数据，适合画柱形图。

第2步，用计算机法画出统计图的基本框架。

在电子表格中，用统计表的数据，画出统计图的基本框架，内容可以包括以下几点。

在标题区，保留默认的“图表标题”四个字，这样一来，给手绘标题预留了空间，同时也给计量单位的填写留下了空间。

在绘图区，画好坐标轴，其中，横轴表示分类的名称，纵轴表示数字的刻度；写好纵轴上的计量单位。

在来源区，写好来源、制图者名称。如果数据是源于自己调查的一手数据，则可以将来源、制图者名称等移放到绘图区的右边；如果数据是来自别人调查的二手数据，则可以将来源和制图者名称分别放在绘图区最下方的左边和右边。

在美化区，删除不必要的元素，如网格线、灰色背景等。

图中的所有数字，最好用计算机写。

图中的所有文字，可以用计算机写，也可以用手写。当然，也可以有的手写，有的机打。如果要用手写的文字替代打字，则可以将计算机上的文字设为白色，给手写留下挥笔的空间。

用数据画出统计表，如图19-4所示。

	A	B
1	小学生学习传统文化的统计表	
2	名称	人数（人次）
3	书法	75
4	花棍	67
5	武术	37
6	民乐	25
7	京剧	20
8	剪纸	18
9	空竹	14
10	来源：校园调查	

图19-4 用“手机法”画图用的统计表

用图19-4中的数据画出来的统计图雏形如图19-5所示。

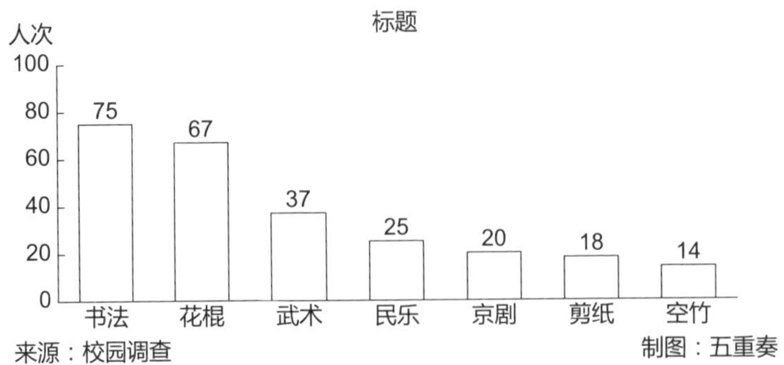

图19-5 用“手机法”中的计算机法画的统计图雏形

在图19-5中，在电子表格环境下，根据统计表中已排序的数据，画出柱形图。图中所有的数值都由计算机录入好，而图中的所有文字除标题外，都用计算机录入好。标题区中的两个字“标题”设置为白色，为手写标题预留空间。

第3步，用手绘法画出统计图的象形元素。

根据统计图的主题，手绘统计图中的相关元素，包括用纯手工写出相应的文字，以及用画笔画出相应的图画、艺术边框等。手绘的元素见表19-2。

表19-2 用“手机法”中的手绘法画的象形元素

分类	象形元素
标题文字	
象形元素	
艺术边框	

在表19-2中，所有绘画元素均为纯手工打造，标题区中的标题文字、绘图区中与传统文化分类相适应的图画，还有为来源区设计的艺术边框。

第4步，用“手机法”组合新款的统计图。

在图19-5中，将表19-2的元素添加到其中，如将标题文字、艺术边框复制并粘贴到图中的相应位置，将象形元素插入到柱形图的柱子中，结果如图19-6所示。

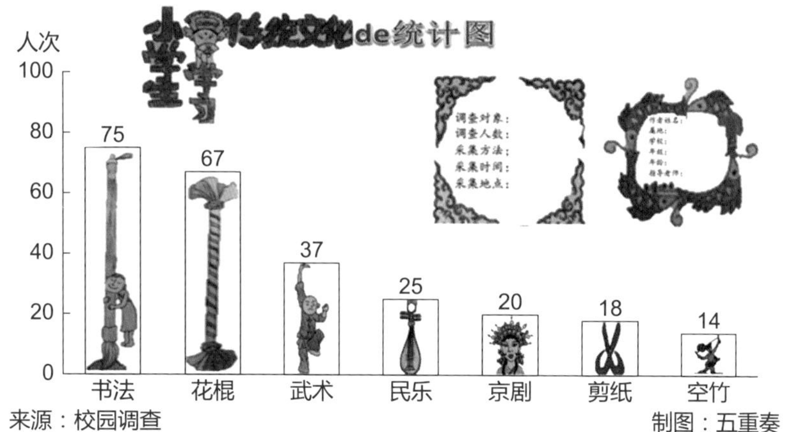

图19-6 用“手机法”组合的统计图

用计算机模板画的统计图与手绘统计图元素的结合，就是“手机法”的杰作。

在用计算机模板画的统计图的基础上，添加手绘的统计图元素，添加的方法有两种。

方法1，在线下添加手绘的统计图元素。

操作步骤：先打印一大张计算机模板画的统计图雏形，然后在打印的统计图中，用画笔画出统计图的其他元素。

在图19-5中，就是先将模板制作的统计图雏形放大后，再打印在一大张空白纸上，然后用画笔在纸上的相应位置画出统计图的其他元素。

方法2，在线上添加手绘的统计图元素。

操作步骤：先用画笔在一张空白纸上画好统计图的象形元素，再把各象形元素扫描到计算机中成为图片，然后将图片插入到统计图雏形中的相应位置。

在图19-5中，就是双击任意一根柱子，在弹出的对话框“设置数据点格式”中选择“填充”选项，再单击“图片或纹理填充”单选按钮，然后单击“插入自：”下面的“文件”按钮，插入相应的象形元素图片，最后，单击“关闭”按钮，关闭“设置数据点格式”对话框。

添加手绘的统计图象形元素，最好的方法就是在电子表格中完成。如果有这样的一款画图软件就好了，即在电子表格的环境中，既可以让人按统计图模板画出统计图雏形，也可以让人用笔直接在统计图雏形中画画。

第5步，美化“手机法”画的统计图。

在图19-6中，用插入直线的方法，画出一根与柱子的上边框相等的灰色直线，复制7根后，分别放到各柱子的上边框，然后单击柱子，设置柱子的边框颜色为“无线条”，结果如图19-3所示。

用“手机法”画统计图的推广价值。

统计图是数据的形象大使，用“手机法”画统计图，简单易行，好处多多。

1）方法简单。

用“手机法”画统计图，说难不难，说简单也不太简单。

用“手机法”画统计图的必备条件有3个，即统计知识、制图技术和美术功底。只要具有一定的美术功底，再加上统计知识和制图技术的基础学习，就能掌握“手机法”。

“手机法”画统计图，适用的人群很广，老少皆宜，既可以是有美术特长的小朋友，也可以是久负盛名的老画家，只要具备画“手机法”的基本条件，各年龄、各种身份的人都能参与其中，都能乐在其中。

2）画面出众。

手绘的统计图为纯手工打造，计算机绘制的统计图用模板制造，“手机法”好就好在能对两者取长补短。

（1）先看标题区，能自主设计手绘或机制的醒目标题。

（2）再看绘图区，呈现的图形为美术作品，呈现的数据真实准确。

在统计图形的呈现方面，可以丰富多彩，充分展现手绘者缤纷的想象力。

手绘图与计算机制图相比，具有生动活泼的特点，具有让人一见钟情的效果。

手绘图用物体的形象呈现所表达的内容。计算机用制图模板呈现所表达的内容。手绘图是手工绘制，独一无二，令人耳目一新，而计算机绘图用模板制作，千篇一律，让人见了有似曾相识之感。

在数据的呈现方面，可以准确无误，充分展现计算机一丝不苟的作风。

计算机制图与手绘图相比，具有准确无误的特点，具有严谨的威仪。

计算机制图有现成模板，不管是呈现数据图形的大小，还是呈现坐标轴刻度值的长短等，都是标配制作。用手绘的方式画数据的刻度，难免会出现偏差。

（3）再看来源区，能将来源进行超链接，可以链接到相关的网页。

（4）最后看美化区，能用图片编辑器等对图片进行修改。

（5）在统计图的修改方面，可以随人心意，充分保留原图的整体美感。

手绘的统计图，如果不是铅笔画的，那么，如果直接在画面上涂改，自然就会破坏原有的美感。如果将手绘的统计图元素扫描到计算机中，就可以进行有效的修改，不露一丝半点修改的痕迹，可以完整地保留原图的整体风貌和美感。

用“手机法”画的统计图，与完全用手绘的统计图不同，也与完全用画图软件画的统计图不一样。这种统计图，如同带有统计风味的美术作品，既要有美术功底，又讲求统计布局的规范。

用“手机法”画出来的统计图，与纯手动、纯自动画出的统计图相比，其保存价值更高，更符合可视化读图时代的潮流。

19.4 畅想4：战“疫”统计图的启示

瘟神陡降华夏大地
生死数据激战不止
统计图军驰骋疆场
实时追踪留下启示

2020年，正当传统春节就要到了，春运大潮即将澎湃，忙碌一年的人们准备踏上团圆之路，突如其来，瘟神降临。普天之下，顷刻之间，新冠肺炎病毒肆虐，秒秒钟杀人于无形。危急关头，国家号令：武汉封城（疫情重灾区），民众居家，外出必戴口罩。

1. 战“疫”统计图横空出世

瘟神袭来之时，我们的保护神来了，无数白衣天使，无数志愿壮士，纷纷奔赴抗击疫情第一线。民众响应号召，关门闭户，居家自守。居家期间，每天都有让人泪目的消息，普通人的伟大事，深深打动人心。人们关注疫情，关注疫情统计图的变化，祈求数据向好，祈求疫情拐点快到，因为，统计图上的每一笔数据，都是血肉之躯。

前所未有。眼下，各类统计图，如同勇士，集体出征，为抗击病魔出力。

柱形图，升降的柱子在昼夜鏖战中力挫顽凶。

折线图，起伏的线条在昼夜搏击中向死而生。

饼图，饼块越来越小，锁定重症患者越来越少。

圆圈图，圆圈越来越大，锁定治愈的患者越来越多。

散点图，人们希望从纷纭大数据中找到疫情的拐点。

条形图，横向的柱子一天比一天短，锁定新增确诊的病例越来越少。

还有柱线图、圆环图、旋风图、玫瑰图、面积图、统计地图……群图群力，纷纷出战。

统计图是数据的形象大使。平常的统计图，淡定又稳重，而战“疫”统计图，既是无畏的猛士，又是安抚人心的天使。

2. 三大网站的战“疫”统计图

激战瘟神之时，所有媒体，所有网站，设置疫情专栏板块，并统一放在网站首页的醒目位置。

这里以人民网、凤凰网和360导航网三大网站为例，一窥战“疫”中的统计图。

三大网站的疫情专题，框架设计的大板块相同，都是从标题到数值，再到统计图，最后到统计表。也就是说，在栏目标题之下，开头是今天和昨天对比的数值，接着是各类统计图，紧随其后的是统计表。虽然疫情专题的大体框架相同，但各板块的细节设计却各有特色。

从标题看，三大网站都有“疫情实时”这个关键词。人民网专题为“新冠肺炎疫情实时动态”，凤凰网专题为“新冠肺炎COVID-19全国疫情实时动态”，360导航网专题为“疫情实时追踪”。既然都是实时追踪疫情，实时是什么时候？追踪的数据来自哪里？三大网站都给出了明确回答。实时方面，都有统计时间，精确到年、月、日、时、分；来源方面，都有“数据说明”的超链接。

从统计图看，三大网站统计图的类型相同，而且排兵布阵的出场顺序也完全一样，即打头的都是统计地图，接着就是折线图。

从屏幕显示的静态图来看，三大网站的统计地图各有一张，而人民网和凤凰网的折线图各有两张，360导航网有4张。

从屏幕显示的动态图来看，单击相应的打开按钮，统计图就会发生变化。人民网和凤凰网的统计地图各有两张，360导航网有3张。折线图方面，凤凰网有6张，人民网有8张，360导航网有12张。

百闻不如一见，下面就来看一看网站屏幕静态显示的折线图，具体如图19-7～图19-9所示。

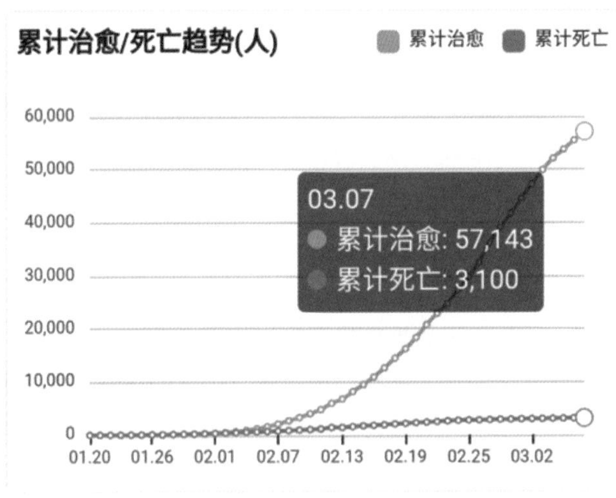

图19-7　人民网制作的折线图

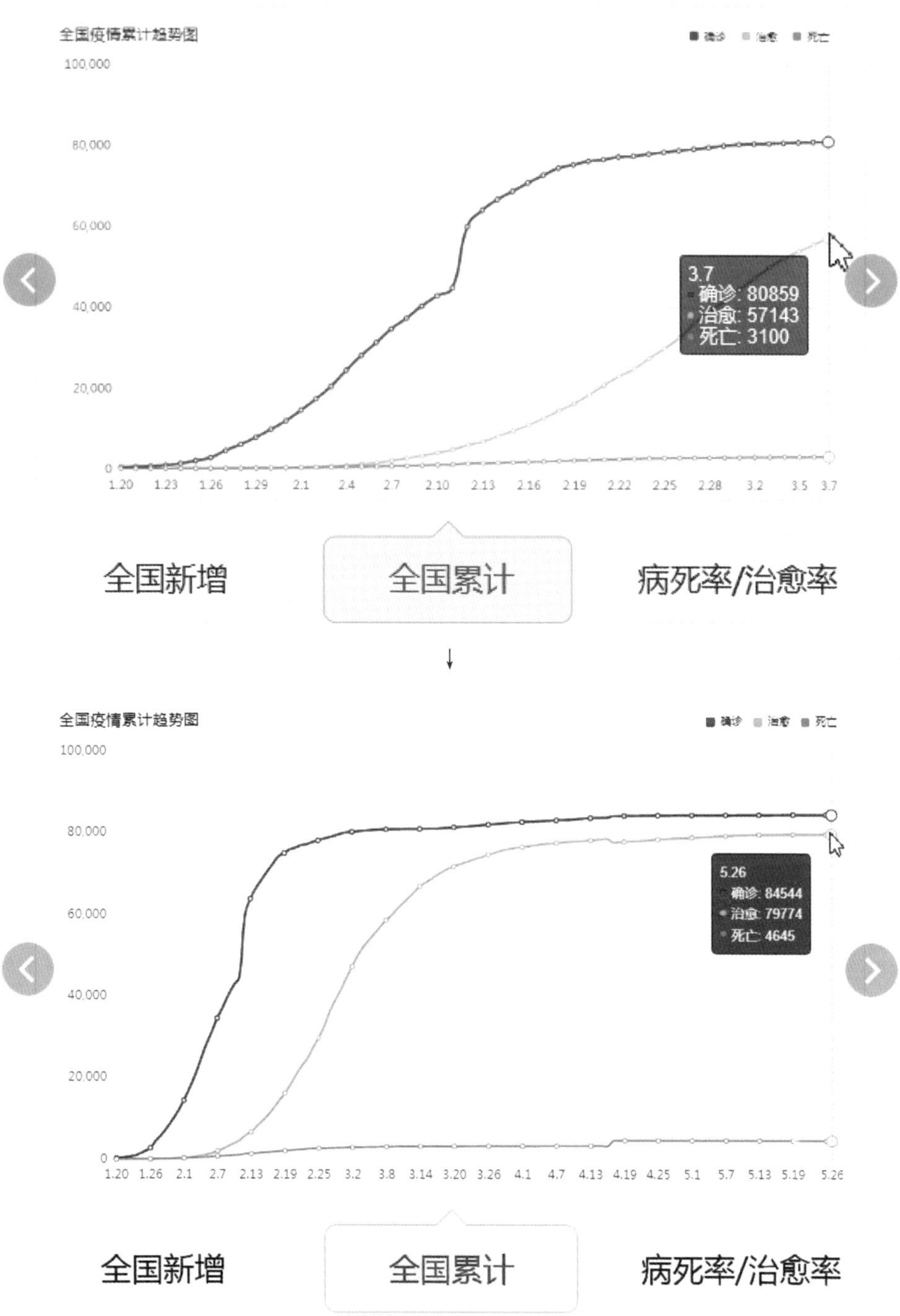

图19-8　凤凰网制作的折线图

全国累计治愈/死亡趋势

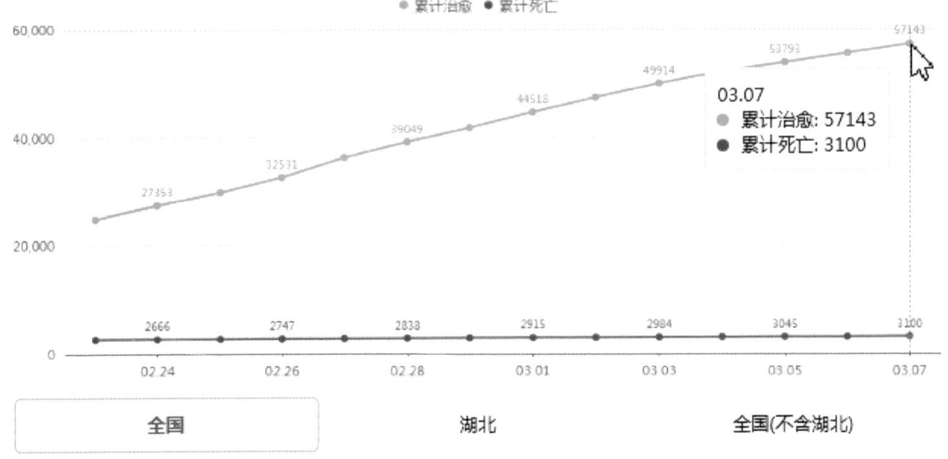

*数据解读：全国累计治愈持续大幅上升，当前治愈率超过70% >

图19-9　360导航网制作的折线图

从图19-7、图19-8和图19-9可以看到，为反映疫情数据在时间上的变化，三大网站都采用了折线图。

三大网站绘制的折线图有以下3个共同点。

（1）都设置了切换按钮，按钮摆放的位置都相同，都位于折线图的正下方。

（2）在同一张折线图上，可以动态显示数据，当鼠标指针指向折线图上的任意一个时间点时，上面就会即时显示更多的数据信息。

（3）都用相近的颜色来呈现同类情况，如都用绿色的折线图表示全国累计治愈的人数，用黑灰色的折线图表示全国累计死亡的人数，用红色折线图表示确诊病例，用黄色折线图表示疑似病例。颜色蕴含情感，绿色代表生机，黑灰色代表哀伤，红色代表警示，黄色代表希望。

三大网站绘制的折线图，主要有以下3点不同。

（1）图例的位置不完全相同。人民网和凤凰网的图例位于右上角，置身于常规的标题区内。360导航网的图例在标题区和绘图区之间，位于标题区的正下方。

（2）时间轴上显示的时间不完全相同。比如，3月8日，人民网和凤凰网画的折线图，选择的统计时间段，不约而同都是从1月20日到3月7日，而360导航网画的折线图，选择的统计时间段是从2月24日到3月7日。

（3）只有360导航网做了数据分析文章的超链接。360导航网所画的折线图，有一大特色，也是最大的亮点，那就是在来源区常规写来源的地方，做了“数据解读”的超链接，链接直达中国国家卫生健康委员会官方网站，内容为官方当天发布的最新数据通报。这个伴随每张折线图的数据解读，大大提升了统计图的含金量。每张折线图的下面都概括了一行文字，如“数据解读：2月以来全国新增确诊首次降至两位数！”“数据解读：全国现存确诊19连降,境外输入累计确诊达63例”“数据解读：全国累计治愈持续大幅上升，当前治愈率超过70%”和“数据解读：全国新增治愈连续25天超千人，近几日开始回落”。“数据解读”链接的文字，短小精悍，让经过的读者，一眼看到，就能了解这张统计图的核心，就会好奇地点击打开超链接，定睛观看里面的内容，从而走进智慧之林。

常言道，图文并茂。平常，在一篇美文中，有好的统计图以图片的形式插入，这叫“图文并茂”。眼下，在一张好的统计图中，有好文以链接的形式嵌入，这也叫“图文并茂”。同样都是图文并茂，传播和阅读的方式却发生了变化。以前，统计图是以点缀的模样，散落在文山字海中，而眼下，统计图是主角率先登场，引导数据文章呈现。

3.战“疫”统计图的三点启示

启示一：在数据传播中，统计图要自带链接。

360导航网为统计图做超链接，这样的方法，与众不同，值得点赞。

数据文章的分析离不开统计图。如果在统计图中，嵌入式地链接关键信息，如来源、大批量的原始数据、数据计算过程的演示等，这将是数据信息传播的一大福音。规范的统计图包括标题区、绘图区和来源区，在这个基础上，在来源区的下方，可以再设置一个链接区，这个链接区与统计图浑然一体。

如同投稿的作者要写好作者信息一样，由此也可以憧憬一番，统计图中的链接区也是规范统计图中的一部分。哪一天，投稿须知也许会规定，携带统计图的数据文章，统计图没有链接区就不能登入大雅之堂，就不符合投稿的基本要求。

启示二：在统计教育中，要开发统计图软件。

人民网、凤凰网和360导航网，在制作统计图方面的水平都很高。这三大网站，都有动态按钮切换统计图的技术，都有鼠标指针指向图面，图面就呈现详细信息的功能。

如果能开发大众版的这类统计图制作软件，如果这样的绘图技能在学校教育中普及，当然让人拍手称快。

在统计图教育中，在可视化数据的教学中，可以开设新闻学、传播学和色彩学等方面的相关课程。如果可以，学校的师生们，可以组成一个兴趣团，组团向媒体学习，跟他们合作，与更多高人合作，联手编制统计图的教材和打造制图软件……这样的场景，这样的互动，我们乐见其成。

启示三：国字号牵头，联合出品统计图。

国字号联合出品统计图，好处多多，可以起到示范作用。例如，可以推出专业规范的统计图，可以统一发布最新的数据，可以统一统计指标的名称，可以统一确诊人数的分组，可以统一统计分组的色块，而其他各大网站，甚至自媒体，只要链接这个官方平台的信息，就可以随时挖掘数据信息，结合实际情况，做深和做强数据分析报道。

上面提到的三大网站，还有很多同类网站，踏踏实实，坚持每天实时更新疫情数据，精神可嘉！他们的数据主要来源于“各地和国家卫生健康委员会”。但实时更新的时间点各不相同，凤凰网的“数据说明”为：“凤凰新闻坚持使用编辑手动更新原则，从新闻报道中确认每一例数字的真实来源，努力提供最权威、准确、及时的疫情数据。”多么感人，媒体的坚持：手动更新数据！

国字号的统计图，由国字号的权威平台提供实时数据，其他各路统计图各自发挥特色。

如此这般，统计图的传播效果会更好。

统计图在战“疫”中，大显神威。数据的实时追踪，统计图的实时呈现，全球密切关注。时间一天过去一天，好消息飞一样传来，疫情数据不断向好。

春天来了，粉嘟嘟的桃花，金灿灿的油菜花，还有武汉大学的樱花踏春而来。

从春天到夏天，中国国家卫生健康委员会发布的数据显示：5月26日0～24时，31个省（自治区、直辖市）和新疆生产建设兵团报告新增确诊病例1例，为境外输入病例（在上海）；无新增死亡病例；新增疑似病例1例，为境外输入病例（在福建）。

在这场战“疫”中，统计图的功劳，有目共睹。

19.5　畅想5：统计图表基本版式的设计

统计图表的版式五花八门
基本版式似乎还没有定论
本篇小文一探其中的究竟
构想设计与实例和盘献呈

“统计图表”是统计图和统计表的简称，是数据的形象大使。在数据可视化时代，统计图表大行其道。各路专家的讲座，各家媒体的展示，大中小学的教材，数据论文的阐述……放眼望去，只要有数据，就有统计图表的踪影。

统计图表很有用，这一点众所周知。统计图表用得多，这一点也有目共睹。但统计图表的基本版式似乎还不确定，基本规范似乎还没有明文规定，因此有必要建立共识以求改观。

图表语言跟汉字语言一样，也应有自己基本的语言规范。比如写字，写一个“人”字，大家已达成共识，“人”字的规范写法就是一撇一捺，不管是牙牙学语的孩童写，还是一挥而就的成人写，都是这样的基本笔画，很少有写错的。一个人，如果常见字写错了便会招来笑话，那么常见的统计图表画得不规范呢？面对统计图表，如果没有基本版式的要求，不管怎么讲，都是遗憾。

1. 设计统计图表基本版式的原则和实例

设计统计图表的基本版式，至少要遵循“三性”原则，即规范性、对称性和电子性。

规范性是指基于数据语言的特点，统计图表要遵循数据语言8个要素的要求，以全面而规范地呈现数据。数据语言的8个要素包括时间、空间、总体、数据的名称、指标数值、计量单位、计算方法和来源。

对称性是指基于统计表和统计图共同担当数据形象大使的关系，在设计基本版式时，讲求两者“三区一体”位置的基本对称。统计表的“三区”为标题区、表格区和来源区，统计图的“三区”为标题区、绘图区和来源区。“三区”均自上而下分布，以符合阅读习惯。

电子性是指用电子产品制作统计表和统计图时，要做好来源的超链接。电子版的统计图表与纸质版的统计图表相比，有共性也有个性，共性是基本原理不变，个性是呈现的方式有所不同，比如超链接、单元格之类概念，就是电子版的专属。

举例来看，规范的统计表见表19-3。规范的统计图如图19-10所示。从规范的统计表19-3到规范的统计图19-10。

表19-3　2015—2019年中国快递业务量

年份	快递业务量（亿件）
2015	206.7
2016	312.8
2017	400.6
2018	507.1
2019	635.2

来源：中国国家统计局　　　　制表：五重奏

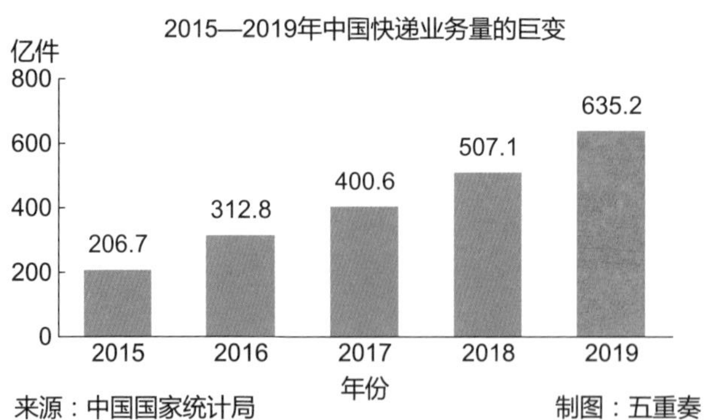

图19-10　规范的统计图

这里斗胆提出统计图表的基本版式，但实在不敢把这一套当成标准。之所以提出这方面的构想，只为供同仁朋友参考。

接下来，和盘托出亲手设计的统计图表“三区”的基本版式，如图19-11所示。

图19-11　笔者设计的统计图表“三区”基本版式

由统计表和统计图的基本版式可见，两者都由“三区”构成，分布的位置相互对称。

统计表从上往下，依次分布着标题区、表格区和来源区。统计图由上往下，依次分布着标题区、绘图区和来源区。把统计图表的“三区”比为人体，两者都有头部（标题区），有身子（表格区和绘图区），有双脚（来源区）。显然，两者都有头有脚，都有标题区和来源区，这是共性，而中间的表格区和绘图区，则能区分两者的个性特点，即统计表用表格呈现数据，统计图用图形呈现数据。

2. 统计表版式的畅想

从统计表来看，“三区”的布局已约定俗成。统计表的标题区和来源区的位置已固定，统计表又称“三线表”，这是指表格区。

在统计表中，需要斟酌以求共识的地方，主要集中在表格区和来源区。

在统计表的表格区，建议保留中间的竖格线，隐藏中间的横格线。这样做，主要是出于在电子表格中计算的需要。传统的统计表，有的为了迎合“三线表”的叫法，居然把统计表格简化为三根横线，即最上方的一根粗线和最下方的一根粗线，再加上一根细线。

统计表虽然简称为“三线表”，但实在不能简单化。除了最左边和最右边的竖格线要删除，以符合统计表是开放式表格的美誉，其余格线，不论是纵格线还是横格线，都必须保留。因为在电子文档中画的统计表，往往要复制到电子表格中进行计算。将横格线和纵格线交叉形成的表格，复制到电子表格中，每个要素就可以安居在每个对应的单元格中。

为了兼顾简洁之美，中间的格线颜色可低调一点，或统一设置为浅灰色，或在画好了几行几列的统计表格后，将中间的格线统一设置为“无”，而设置为“无”，并不是真的就没有格线了，只是巧妙地将格线隐藏了。

在统计表的来源区，建议“来源”的文字要顶格写，并做好超链接。这样做，主要是出于美观和对称的考虑。

传统的统计表，“来源”没有做超链接，而且“来源”文字的前面要空两格。

新式的统计表，给“来源”做超链接，这是互联网带给统计世界的福利。这个福利不是可要可不要，而是必须要，要定了，而且在来源中必须要有。有了超链接，可以提供来源的真实性，可以让作者和读者查证来源，可以零距离对优质数据的提供者致以敬意。在无纸化时代，在电子文档盛行的年月，“来源”有条件做超链接，也有必要做超链接。

新式的统计表，“来源”的文字要顶格写，至少有以下两个原因。

（1）美观。“来源”做了超链接，文字会显示为蓝色并带有下画线。在电子表格中，做了超链接的文字，如果前面空两格的话，下画线却依旧停留在顶格，也就是讲，链接的文字动了，顶格的下画线却没有随之而动。孤零零的下画线支愣在那里，显得很不好看，既然这样，不如把“来源”的文字顶格写。

（2）对称。图表是一家，设计统计表的基本版式时，自然要结合统计图的基本版式来考虑。

统计图的“来源”一般是顶格写，也就是在来源区，顶着图的左边框写，这样的写法，节省了空间。因为，统计图的来源区没有统计表的来源区那么大，统计图的来源区既要写“来源”和“制图”，有时还要写分类标题的名称，甚至还要添加来源的网址，所以，统计图来源区的“地盘”有限，“来源”顶格写也能节省空间。因此，能省则省，能美就美，能对称就对称，这是“来源”的文字要顶格写的理由。

3.统计图版式的畅想

从统计图来看，“三区”的布局仍任重道远。如果用搜索引擎一搜，浏览众多的统计图，从中可以发现两个怪现象，即在“三区”中，标题区的位置无所适从，来源区缺失严重。

在统计图中，需要斟酌以求共识的地方，主要集中在标题区和来源区。

在统计图的标题区，建议把标题区放在绘图区的上面。这样做，既与统计表的标题区相对称，也让标题区的“地盘”回归原位。常言道，看书先看皮，看文先看题。文章的标题是文章的眉目，是为了让读者了解文章的主要内容。和文章的标题一样，统计图的标题也是为了表达图中的主要内容，也是统计图的眉目。标题既然是眉目，理所应当要高高在上。比如，在中国国家统计局一年一度发布的《中国国民经济与社会发展统计公报》中，统计图的标题都位于绘图区的上方。但现实情况是，标题区高高在上的寥若晨星，而标题区位于统计图底部的却到处可见。

有人会说，“存在的就是合理的”。那么，统计图的标题区位于统计图的底部有什么道理？思来想去，好不容易找到一个理由，这就是在电子文档出现以前，统计图是以图片的形式出现的，为了编辑文稿，有时需要调整统计图，需要更改图号。由于图号与图标题相连，为了更改图号的方便，于是就不得不把标题区来一个整体大挪移，移到了统计图的外面。统计图的标题区位于统计图的底部，除了便于修改图号这个理由，实在想不出什么别的更具说服力的理由。事实上，当计算机出现以后，让统计图的标题区放在底部的理由已不复存在，因为在电子文档中，可以轻松地插入统计图，统计图可以和文字一样进行编辑和修改。

在统计图的来源区，建议写好来源，左边写“来源”，右边写“制图”。在统计图中，来源区当然不能缺失，这个部分不仅要有，还要对“来源”做好超链接。但很多统计图，缺失来源区的现象十分普遍，缺失来源区是统计图的重灾区。为什么很多统计图没有来源区？为什么不规范的统计图到处可见？稍微找一找，就能找到答案。从学识来看，缺乏统计图“三区一体”的基本概念；从技术手段来看，有的画图软件本身就缺乏来源区的呈现。

画统计图的技术手段，常用计算机软件画图。令人诧异的是，用微软Excel软件画图，在若干默认的统计图版式中，没有一款默认的统计图有来源区。比如，在微软Excel 2010和微软Excel 2016中，分别提供了11款和16款统计图版式，如图19-12和图19-13所示。

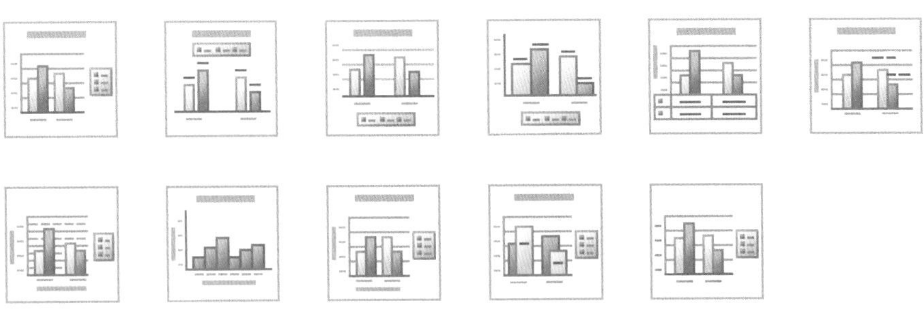

图19-12　微软Excel 2010默认的统计图版式

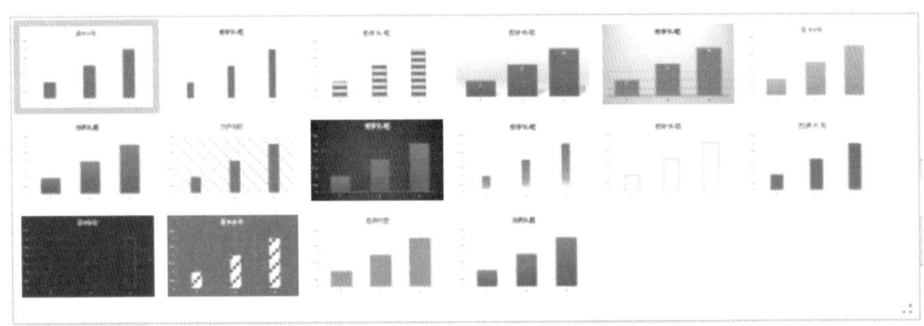

图19-13　微软Excel 2016默认的统计图版式

由图19-12和图19-13可见，在统计图默认的版式中，都有绘图区，但都没有来源区。没有默认的来源区，也没有默认的计量单位区，先天便有不足，难怪“缺胳膊少腿”的统计图到处都是。

不过，可喜的是，默认的标题区都位于绘图区之上。在图19-12中，只有3款统计图没有默认的标题区；在图19-13中，所有的统计图都有默认的标题区。如果所有的统计图都有默认的来源区，那该多好！当然，眼下没有默认的来源区，也不至于让人束手无策，至少画图者还可以手动添加。统计图表的基本版式，毕竟只是设计的模板。

总之，统计图表的版式设计如同文字的艺术设计一样，变化多端，其乐无穷。如果有一个基本的版式可以固定下来，能够以不变应万变就更好了。这就如同大家都会写“人”字，在会写的基础上，写好再写好，岂不更好。统计图表也一样，在规范的基础上，再锦上添花，岂不妙哉。

期待统计图表的明天会更好！

附录1

2011—2019年中国中小学生统计图表创意活动获奖作品集锦

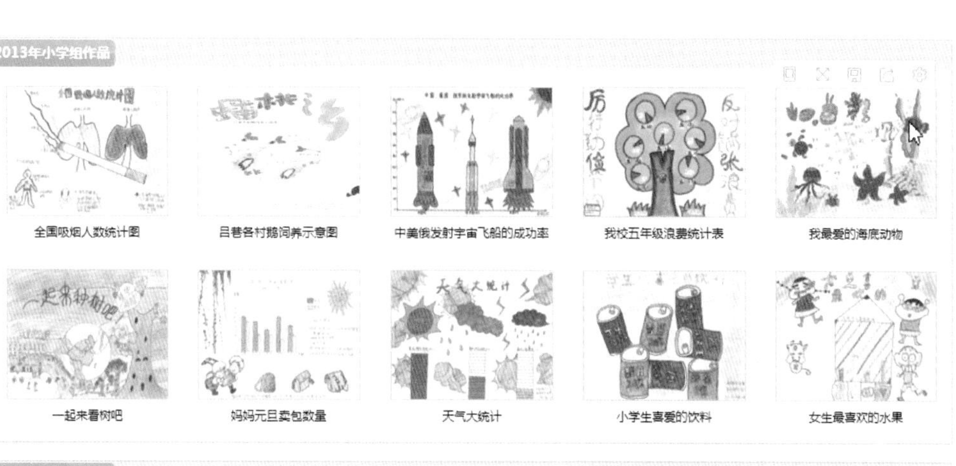

2013年小学组作品

全国吸烟人数统计图　吕巷各村鹅饲养示意图　中美俄发射宇宙飞船的成功率　我校五年级浪费统计表　我最爱的海底动物

一起来看树吧　妈妈元旦卖包数量　天气大统计　小学生喜爱的饮料　女生最喜欢的水果

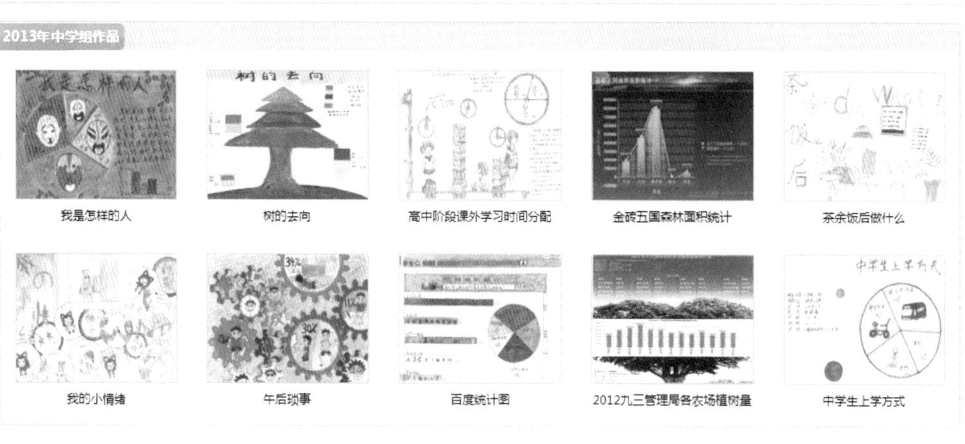

2013年中学组作品

我是怎样的人　树的去向　高中阶段课外学习时间分配　金砖五国森林面积统计　茶余饭后做什么

我的小情绪　午后琐事　百度统计图　2012九三管理局各农场植树量　中学生上学方式

2015年小学组作品

2014年各汽车集团增速表　回来吧，国学　校肥胖人数扇形统计图　我国第二次至第六次人口普查情况统计　在学校的一天

广场舞统计图　你的梦想是什么　小学生零食调查　中小学生爱喝的饮品　新华超市饮料统计

2015年中学组作品

中学生最爱的书籍

大学生就业情况统计图

导致视力下降的5大因素

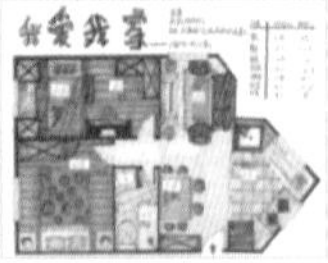

在家哪个区域呆的时间最长

居民房屋变化统计图

中学生早餐调查

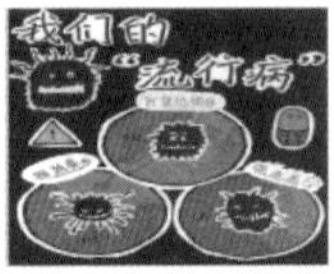

我们的“流行病”

城市发展与大自然变化

外国人喜欢的中国城市排名

统计年轻人坐公交是否给老年人让座儿

2017年小学组作品

一等奖：京剧行当受欢迎度统计

一等奖《同学们喜欢的传统节日》

一等奖：皮影统计

一等奖：我们爱国学

一等奖：2022冬奥会最期待项目

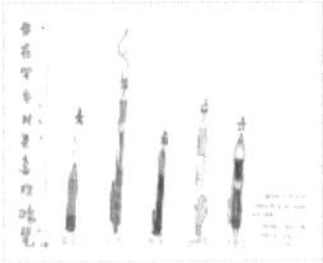

一等奖：你在写字时更喜欢用啥笔

一等奖：传统剪纸

一等奖：学生喜爱中外功夫调查

一等奖：兴趣班调查

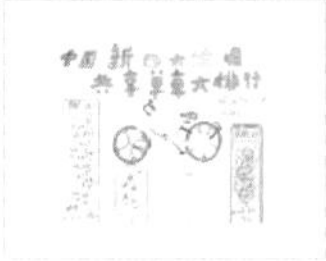

一等奖：中国新四大发明之共享单车

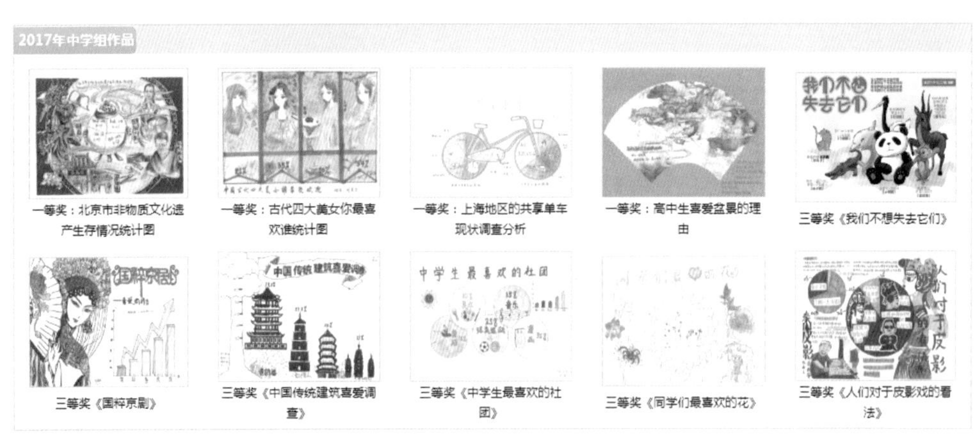

2017年中学组作品

一等奖：北京市非物质文化遗产生存情况统计图

一等奖：古代四大美女你最喜欢谁统计图

一等奖：上海地区的共享单车现状调查分析

一等奖：高中生喜爱盆景的理由

三等奖《我们不想失去它们》

三等奖《国粹京剧》

三等奖《中国传统建筑喜爱调查》

三等奖《中学生最喜欢的社团》

三等奖《同学们最喜欢的花》

三等奖《人们对于皮影戏的看法》

2019年小学组作品

《我国用水结构统计图》　《地表水水质分类图》　《水足迹》　《向阳花节水队员》　《一滴水》

《地球水资源统计图》　《中国城市水资源利用统计图》　《水占人体比例统计表》　《2015年工业废水排放行业分布》　《2013年世界人均水资源标准值》

2019年中学组作品

《农业灌溉方式》　《全国江湖湖泊二级水功能各类型河水比例图》　《我们用的水去哪了-中国城市水利用》　《中国城市水资源利用》　《水资源都去哪了》

《2018年全国地表水占比》　《污水再利用》　《滴水之道》　《泰州特校学生家庭节水措施调查统计图》　《泰州市2019年上半年用水情况统计》

附录2

画一朵玫瑰图

玫瑰图是饼图中的一种，用玫瑰花瓣的大小呈现数据的多少。

从2019年开始，席卷全球的新冠肺炎疫情，让地球村的村民人人自危。世界卫生组织、中央电视台和其他媒体，大量发布玫瑰图以实时追踪疫情的动态。

玫瑰图如附录图2-1所示。

2020年世界卫生组织区域新冠肺炎疫情累计确诊病例的分布图

截至欧洲中部时间：2020年6月1日13时55分（北京时间19时55分）

全球确诊病例累计超过六百万例　计量单位：万例

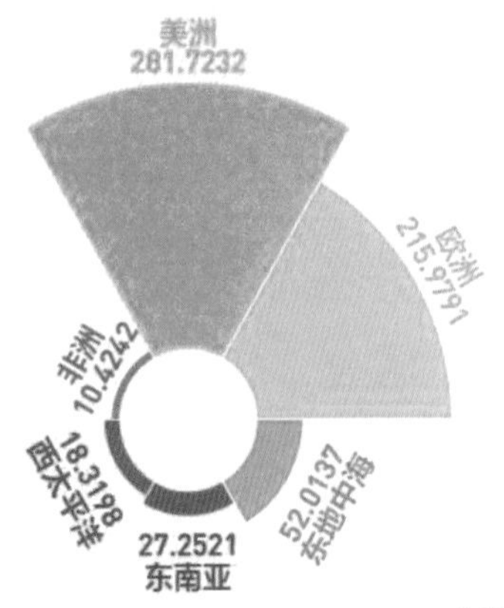

来源：世界卫生组织　　　　制图：五重奏

附录图2-1　玫瑰图

附录图2-1为玫瑰图，但在Excel中，没有列出这种图形，也就是说，打开“插入—图表”选项卡，找不到玫瑰图。

怎么画玫瑰图？有爱图人士摸索出很多画法，如进行宏设置、编写宏文件、将计算机系统默认的“禁用所有宏”修改为“启用所有宏”等，费尽千辛万苦，只为摘下这朵“玫瑰”。

有没有快捷的通道，可以直接画出玫瑰图？这里推荐一款“花火hanabi”神器，利用这款工具，可以轻松实现即点即现画出玫瑰图的心愿。

接下来，以附录图2-1为例，看一看玫瑰图的画法。

画玫瑰图的步骤如下。

第1步，准备权威数据并画好数据表。

数据来自世界卫生组织，数据表如附录图2-2所示。

	A	B
1	区域	累计确诊病例（万例）
2	美洲	281.7232
3	欧洲	215.9791
4	东地中海	52.0137
5	东南亚	27.2521
6	西太平洋	18.3198
7	非洲	10.4242

附录图2-2　画玫瑰图的数据表

在附录图2-2中，要将6个区域累计确诊病例这组数据先排序再画图。这一组数据，属于文本型非顺序数据。由于6个区域名称的取值为文字，可以排序，所以累计确诊病例的数值可以按由大到小的顺序排列。

第2步，选好画图工具并画玫瑰图。

登录数可视网站。在搜索框，键入网址“https://hanabi.data-viz.cn/index”，单击“搜索”按钮，然后在网页选项中，单击“花火Hanabi-在线数据可视化图表工具-数可视”，进入网页后，单击“立即使用”按钮，在默认的“图表类型”中选择“饼图”选项，单击其中的“基础玫瑰图（环）”，单击“数据编辑”按钮，再单击“上传数据表”按钮，结果如附录图2-3所示。

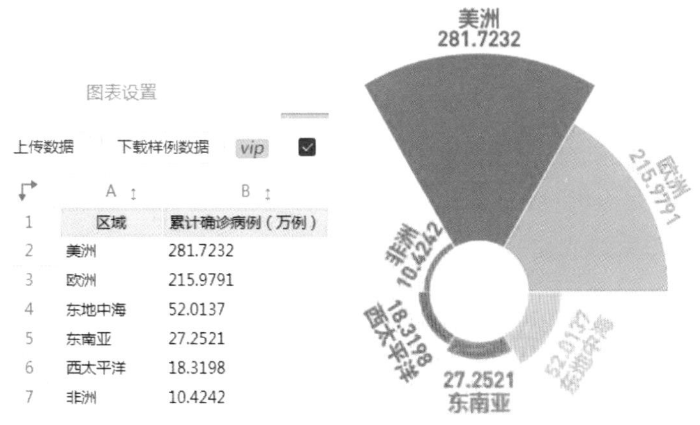

附录图2-3　用数据表（左）画玫瑰图（右）

第3步，完善玫瑰图。

单击附录图2-3的玫瑰图，在图片设置中，编辑颜色，以修改默认的颜色。将玫瑰图截图后，再手动添加标题、统计时间、计量单位和来源，结果如附录图2-1所示。

2020年6月，新冠肺炎疫情还在全球蔓延，让我们共同祈求天下安好！

后　记

亲爱的朋友，感谢你翻到了后记这一页。

就像一个五人的小乐队，在五重奏演出结束时，每人用一小段独奏向观众致意，我们在此也各以一小段“独奏”向所有人表达由衷的敬意和谢意！

潘璠

多年以前，我与邓力老师、韩际平老师同时在《中国信息报》开了专栏。我们仨还一起攒过一本书《统计连着我和你》。我也写过邓老师大作的读后感。此次合作，又多了两位老师，真好。读这本书也好，以前读邓老师的一些其他专著也好，或都可以感觉到与其他同类主题的书籍有些不一样。这就对了。其实，统计或统计图的知识、原理、理论是一样的，关键看如何表述，如何深入浅出，如何理论联系实际。数字（包括搜集数据的方法和数据表示的形式）与文字相结合，真的是一门艺术，再与音频、视频相结合，就更值得探索和努力了。

韩际平

在令人焦灼忧心的疫情期间，有机会参与这本书的编著工作，既减弱了无所事事的愧疚，也有所转移于事无补的忧心忡忡。这本书融纸介和视频于一体，在统计出版物中很有创新意义，对我是一个兴趣点，也是一个挑战。多年从事统计教育和宣传，也算深耕过统计视频制作，知道文字、图像、声音等元素讲好统计图的故事，要颇费一番心思。好在足不出户有了大把的时间，广泛搜集并走进了统计图久远丰富的历史空间，加之邓力老师视频剧本的良好基础，终于可以拿出这番努力“丑媳妇见见公婆了”。

郭红卫

统计图直观、形象、生动、具体，可以使复杂的统计数据简单化、通俗化、形象化，在实践中得到了广泛应用。接到邓力老师邀约编写本书的电话，心中不免一阵激动。一来可以加入到邓力老师组建的团队中来，团队中不乏学富五车的“统计大咖”，能与他们合作是我的幸运，同时邓力老师谦虚严谨的治学态度和乐善好施的为人品格，也让我在与邓力老师一直以来的合作中倍感顺利、轻松；二来是编写这样一本令人耳目一新的书，能为普及统计知识尽自己的绵薄之力，的确是一件非常令人欣慰的事情。书稿内容的选择、体例的安排以及文字的运用，皆遵循读者的感知规律。书稿中的种种均上传到网络平台，全方位交流与分享。

周品莹

最初揽下视频的活儿，其实是心血来潮。虽接触过统计图，但从未当过老师，只觉得不能辜负朋友们对我的信任和期待。9张小图，欣然应下，就这么一切从零开始，挑选录音录屏软件，编写视频脚本，制作课件插图，琢磨画统计图，学习如何录制，研究如何使绘图过程更流畅、录屏效果更清晰……在无数次返工重录后，终于完成了统计图录制。这次录制的过程也让我感慨，看似闲庭信步流畅自如，其背后必是付出了各种艰辛和努力。正如这本书，凝聚了团队人员的智慧和心血，统计图以小见大，包罗了方方面面的知识。希望大家能够喜欢这本书和配套视频，谢谢！

邓力

早年，我有一个小心愿，身为统计老师，自己要学会画统计图，也要教学生画好统计图。这些年，教学统计图，鬼精灵的学生，一学就会。今年，有幸跟知己好友合著统计图，我们合作十分愉快。潘璠老师在后记中提到“我也写过邓老师大作的读后感”，我愧不敢当！实情是2012年潘老师为我的《统计学原理》教材鼓与呼，征得他的同意，将他的报刊发文成了教材的序言，还好，今年第3版又上市了。说回到《完美统计图》这本书，书还没有出版，韩际平老师的“微言小语”公众号就开始行动了，统计图故事的四大视频，他一手拍录的佳作，在他的公众号登场，在书中扫一扫二维码也可以看到。有意思的是，还有国字号报刊也有意把这一套视频放到报纸上扫一扫。

环绕统计图的体验，每天都有鲜活素材，每天都有新欢喜。感谢天赐机缘的合作！感谢家人朋友的温暖相伴和热情鼓励，这份珍贵情谊，永远铭记心上！

短小欢快的独奏告一段落，接下来请允许我奉上几朵小花絮。

五重奏中，我为联系人，见证幸福的人。

潘璠老师，大手笔。为了写好这本书，他直接奉献两百多万字的统计类电子文稿，并亲力亲为从中精挑细选了相关文章，特供给第5章到第13章“看视频”“读美文”选用。

韩际平老师，多面手。拍摄第18章“统计图的故事”，所有活计一人担。他录完后，我观影时，发现一个小到可以忽略不计的问题，但他都精益求精，果断修改。

郭红卫老师，我的同事。他创建的统计学在线课程，现点击量已超过五百万人次。与本书写作同步，他已注册网站，搭建传播书稿信息的网络平台。

周品莹，我们的周主播。她用湖南妹子的纯正普通话播讲“统计图的画法”。她有多拼？她星期天写微信说：“今天满满当当坐了一天，除了上卫生间，整个没挪动一下，散点图、气泡图做完了，资料发给平台编辑了。”

栾大成老师，我们这本书的责任编辑，来自清华大学出版社。他金点子成堆，不仅策划了这本书的书名，还推动了五重奏的组建，对书稿的风格也有高见。他乐于奉献，赠PPT设计的大礼包，送最新数据报告。他思维敏捷，我曾一次性积攒了8个问号向他请教，他不到6分钟就给出了简明扼要的回复。从他身上，我看到了清华速度。

张玉姝老师，《中国统计》杂志的执行主编。2002年我们因文字结缘，她给我很多的帮助和指点。韩老师和潘老师比我更早认识她，他们是同事。请她为本书作序，她欣然应允。玉姝老师能写会画，能说会道，为人真诚，直率热情。她是统计界的一枝花、一支笔、一缕温馨的光。

潘老师、韩老师和张老师，他们是我的恩师和贵人。他们为人谦和，多才多艺，笔耕不辍，我敬慕他们的人品和才华。这次有幸在合作中向他们学习，有幸为打点这本书联络服务，我获益匪浅。我所做的微不足道，朋友们对我的厚爱，我铭感于心；朋友们对我的偏爱之辞，我受之有愧。

五重奏，新老朋友的合奏，栾老师的到来，郭老师和周主播的加盟，都是天作之合。

以纸媒和二维码相融的形式，聚焦统计世界最美丽的花朵“统计图”，这是我们头一回尝试。我们尽力了，但深恐有所闪失。书中若有不足之处，恳请读者朋友批评指正！我们当以栾老师命名本书《完美统计图》中的“完美”为目标，在朋友们的帮助下，再为统计图效力。

行文至此，有请潘璠老师出场，代表我们全体成员寄语如下：

我们向各位同伴、栾大成老师及各位给本书以帮助的朋友和所有读者致意！

本书编辑、校对时，恰逢史无前例的新冠肺炎疫情在全球蔓延之时。真心祈愿山河无恙、人间皆安，愿人类早日战胜病毒，愿统计为全人类及人类赖以生存的世界做出更大的贡献。

五重奏